信息发布与网页设计教程

王树西　编著

对外经济贸易大学出版社
中国·北京

图书在版编目（CIP）数据

信息发布与网页设计教程／王树西编著. —北京：对外经济贸易大学出版社，2015
ISBN 978-7-5663-1358-4

Ⅰ.①信… Ⅱ.①王… Ⅲ.①网页制作工具-教材
Ⅳ.①TP393.092

中国版本图书馆 CIP 数据核字（2015）第 120498 号

信息发布与网页设计教程

王树西 **编著**
责任编辑：史伟明

对 外 经 济 贸 易 大 学 出 版 社
北京市朝阳区惠新东街 10 号　邮政编码：100029
邮购电话：010-64492338　发行部电话：010-64492342
网址：http://www.uibep.com　E-mail：uibep@126.com

北京华创印务有限公司印装　新华书店北京发行所发行
成品尺寸：185mm×260mm　18 印张　416 千字
2015 年 9 月北京第 1 版　2015 年 9 月第 1 次印刷

ISBN 978-7-5663-1358-4
印数：0 001-3 000 册　定价：39.00 元

前　　言

《信息发布与网页设计》这门课程已经开设了多年，学生反映需要一本合适的教材。于是，在现有课件的基础上，结合多年教学经验，我们编写了这部教材。

本部教材包括的内容有：HTML 基本语法、DREAMWEAVER CS6 基本操作、表格、横幅、鼠标经过图像、表单、层与行为、切图等。

本部教材需要的软件有：DREAMWEAVER CS6、FIREWORKS CS6。

本教材注重“实战”，也就是注重讲解实例，注重实际应用。

内 容 简 介

本书以 Dreamweaver CS6 为软件环境，以“实战”的方式，讲解了 Dreamweaver 的具体应用。具体包括 HTML 基本语法、DREAMWEAVER CS6 基本操作、表格、横幅、鼠标经过图像、表单、层与行为、切图等内容。本书大量使用实例进行演示，按照“提出问题、分析问题、解决问题、知识融合”的思路，力求通俗易懂。

本书例题丰富、深入浅出、通俗易懂，适合普通高校、实践和工程类院校学生在学习 Dreamweaver 时选用，是高等院校学生和 IT 领域在职人员学习 Dreamweaver 的理想教材和工具书，也可供那些需要 Dreamweaver 技术的人员参考。

目 录

第一章

网页设计简介

什么是网页设计？所谓的网页设计，是指使用标记语言（Markup Language），进行一系列设计、建模、执行的过程，网页最终以图形用户界面（GUI）的形式被用户浏览。

简单来说，网页设计就是做网站。文字、图片（GIFs，JPEGs，PNGs）和表格等信息，可以通过超文本标记语言（Hyper Text Markup Language，HTML）、可扩展超文本标记语言（eXtensible Markup Language，XML）等标记语言，集成到网站页面上。而更复杂的信息如矢量图形、动画、视频、声频等多媒体文件，要通过插件程序来运行，也需要通过标记语言集成在网站上。

随着W3C标准的发展，以及人们对无表格网页设计的认同性增加，“HTML+CSS”的网页设计模式，正在被广泛接受和使用。网页设计最新的标准和建议是：扩充和改善浏览器的能力，即使不通过插件程序，也能够给用户传输多媒体信息。

网页设计的一般步骤为：设定目标→整理内容→勾画草图→制作模板→添加内容→测试网站。下面对网页设计的相关技术和工具进行简单介绍。

第一节　HTML

一、简介

超文本标记语言（Hyper Text Markup Language，HTML），是一种标记语言。HTML于1982年由英国科学家蒂姆·伯纳斯-李（Tim Berners-Lee）创建。

HTML 被用来结构化信息，例如标题、段落和列表等，也可在一定程度上描述文档的外观和语义。由简化的标准通用标记语言（Standard Generalized Markup Language，SGML）进一步发展而来HTML，已经成为国际标准，由万维网联盟（W3C）维护。可以使用多种文本编辑器（如Notepad），或所见即所得的HTML编辑器（如Dreamweaver软件）来编辑HTML文件。

HTML文件最常用的扩展名为“.html”。因为某些旧的操作系统（如DOS等），限制扩展名最多为3个文字符号，所以“.htm”扩展名也被允许使用，目前“.htm”扩展名的使用情况正在逐渐减少。

早期的HTML语法规则的定义较为松散，这有助于不熟悉网络的人使用HTML。网页浏览器接受这类文件，使之可以显示语法不严格的网页。随着时间的流逝，HTML语法的官方标准趋于严格，但是浏览器仍继续显示一些不合标准的HTML文件。使用XML

严格语法规则的 XHTML（可扩展超文本标记语言），被认为是 W3C 计划的 HTML 接替者。虽然很多人认为它已经成为当前的 HTML 标准，但它实际上是一个独立的、和 HTML 平行发展的标准。W3C 目前建议使用 XHTML 1.1、XHTML 1.0 或者 HTML 4.01 标准编写网页，但已有许多网页转用较新的 HTML 5 编码撰写。

二、发明人

蒂姆·约翰·伯纳斯-李爵士（Sir Timothy John Berners-Lee，1955 年 6 月 8 日—），昵称为蒂姆·伯纳斯-李（Tim Berners-Lee），英国计算机科学家。他是万维网的发明者，也是麻省理工学院教授。

1984 年，一个偶然的机会，蒂姆·伯纳斯-李来到瑞士的日内瓦，进入著名的由欧洲原子核研究会（CERN）建立的粒子实验室。在这里蒂姆·伯纳斯-李接受了一项极富挑战性的工作：为了使欧洲各国的核物理学家能通过计算机网络及时沟通传递信息，进行合作研究，委托他开发一个软件，以便使分布在各国的物理实验室、研究所的最新信息、数据、图像资料可以共享。软件开发虽非蒂姆·伯纳斯-李的本行，但他勇敢地接受了这个任务。

1989 年 3 月，蒂姆·伯纳斯-李向 CERN 递交了一份立项建议书，建议采用超文本技术（Hypertext），把 CERN 内部的各个实验室连接起来，在系统建成后，将可能扩展到全世界。这个激动人心的建议在 CERN 引起轩然大波：这里终究是核物理实验室，而非计算机网络研究中心。虽有人支持，但建议最后仍没有被通过。蒂姆·伯纳斯-李并没有灰心，他花了 2 个月重新修改了建议书，加入了对超文本开发步骤与应用前景的阐述，用词恳切，并再次呈递上去。这回终于得到了上司的批准，于是蒂姆·伯纳斯-李得到了一笔经费，购买了一台 NEXT 计算机，并率领助手开发试验系统。

国际互联网（Internet）在 1960 年代就诞生了，为什么没有迅速流行开来呢？很重要的一个原因是，联接到 Internet 需要经过一系列复杂的操作，网络的权限也很分明，而且网上内容的表现形式极端单调枯燥。

1989 年仲夏之夜，蒂姆·伯纳斯-李成功开发出世界上第一个 Web 服务器和第一个 Web 客户机。虽然这个 Web 服务器简陋得只能说是 CERN 的电话号码簿，它只是允许用户进入主机以查询每个研究人员的电话号码，但它实实在在是一个所见即所得的超文本浏览/编辑器。1989 年 12 月，蒂姆·伯纳斯-李为他的发明正式定名为 World Wide Web，即我们熟悉的 WWW。1991 年 5 月 WWW 在 Internet 上首次露面，立即引起轰动，获得了极大的成功，被广泛推广应用。1991 年，蒂姆·伯纳斯-李建立并开通第一个 WWW 网站 http://info.cern.ch/（该网站至今仍然是 CERN 的官方网站）。到了 1993 年，蒂姆·伯纳斯-李又制定了 URI、HTTP、HTML 等的第一个规范。

简单来说，蒂姆·伯纳斯-李发明的 Web，是通过一种超文本方式，把网络上不同计算机内的信息有机地结合在一起，并且可以通过超文本传输协议（HTTP），从一台 Web 服务器转到另一台 Web 服务器上检索信息。Web 服务器能发布图文并茂的信息，甚至在软件支持的情况下还可以发布音频和视频信息。此外，Internet 的许多其他功能，如 E-mail、Telnet、FTP、WAIS 等都可通过 Web 实现。美国著名的信息专家、《数字化生存》的作者尼葛洛庞帝教授认为：1989 年是 Internet 历史上划时代的分水岭。WWW 技术给 Internet

赋予了强大的生命力，Web 浏览的方式给了互联网靓丽的青春。蒂姆·伯纳斯-李为Internet 的发展做出了杰出的贡献。

初战告捷，大大激发了蒂姆·伯纳斯-李的创造热情，小范围的计算机联网实现信息共享已经不再是目标，蒂姆·伯纳斯-李把目标瞄向了建立一个全球范围的信息网上，以彻底打破信息存取的壁垒。

1994 年，蒂姆·伯纳斯-李创建了非营利性的万维网联盟：W3C（World Wide Web Consortium）。邀集 Microsoft、Netscape、Sun、Apple、IBM 等共 155 家互联网上的著名公司，致力于建设 WWW 技术标准化的协议，并进一步推动 Web 技术的发展。蒂姆·伯纳斯-李坚持认为，W3C 最基本的任务是维护互联网的对敌性，让它保有最起码的秩序。

总部设在美国麻省理工（Massachusetts Institute of Technology，Mit）的 W3C，现在已有 40 余名工作人员，分为若干研究开发小组，任务是力图引导网络革命的发展方向。蒂姆·伯纳斯-李风趣地把它称为一项“如驾驶着大雪橇从山顶上以加速度向下滑的惊险工作”。

作为万维网之父，蒂姆·伯纳斯-李并未将其视为致富法宝，而是无偿地把万维网构想推广到全世界。《时代》周刊将蒂姆·伯纳斯-李评为 20 世纪最杰出的 100 位科学家之一，并用极为推崇的文字向大家介绍他的个人成就：“与所有的推动人类进程的发明不同，这是一件纯粹个人的劳动成果。万维网只属于伯纳斯·李一个人……很难用语言来形容他的发明在信息全球化的发展中有多大的意义，这就像古印刷术一样，谁又能说得清楚它为全世界带来了怎样的影响”。

2004 年，英国女皇伊丽莎白二世向蒂姆·伯纳斯-李颁发“大英帝国爵级司令勋章”。2012 年伦敦奥运会开幕式，互联网的发明者蒂姆·伯纳斯-李爵士，在“网络时代”部分出现。为了向他致敬，伦敦奥运会开幕式专门设立了“感谢蒂姆”环节，蒂姆·伯纳斯-李爵士当时则坐在自己熟悉的 NEXT 电脑前，打出了“This is for Everyone”字样，表示将互联网献给所有人。蒂姆·伯纳斯-李爵士彻底改变了人类的工作、生活，应该接受全球人的掌声。在这个环节中，两位相爱的男女，通过社交网络相识、相知、相爱，场面感人。社交网络时代，让我们感谢万维网，感谢蒂姆·伯纳斯-李爵士！

三、语法概述

如前所述，HTML（Hyper Text Markup Language）语言和 Java 语言、C 语言等计算机语言一样，属于计算机语言的一种。计算机语言是“人造语言”，不是“自然语言”。也就是说，计算机语言的语法是人工制定的，不是自然形成的。

所谓的自然语言，如中文、英语、法语、德语、俄语，是人们在长期的生产、生活过程中，自然形成的、约定俗成的语言，而且随着生产、生活的变化而与时俱进，不断变化。具体表现为：产生很多新的词汇，不同自然语言之间发生融合，甚至语法发生变化等。例如，在 20 世纪 80 年代的中国，下面的语句被认为是病句：“这次地震，造成了 300 人伤亡、100 幢房屋被毁”。上述语句被认为是病句的原因是“缺乏宾语”，应该被修改为：“这次地震，造成了 300 人伤亡、100 幢房屋被毁的严重事故”。随着时代变迁，上述语句已经不是病句了，其语法结构已经为人们所接收。特别是随着网络技术的迅猛发展，人们之间的交流更加顺畅，新的词汇层出不穷，自然语言被大大丰富了。

计算机语言（Computer Language）不同于自然语言。计算机语言属于人工语言，是人们自行设计的语言，是人与计算机之间通讯、交流的语言。或者简单来说，计算机语言是人与计算机交流的形式化的指令、语法。计算机语言就是为了使计算机工作，而编写的一套计算机可以接受的数字、字符、指令和语法规则。计算机的所有动作和步骤，都是按照计算机语言编写的程序来执行。一般认为，计算机语言有两种形式：汇编语言和计算机高级语言，目前绝大多数编程者会选择计算机高级语言而不是汇编语言。计算机高级编程语言包括：C 语言、C++、JAVA、VB、Delphi、Python、HTML 等。

目前通用的汇编语言，和机器语言实质是相同的，都是直接对硬件操作，只不过指令采用了英文缩写的标识符，更容易识别和记忆。用汇编语言所能完成的操作不是一般高级语言所能实现的，而且源程序经汇编生成的可执行文件不仅比较小，而且执行速度很快。

和其他计算机语言相比，HTML 的语法结构相对简单。如果用一句话总结的话，那么 HTML 的语法主要是“标签对”，也就是标签成对出现。几乎所有的 HTML 语句都是“<TAG>…</TAG>”结构，其中“<TAG>”表示打开标签，“</TAG>”表示关闭标签。HTML 语法中，“<TAG>”可以表示“<center>、<table>”等许多的标签。“<TAG>”和“</TAG>”一般应该成对出现。也有少数标签只有开始标签“<TAG>”而没有结束标签“</TAG>”，例如描述段落的 HTML 标签“<P>”。HTML 语法中的某些“<TAG>…</TAG>”标签结构，有时候也可以简单表示为“<TAG/>”，例如，表示分行的 HTML 标签“
”。

需要指出的是，HTML 中对英文字母的大小写不敏感，也就是说，下面标签：“<b>…</b>”、“<B>…</B>”、“<b>…</B>”、“<B>…</b>”，得到的网页显示效果是相同的。

现在有很多 HTML 编辑器，如 Dreamweaver。通过这些“所见即所得”的 HTML 编辑器，可以忽略 HTML 的语法细节而编辑网页。但是学习 HTML 语法仍然有必要，这是因为：

（1）HTML 的语法标准不是固定的，而是不断改进的，而 HTML 编辑器（如 Dreamweaver）不一定包含最新的 HTML 语法。学习 HTML 语法，可以在编辑网页的过程中加入新的 HTML 语法标准。HTML 语言编写的代码不需要特别的编译器进行编译，一般来说，只要有浏览器（Internet Explorer、Chrome、搜狗浏览器、360 浏览器等），就可以迅速查看到 HTML 代码的运行结果，也就是网页的效果。

（2）通过“所见即所得”的 HTML 编辑器（如 Dreamweaver），编辑出来的 HTML 文件（如通过 Dreamweaver 编辑器的“设计视图”），即使网页显示效果达到预期目的，查看对应的网页代码（如通过 Dreamweaver 编辑器的“代码视图”），会发现代码的结构往往较为混乱，不够清晰。这是因为，“所见即所得”的 HTML 编辑器，为了完成用户的编辑要求，往往产生很多的冗余代码，留下了很多“垃圾代码”。这也是自动生成代码的弊端之一。

四、语法标签

HTML 语言虽然语法简单，但是也有很多的语法标签。

例如，<HTML>标签，用来标示整篇 HTML 文件。一个标准的 HTML 文件，以<HTML>开头，以</HTML>结束。

<head>标签表示 HTML 文件的标题区，一般来说，<head>标签包含在<HTML>标签内部。<title>标签表示网页标题，“<title>…</title>”标签，是 HTML 文件中最重要的标题标签之一，<title>标签的用途，是设置网页标题，这个标题会显示在浏览器窗口的标题栏上，不会出现在浏览器的页面（page）文字中。标题标签还包括如下标签：<base>、<isindex>、<link>、<nextid>、<meta>等。

<body>标签，是 HTML 文件中的重要标签。“<body>…</body>”是 HTML 文件的主体区域。<body>标签一般在<head>标签的后面。

Backgroud 属性，可以指定一个图形文件（一般为 gif 或 jpeg），作为网页的背景图案。

下面列举 HTML 的一些语法标签。

（1）<HTML>…</HTML>

每个 HTML 文件（网页代码），必须以<HTML>开始，以</HTML>标签结束。

表现为“<HTML>…</HTML>”标签对。

（2）<HEAD>…</HEAD>

包含 HTML 文件（网页代码）的标题等信息。

表现为“<HEAD>…</HEAD>”标签对。

（3）<TITLE>…</TITLE>

包含 HTML 文件（网页代码）的主题，会显示在窗口的 TITLE 位置。

表现为“<TITLE>…</TITLE>”标签对。

（4）<META/>

可以设置 HTML 文件（网页代码）的编码格式等信息。

例如，“<meta http-equiv="Content-Type" content="text/html; charset=utf-8"/>”语句中，设置了编码格式为“utf-8”。

在计算机硬件中，编码（Coding）是在一个主题或单元上为数据存储，管理和分析的目的而转换信息为编码值（典型的如数字）的过程。

所谓的“标准”，简单理解就是“准则”。例如，蛋糕制作过程中，需要放入食品添加剂，否则蛋糕就不好吃。但是食品添加剂不能放入太多，否则对人的身体不利。这就需要制定一个标准。如果这个标准由国家制定，就被称为“国家标准”，简称为“国标”。汉字编码应该由国家制定标准，根据这个“国标”，可以制作软件方面的产品。例如，软件（如 Windows 操作系统）的汉化工作。在中国，汉字编码的国标有 GB312、GBK 等，在中国台湾、香港和澳门地区，所用的汉字编码标准为 BIG 编码。

“国标”是“中华人民共和国国家标准信息交换用汉字编码”的简称。国标表（基本表）把七千余汉字以及标点符号、外文字母等，排成一个 94 行、94 列的方阵。方阵中每一横行叫一个“区”，每个区有九十四个“位”。一个汉字在方阵中的坐标，称为该字的“区位码”。例如“中”字在方阵中处于第 54 区第 48 位，它的区位码就是 5448。

GBK 码是 GB 码的扩展字符编码，对多达 2 万多的简繁汉字进行了编码，简体版的 Win95 和 Win98 都是使用 GBK 作系统内码。从实际运用来看，微软自 Win95 简体中文版开始，系统就采用 GBK 代码，它包括了 TrueType 宋体、黑体两种 GBK 字库（北京中易电子公司提供），可以用于显示和打印，并提供了四种 GBK 汉字的输入法。

GBK 是另一个汉字编码标准，全称《汉字内码扩展规范》(Chinese International Code Specification)，1995 年颁布。GB 是国标，K 是汉字“扩展”的汉语拼音第一个字母。GBK 向下与 GB-2312 编码兼容，向上支持 ISO 10646.1 国际标准，是前者向后者过渡的一个承启标准。

BIG5 码是针对繁体汉字的汉字编码，目前在中国台湾、香港地区的电脑系统中得到普遍应用。

关于 Unicode，我们需要追溯一下它产生的渊源。当计算机普及到东亚时，在使用表意字符而非字母语言的中、日、韩等国家的语言中常用字符多达几千个，而原来字符采用的是单字节编码，一张代码页中最多容纳的字符只有 256 个，对于使用表意字符的语言实在无能为力。既然一个字节不够，自然人们就采用两个字节，所有出现了使用双字节编码的字符集（DBCS）。不过，双字节字符集中，虽然表意字符使用了两个字节编码，但其中的 ASCII 码和日文片假名等仍用单字节表示，如此一来给程序员带来了不小的麻烦，因为每当设计到 DBCS 字符串的处理时，总是要判断当中的一个字节到底表示的是一个字符还是半个字符，如果是半个字符，那是前一半还是后一半？由此可见 DBCS 并不是一种非常好的解决方案。

人们在不断寻找这更好的字符编码方案，最后的结果就是 Unicode 诞生了。Unicode 其实就是宽字节字符集，它对每个字符都固定使用两个字节即 16 位表示，于是当处理字符时，不必担心只处理半个字符。目前，Unicode 在网络、Windows 系统和很多大型软件中得到应用。

（5）<BODY>…</BODY>

说明 HTML 文件（网页代码）的主体内容。

表现为“<BODY>…</BODY>”标签对。

（6）<BACKGROUND="图片名">

设置背景图片。

（7）<TEXT=#******>

设置文本颜色（例如：黑色为#000000）。

（8）<LINK=#******>

设置链接标记文字颜色（例如：黑色为#000000）。

（9）<VLINK=#******>

超级连接文本，点击之后的颜色。

（10）<ALINK=#******>

已经链接的文字颜色。

（11）<- … ->

注释。

（12）<SCRIPT>…</SCRIPT>

脚本。一般来说，参数 LANGUAGE=“javascript”。

（13）<H1>…</H1>

一级标题。

（14）<H2>…</H2>
二级标题。
（15）<H3>…</H3>
三级标题。
（16）<H4>…</H4>
四级标题。
（17）<H5>…</H5>
五级标题。
（18）<H6>…</H6>
六级标题。
（19）<ALIGN=LEFT>
左对齐。
（20）<ALIGN=CENTER>
居中对齐。
（21）<ALIGN=RIGHT>
右对齐。
（22）<CAPTION>…</CAPTION>
一般用于<TABLE>标签，用来显示表格。
（23）<FONT>…</FONT>
设置字体大小。其中的参数包括：
SIZE=-4~+4，设置字体为 BASEFONT 的相对大小。
COLOR=#****** 用来设置字体颜色。
（24）<I>…</I>
字体为斜体字。这里的“I”，是“Italic”单词的缩写。
（25）<EM>…</EM>
字体为着重字。这里的“EM”，是“Emphasis”单词的缩写。
（26）<B>…</B>
字体为黑体字。这里的“B”，是“Bold”单词的缩写。
（27）<STRONT>…</STRONG>
字体为加强字。
（28）<CITE>…</CITE>
表示段落、书名的引用。
（29）<U>…</U>
字的下面有下划线。这里的“U”，是“Underline”单词的缩写。
（30）<BLINK>…</BLINK>
表示闪烁字。
（31）<TT>…</TT>
表示字体为打印机字体。

（32）<CODE>…</CODE>

表示紧凑字。

（33）<BASEFONT>…</BASEFONT>

设置基本字体。其中，参数 SIZE=1-6。

（34）<SAMP>…</SAMP>

设置样本字。这里的“SAMP”，是“Sample”单词的缩写。

（35）<KBD>…</KBD>

显示键盘上键名。这里的“KBD”，是“Keyboard”单词的缩写。

（36）<VAR>…</VAR>

表示表明可变内容（如文件名）。

（37）<P>…</P>

表示其中的文字属于同一个段落，段落显示分成若干行，在何处分行由浏览器的窗口宽度决定，可适应任何宽度的窗口。<P>单独表示段落结束。

（38）

在行的结尾加一个回车。这里的“BR”是“Break”单词的缩写。

（39）<HR/>

显示一条水平分界线。这里的“HR”是“Horizon”单词的缩写。

（40）<SIZE=n>

表示高度的点数。

（41）<WIDTH=n>

表示宽度的点数。

（42）<WIDTH=n%>

表示宽度占网页的宽度。

（43）<CENTER>…</CENTER>

表示文字向中间对齐。

（44）<PRE>…</PRE>

表示预设文字格式（Preformatted Text）。其中的文字间隔、跳行、空白，照原始键入情形显示出来，常用于程序的表达。其他标注也允许存在<PRE>中。

（45）<BLOCKQUOTE>…</BLOCKQUOTE>

表示区块引用设定。其中的文字内容会比其他文字缩进一些。

（46）<ADDRESS>…</ADDRESS>

表示地址区域。通常放在最后，包含一个 EMAIL 地址，告知本页面作者。

（47）<A HREF="position">…</A>

表示链接。链接的文本、图像，将显示出来，并用链接颜色和下划线区别出来。

HREF="#position"，表示链接到本网页 position 处。这是内部链接。

HREF="filename"，表示链接到网页外部某 filename 文件。这是外部链接。

（48）<IMG>…</IMG>

用来表示图像。其中各个参数如下：

<IMG

ALIGN="BOTTOM 或者 MIDDLE 或者 TOP 位置"。

SRC="图像名"。

ALT="图像别名"。

WIDTH="宽度点数 n，或者宽度百分比 m%"。

HEIGHT="高度点数 n，或者高度百分比 m%"。

BORDER="立体边框厚度点数 n"。

HSPACE="水平空间"。

VSPACE="垂直空间"。

ISMAP，说明本图像为地图。

USEMAP="#name"，给本图像取一个地图名。

>…</IMG>

（49）<MAP>…</MAP>

对一幅地图进行操作，其中参数 NAME="name"是由<IMG>中指定的地图名。

（50）<AREA>…</AREA>

在<MAP>中使用，表示区域选择。其中“SHAPE=RECT”表示矩形区域。

（51）<UL>…</UL>

表示未标序的排列，也就是“Unnumbered Lists”的缩写。每一行文字前加<LI>，起始会显示“●”、“□”或“■”等，具体显示什么由具体的浏览器决定。

（52）<OL>…</OL>

表示标序的排列，也就是“Ordered Lists”的缩写。每一行文字前加<LI>，起始会显示数字编号。

（53）<LI>…</LI>

表示每一行文字的起头。

（54）<DL>…</DL>

表示陈述式排列，也就是“Descriptive Lists”的缩写。

（55）<DT>…</DT>

用于在<DL>中显示陈述的主题。是“Descriptive Title”的缩写。在<DT>中，可包含其他链接内容。

（56）<DD>…</DD>

用于在<DL>中显示叙述的内容，会比<DT>内容缩入一些位置。在<DD>中，可包含其他链接内容。

（57）<DIR>…</DIR>

用于显示清单，每行最多 20 个字符。每一行文字前加上<LI>。

（58）<MENU>…</MENU>

用来显示菜单。每一行文字前加上<LI>。

（59）<FORM>…</FORM>

表示一个表单。这是浏览器和服务器交互的主要方式之一。

其中的参数：

<FORM METHOD=GET 从服务器获取信息

METHOD=POST 发送表格信息到服务器

ACTION="filename" 表示接收参数的可执行程序，它将处理浏览器发送回来的填表信息。>

</FORM>

表单中可以使用多种元件，如输入框、列表、按钮等。

（60）<INPUT>…</INPUT>

在<FORM>中使用，表示输入框、按钮等。

其中的参数：

SIZE=n，表示文本框框或按钮大小。

NAME="name"，表示 INPUT 的名字，也就是变量名。

TYPE =INPUT 的类型

=TEXT，表示文本输入框，只有一行。

=PASSWORD，表示密码输入框，输入的信息不直接显示出来，而是显示为黑点。

=CHECKBOX，表示复选框。

=RADIO，表示单选按钮，一般来说，多个 RADIO 同名，用“选定值”进行区分，但是只能选中其中一个。

=SUBMIT，表示提交按钮，点击后提交已填好的表单。

=RESET，表示重置按钮，点击后将所有表单元素重置为缺省值。

=IMAGE，表示图片。

=HIDDEN，表示隐藏。

VALUE=“value”，表示缺省值。

=对于 TEXT 和 PASSWORD 表单元素来说，表示字符串。

=对于 CHECKBOX 和 RADIO 表单元素来说，表示 ON/OFF。

=对于 SUBMIT 和 RESET 表单元素来说，表示显示在按钮上面的字符串。

（61）<TEXTAREA>…</TEXTAREA>

表示一个可以多行输入的文本输入框。文本内容为缺省的文本区域的内容。

其中的参数：

NAME=“name”，表示文本区域的变量名。

ROWS=n 文本区域的行数。

COLS=n 文本区域的列数。

（62）<SELECT>…</SELECT>

用于显示选择列表。在其中的每行文字前加上<OPTION>。

其中的参数：

NAME=“name”，表示选择列表的变量名。

SIZE=“n”，表示列表显示出来的行数。

（63）<OPTION>…</OPTION>
在<SELECT>中使用，用于每一行列表的起头，表示选项。
（64）<TABLE>…</TABLE>
表示表格。
其中的参数：
BORDER=n，表示表格的立体边框厚度点数。
WIDTH=n，表示宽度的点数。
WIDTH=n%，表示宽度占据网页的比例。
CELLPADING=n，表示表格中框架与元素的边界的距离。
CELLSPACING=n，表示表格中每项之间的空间点数，包括横向和纵向。
（65）<TR>…</TR>
表示表格中的行。TR 是“Table Row”的缩写。在表格的每一行开头加上<TR>。
其中的参数：
ALIGN=CENTER，表示居中。
ALIGN=LEFT，表示左对齐。
ALIGN=RIGHT，表示右对齐。
（66）<TH>…</TH>
表示表格的头部。TH 是“Table Head”的缩写。
在表格的每一种类项目开头加上<TH>，显示为黑体字。
（67）<TD>…</TD>
表示表格的单元格。TD 是“Table Data”的缩写。
其中的参数：
WIDTH=n，表示宽度的点数。
WIDTH=n%，表示宽度所占的网页比例。
HALIGN=CENTER，表示水平居中。
=LEFT，表示水平左对齐。
=RIGHT，表示水平右对齐。
VALIGN=TOP，表示垂直上对齐。
=MIDDLE，表示垂直居中。
=BOTTOM，表示垂直下对齐。
（68）<title>…</title>
表示 HTML 网页的题目。
（69）<p>…</p>
表示段落。“p”是“Paragraph”的缩写。
（70）<pre>…</pre>
表示文本以原始格式显示。
（71）<address>…</address>
表示标注联络人姓名、电话、地址等信息。

（72）<blockquote>…</blockquote>
表示引用区段。
（73）<tt>…</tt>
表示打印字体。
（74）<font>…</font>
表示改变字体设置。
（75）<center>…</center>
表示居中对齐。
（76）<blink>…</blink>
表示文字闪烁。
（77）<big>…</big>
表示加大字号。
（78）<small>…</small>
表示缩小字号。
（79）<dir>…</dir>
表示目录式列表。
（80）<menu>…</menu>
表示菜单式列表。
（81）<dl>…</dl>
表示定义式列表。“dl”是“define list”的缩写。
（82）<dd>…</dd>
表示定义数据。“dd”是“define data”的缩写。
（83）<dt>…</dt>
表示定义项目。“dt”是“define term”的缩写。
（84）<a>…</a>
表示建立超链接。链接包括内部链接和外部链接。所谓的内部链接，就是链接到当前网页内部的一个位置；所谓的外部链接，就是链接到网页外部的某个文件。
（85）<img>…<img>
表示嵌入图像。
（86）<embed>
表示嵌入多媒体对象。
（87）<bgsound>
表示背景音乐。
（88）<caption>…</caption>
表示表格的标题。
（89）<form>…</form>
表示表单的开始与结束。
（90）<input type="">

表示表单中单行文本框、单选按钮、复选框等。
（91）<textarea>…</textarea>
表示表单中多行输入文本框。
（92）<select>…</select>
表示表单中下拉列表。
（93）<option>…</option>
在表单的下拉列表中，一个选择项目。
下面按照类别，较为详细地列举 HTML 的语法标签。
（1）批注
<!- - ... - ->
（2）跑马灯
<marquee>...</marquee>普通卷动。
<marquee behavior=slide>...</marquee>滑动。
<marquee behavior=scroll>...</marquee>预设卷动。
<marquee behavior=alternate>...</marquee>来回卷动。
<marquee direction=down>...</marquee>向下卷动。
<marquee direction=up>...</marquee>向上卷动。
<marquee direction=right></marquee>向右卷动。
<marquee direction=left></marquee>向左卷动。
<marquee loop=2>...</marquee>卷动次数。
<marquee width=180>...</marquee>设定宽度。
<marquee height=30>...</marquee>设定高度。
<marquee bgcolor=FF0000>...</marquee>设定背景颜色。
<marquee scrollamount=30>...</marquee>设定卷动距离。
<marquee scrolldelay=300>...</marquee>设定卷动时间。
（3）字体效果
<h1>...</h1>标题字（最大）。
<h6>...</h6>标题字（最小）。
<b>...</b>粗体字。
<strong>...</strong>粗体字（强调）。
<i>...</i>斜体字。
<em>...</em>斜体字（强调）。
<dfn>...</dfn>斜体字（表示定义）。
<u>...</u>底线。
<ins>...</ins>底线（表示插入文字）。
<strike>...</strike>横线。
<s>...</s>删除线。
<del>...</del>删除线（表示删除）。

<kbd>...</kbd>键盘文字。

<tt>...</tt> 打字体。

<xmp>...</xmp>固定宽度字体（在文件中空白、换行、定位功能有效）。

<plaintext>...</plaintext>固定宽度字体（不执行标记符号）。

<listing>...</listing> 固定宽度小字体。

<font color=00ff00>...</font>字体颜色。

<font size=1>...</font>最小字体。

<font style=font-size:100 px>...</font>无限增大。

（4）区断标记

<hr>水平线。

<hr size=9>水平线（设定大小）。

<hr width=80%>水平线（设定宽度）。

<hr color=ff0000>水平线（设定颜色）。

（换行）。

<nobr>...</nobr>不换行。

<p>...</p>段落。

<center>...</center>居中。

（5）链接格式

<base href=地址>（预设好链接路径）。

<a href=地址></a>外部链接。

<a href=地址 target=_blank></a>外部链接（另开新窗口）。

<a href=地址 target=_top></a>外部链接（全窗口链接）。

<a href=地址 target=页框名></a>外部链接（在指定页框链接）。

（6）贴图/音乐

<img src=图片地址>贴图。

<img src=图片地址 width=180>设定图片宽度。

<img src=图片地址 height=30>设定图片高度。

<img src=图片地址 alt=提示文字>设定图片提示文字。

<img src=图片地址 border=1>设定图片边框。

<bgsound src=MID 音乐文件地址>背景音乐设定。

（7）表格语法

<table aling=left>...</table>表格位置，置左。

<table aling=center>...</table>表格位置，置中。

<table background=图片路径>...</table>背景图片的 URL=就是路径网址。

<table border=边框大小>...</table>设定表格边框大小（使用数字）。

<table bgcolor=颜色码>...</table>设定表格的背景颜色。

<table borderclor=颜色码>...</table>设定表格边框的颜色。

<table borderclordark=颜色码>...</table>设定表格暗边框的颜色。

<table borderclorlight=颜色码>...</table>设定表格亮边框的颜色。

<table cellpadding=参数>...</table>指定内容与网格线之间的间距（使用数字）。

<table cellspacing=参数>...</table>指定网格线与网格线之间的距离（使用数字）。

<table cols=参数>...</table>指定表格的栏数。

<table frame=参数>...</table>设定表格外框线的显示方式。

<table width=宽度>...</table>指定表格的宽度大小（使用数字）。

<table height=高度>...</table>指定表格的高度大小（使用数字）。

<td colspan=参数>...</td>指定储存格合并栏的栏数（使用数字）。

<td rowspan=参数>...</td>指定储存格合并列的列数（使用数字）。

（8）分割窗口

<frameset cols="20%,*">左右分割，将左边框架分割大小为20%，右边框架的大小浏览器会自动调整。

<frameset rows="20%,*">上下分割，将上面框架分割大小为20%，下面框架的大小浏览器会自动调整。

<frameset cols="20%,*">分割左右两个框架。

<frameset cols="20%,*,20%">分割左中右三个框架。

<分割上下两个框架。

<frameset rows="20%,*,20%">分割上中下三个框架。

（9）链接

<A HREF TARGET> 指定超级链接的分割窗口。

<A HREF=#锚的名称> 指定锚名称的超级链接。

<A HREF> 指定超级链接。

<A NAME=锚的名称> 被链接点的名称。

<ADDRESS>....</ADDRESS> 用来显示电子邮箱地址。

（10）字体

<B> 粗体字。

<BASE TARGET> 指定超级链接的分割窗口。

<BASEFONT SIZE> 更改预设字形大小。

<BGSOUND SRC> 加入背景音乐。

<BIG> 显示大字体。

<BLINK> 闪烁的文字。

<BODY TEXT LINK VLINK> 设定文字颜色。

<BODY> 显示本文。

 换行。

<CAPTION ALIGN> 设定表格标题位置。

<CAPTION>...</CAPTION> 为表格加上标题。

<CENTER> 向中对齐。

<CITE>...<CITE> 用于引经据典的文字。
<CODE>...</CODE> 用于列出一段程序代码。
<COMMENT>...</COMMENT> 加上批注。
<DD> 设定定义列表的项目解说。
<DFN>...</DFN> 显示“定义”文字。
<DIR>...</DIR> 列表文字卷标。
<DL>...</DL> 设定定义列表的卷标。
<DT> 设定定义列表的项目。
<EM> 强调之用。
<FONT FACE> 任意指定所用的字形。
<FONT SIZE> 设定字体大小。
<FORM ACTION> 设定互动式窗体的处理方式。
<FORM METHOD> 设定互动式窗体之资料传送方式。
<FRAME MARGINHEIGHT> 设定窗口的上下边界。
<FRAME MARGINWIDTH> 设定窗口的左右边界。
<FRAME NAME> 为分割窗口命名。
<FRAME NORESIZE> 锁住分割窗口的大小。
<FRAME SCROLLING> 设定分割窗口的滚动条。
<FRAME SRC> 将 HTML 文件加入窗口。
<FRAMESET COLS> 将窗口分割成左右的子窗口。
<FRAMESET ROWS> 将窗口分割成上下的子窗口。
<FRAMESET>...</FRAMESET> 划分分割窗口。
<H1>～<H6> 设定文字大小。
<HEAD> 标示文件信息。
<HR> 加上分网格线。
<HTML> 文件的开始与结束。
<I> 斜体字。
（11）图片
<IMG ALIGN> 调整图形影像的位置。
<IMG ALT> 为你的图形影像加注。
<IMG DYNSRC LOOP> 加入影片。
<IMG HEIGHT WIDTH> 插入图片并预设图形大小。
<IMG HSPACE> 插入图片并预设图形的左右边界。
<IMG LOWSRC> 预载图片功能。
<IMG SRC BORDER> 设定图片边界。
<IMG SRC> 插入图片。
<IMG VSPACE> 插入图片并预设图形的上下边界。

<INPUT TYPE NAME value> 在窗体中加入输入字段。

<ISINDEX> 定义查询用窗体。

<KBD>...</KBD> 表示使用者输入文字。

<LI TYPE>...</LI> 列表的项目（可指定符号）。

<MARQUEE> 跑马灯效果。

<MENU>...</MENU> 条列文字卷标。

<META NAME="REFRESH" CONTENT URL> 自动更新文件内容。

<MULTIPLE> 可同时选择多项的列表栏。

<NOFRAME> 定义不出现分割窗口的文字。

<OL>...</OL> 有序号的列表。

<OPTION> 定义窗体中列表栏的项目。

<P ALIGN> 设定对齐方向。

<P> 分段。

<PERSON>...</PERSON> 显示人名。

<PRE> 使用原有排列。

<SAMP>...</SAMP> 用于引用字。

<SELECT>...</SELECT> 在窗体中定义列表栏。

<SMALL> 显示小字体。

<STRIKE> 文字加横线。

<STRONG> 用于加强语气。

<SUB> 下标字。

<SUP> 上标字。

（12）表格

<TABLE>...</TABLE> 产生表格的卷标。

<TABLE BORDER=n> 调整表格的宽线高度。

<TABLE CELLPADDING> 调整数据域位之边界。

<TABLE CELLSPACING> 调整表格线的宽度。

<TABLE HEIGHT> 调整表格的高度。

<TABLE WIDTH> 调整表格的宽度。

<TD ALIGN> 调整表格字段之左右对齐。

<TD BGCOLOR> 设定表格字段之背景颜色。

<TD COLSPAN ROWSPAN> 表格字段的合并。

<TD NOWRAP> 设定表格字段不换行。

<TD VALIGN> 调整表格字段之上下对齐。

<TD WIDTH> 调整表格字段宽度。

<TD>...</TD> 定义表格的数据域位。

<TEXTAREA NAME ROWS COLS> 窗体中加入多少列的文字输入栏。

<TEXTAREA WRAP> 决定文字输入栏是否自动换行。

<TH>...</TH> 定义表格的标头字段。

<TITLE> 文件标题。

<TR>...</TR> 定义表格每一行。

<TT> 打字机字体。

<U> 文字加底线。

<UL TYPE>...</UL> 无序号的列表（可指定符号）。

<VAR>...</VAR> 用于显示变量。

五、静态网页和动态网页

静态网页有时也被称为平面页。静态网页的网址，通常以“htm”或者“html”（超文本标记语言）结尾，或者以“.shtml”、“.xml”（可扩展标记语言）等为后缀的。静态网页有时也被称为平面页。

在超文本标记语言格式的静态网页上，也可以出现各种动态的效果，如.GIF 格式的动画、FLASH、滚动字幕等。但是这些“动态效果”只是视觉上的，与动态网页是不同的概念。静态网页使用的编程语言是 HTML，也就是超文本标记语言；动态网页使用的编程语言是超文本标记语言 HTML+ASP，或超文本标记语言 HTML+PHP，或超文本标记语言 HTML+JSP 等。

静态网页的特点可以简要归纳为：

（1）静态网页每个网页都有一个固定的URL，且网页URL以“.htm”、“.html”、“.shtml”等常见形式为后缀，而不含有“?”。

（2）网页内容一经发布到网站服务器上，无论是否有用户访问，每个静态网页的内容都是保存在网站服务器上的。也就是说，静态网页是实实在在保存在服务器上的文件，每个网页都是一个独立的文件。

（3）静态网页的内容相对稳定，因此容易被搜索引擎检索。

（4）静态网页没有数据库的支持，在网站制作和维护方面工作量较大，因此当网站信息量很大时完全依靠静态网页制作方式比较困难。

（5）静态网页的交互性较差，在功能方面有较大的限制。

（6）页面浏览速度迅速，过程无须连接数据库，开启页面速度快于动态页面。

（7）减轻了服务器的负担，工作量减少，也就降低了数据库的成本。

网页（程序）是否在服务器端运行，是静态网页与动态区别的重要标志。在服务器端运行的程序、网页、组件，属于动态网页，它们会随不同客户、不同时间，返回不同的网页，例如 ASP、PHP、JSP、ASPnet、CGI 等。运行于客户端的程序、网页、插件、组件，属于静态网页，例如 html 页、Flash、JavaScript、VBScript 等，它们是永远不变的。

静态网页和动态网页各有特点。网站采用动态网页还是静态网页，主要取决于网站的功能需求和网站内容的多少。如果网站功能比较简单，内容更新量不是很大，采用纯静态网页的方式会更简单，反之一般要采用动态网页技术来实现。

静态网页是标准的 HTML 文件，可以包含文本、图像、声音、FLASH 动画、客户端脚本、ActiveX 控件、JAVA 小程序等。尽管在静态网页上使用这些对象后可以使网页动感十足，但是，静态网页不包含在服务器端运行的任何脚本，网页上的每一行代码都是由网页设计人员预先编写好后，放置到 Web 服务器上的，在发送到客户端的浏览器之后，不再发生任何变化，因此称其为静态网页。相对于动态网页而言，静态网页没有后台数据库，不含程序，不可交互。编的是什么，静态网页显示的就是什么、不会有任何改变。静态网页相对更新起来比较麻烦，适用于一般更新较少的展示型网站。

静态网页是网站建设的基础，静态网页和动态网页之间并不矛盾。即使采用动态网站技术，也可以将动态网页内容转化为静态网页发布。动态网站也可以采用静动结合的原则，在同一个网站上，动态网页内容和静态网页内容同时存在也是很常见的事情。静态网页更安全。HTML 页面不会受 Asp、JSP 相关漏洞的影响，因此可以减少攻击，防止 sql 注入。即使数据库出错时，也不影响网站正常访问。

第二节　Dreamweaver

Dreamweaver 软件，是 Adobe 公司开发的网站建设工具（Dreamweaver 原本由 Macromedia 公司所开发）。Dreamweaver 软件有很多版本，目前较高版本是 CS6。

Adobe 公司创建于 1982 年，是世界领先的数字媒体和在线营销解决方案供应商。公司总部位于美国加利福尼亚州圣何塞，在世界各地员工人数约 7 000 名。Adobe 的客户包括世界各地的企业、创意人士和设计者、OEM 合作伙伴，以及开发人员等。2005 年 4 月 18 日，Adobe 公司以 34 亿美元的价格收购了原先最大的竞争对手 Macromedia 公司，这一收购极大地丰富了 Adobe 的产品线，提高了其在多媒体和网络出版业的能力，这宗交易在 2005 年 12 月完成。Adobe 公司名称“Adobe”，来源于其创始人约翰沃诺克（John E. Warnock）家乡一条小河之名——Adobe Creek。这就是 Adobe 的来源，它也代表了其创始人想要使这个公司像小河一样，源远流长。

Dreamweaver 使用“所见即所得”的接口，有 HTML 编辑的功能。既然已经学习了 HTML 语法，为什么还需要网页编辑软件 Dreamweaver 呢？原因是多方面的：

（1）通过 Dreamweaver 网页编辑软件可以“所见即所得”，快速看到网页编辑效果。

（2）HTML 语法太多，Dreamweaver 网页编辑软件集成了 HTML 语法。所以 Dreamweaver 网页编辑软件特别适用于网页编辑的初学者。

（3）网页编辑软件有很多，Dreamweaver 是其中之一。DreamWeaver 是一个很好的网页设计软件，它包括可视化编辑、HTML 代码编辑的软件包，并支持 ActiveX、JavaScript、Java、Flash、ShockWave 等，而且它还能通过拖拽从头到尾制作动态的 HTML 动画，支持动态 HTML（Dynamic HTML）的设计，使得网页没有 plug-in 也能够在浏览器中正确地显示页面的动画。同时它还提供了自动更新页面信息的功能。

（4）使用 Dreamweaver 网页编辑软件，可以有效管理网站，快速制作网站雏形、设计、更新和重组网页。改变网页位置或档案名称，Dreamweaver 会自动更新所有链接。使用各种相关功能，有效管理网站、制作网页。

虽然 Dreamweaver 网页编辑软件功能很强大，就像其名字一样：“梦的编织者”，但是仍然有必要学习 HTML 语法。这是因为：

（1）虽然 Dreamweaver 网页编辑软件集成了大量的 HTML 语法，但是新的 HTML 语法规则不断出现，Dreamweaver 网页编辑软件不可能集成所有的 HTML 语法。

（2）对于某些 HTML 语法，Dreamweaver 网页编辑软件，不能很好地通过“所见即所得”的方式体现出来，仍然必须通过手写代码的方式进行编辑。

（3）学习 HTML 语法，对于理解 Dreamweaver 网页编辑软件很有帮助。Dreamweaver 网页编辑软件有“代码视图”，可以看到编辑网页的相关 HTML 代码。

（4）虽然 Dreamweaver 网页编辑软件编辑网页很方便，但是也会产生大量的冗余代码，造成“代码臃肿”的现象。而直接使用 HTML 进行编码，则在很大程度上避免了“代码臃肿”现象，减少冗余代码。

第三节　HTML 5

目前 HTML 5 属于一个“热门”话题。所谓的 HTML 5，可以简单理解为 HTML 的第五个版本。2014 年 10 月 29 日，万维网联盟宣布，经过将近 8 年的艰辛努力，万维网的核心语言、HTML 的第五次重大修改标准规范，最终制定完成。

一、简介

HTML 标准自 1999 年 12 月发布的 HTML 4.01 后，后继的 HTML 5 和其他标准被束之高阁，为了推动 Web 标准化运动的发展，一些公司联合起来，成立了一个叫做 Web Hypertext Application Technology Working Group（Web 超文本应用技术工作组-WHATWG）的组织。WHATWG 致力于 Web 表单和应用程序，而 W3C（World Wide Web Consortium，万维网联盟）则专注于 XHTML 2.0。在 2006 年，双方决定进行合作，来创建一个新版本的 HTML。

HTML 5 草案的前身名为 Web Applications 1.0，于 2004 年被 WHATWG 提出，于 2007 年被 W3C 接纳，并成立了新的 HTML 工作团队。HTML 5 的第一份正式草案已于 2008 年 1 月 22 日公布。HTML 5 仍处于完善之中，然而大部分现代浏览器已经具备了某些 HTML 5 支持。

2012 年 12 月 17 日，万维网联盟（W3C）正式宣布凝结了大量网络工作者心血的 HTML 5 规范已经正式定稿。根据 W3C 的发言稿称：“HTML 5 是开放的 Web 网络平台的奠基石。”

2013 年 5 月 6 日，HTML 5.1 正式草案公布。该规范定义了第五次重大版本，第一次要修订万维网的核心语言：超文本标记语言（HTML）。在这个版本中，新功能不断推出，以帮助 Web 应用程序的作者，努力提高新元素互操作性。

本次草案，从 2012 年 12 月 27 日至今，进行了多达近百项的修改，包括 HTML 和 XHTML 的标签，相关的 API、Canvas 等，同时 HTML 5 的图像 img 标签及 svg 也进行了改进，性能得到进一步提升。

支持 HTML 5 的浏览器包括：Firefox（火狐浏览器）、IE9 及其更高版本、Chrome（谷歌浏览器）、Safari、Opera 等；国内的傲游浏览器（Maxthon），以及基于 IE 或 Chromium（Chrome 的工程版或称实验版）所推出的 360 浏览器、搜狗浏览器、QQ 浏览器、猎豹浏览器等国产浏览器同样具备支持 HTML 5 的能力。

二、特性

（一）语义特性（Class: Semantic）

HTML 5 赋予网页更好的意义和结构。更加丰富的标签将随着对 RDFa 的微数据与微格式等方面的支持，构建对程序、用户都更有价值的数据驱动的 Web。

（二）本地存储特性（Class: OFFLINE STORAGE）

基于 HTML 5 开发的网页 APP 拥有更短的启动时间，更快的联网速度，这些全得益于 HTML 5 APP Cache，以及本地存储功能——Indexed DB（HTML 5 本地存储最重要的技术之一）和 API 说明文档。

（三）设备兼容特性（Class: DEVICE ACCESS）

从 Geolocation 功能的 API 文档公开以来，HTML 5 为网页应用开发者们提供了更多功能上的优化选择，带来了更多体验功能的优势。HTML 5 提供了前所未有的数据与应用接入开放接口，使外部应用可以直接与浏览器内部的数据直接相连，例如视频影音可直接与 Microphones 及摄像头相连。

（四）连接特性（Class: CONNECTIVITY）

更有效的连接工作效率，使得基于页面的实时聊天、更快速的网页游戏体验、更优化的在线交流得到了实现。HTML 5 拥有更有效的服务器推送技术，Server-Sent Event 和 WebSockets 就是其中的两个特性，这两个特性能够帮助我们实现服务器将数据“推送”到客户端的功能。

（五）网页多媒体特性（Class: MULTIMEDIA）

支持网页端的 Audio、Video 等多媒体功能，与网站自带的 APPS、摄像头、影音功能相得益彰。

（六）三维、图形及特效特性（Class: 3D，Graphics Effects）

基于 SVG、Canvas、WebGL 及 CSS3 的 3D 功能，用户会惊叹于浏览器所呈现的惊人视觉效果。

（七）性能与集成特性（Class: Performance Integration）

没有用户会永远等待你的 Loading——HTML 5 会通过 XML、Http、Request 2 等技术，帮助 Web 应用和网站在多样化的环境中更快速地工作。

（八）CSS3 特性（Class: CSS3）

在不牺牲性能和语义结构的前提下，CSS3 中提供了更多的风格和更强的效果。此外，较之以前的 Web 排版，Web 的开放字体格式（WOFF）也提供了更高的灵活性和控制性。

三、优点

（一）网络标准

HTML 5 本身是由 W3C 推荐出来的，它的开发是通过谷歌、苹果、诺基亚、中国移动等几百家公司一起酝酿的技术，这个技术最大的好处在于它是一个公开的技术。换句话说，每一个公开的标准都可以根据 W3C 的资料库找寻根源。另一方面，W3C 通过 HTML 5 标准，意味着每一个浏览器或每一个平台都会去使用。

（二）多设备、跨平台

HTML 5 的优点主要在于，这个技术可以进行跨平台使用。比如开发了一款 HTML 5

的游戏，可以很轻易地移植到UC的开放平台、Opera的游戏中心、Facebook应用平台，甚至可以通过封装的技术发放到App Store或Google Play上，所以它的跨平台能力非常强大，也是大多数人对HTML 5有兴趣的主要原因。

（三）自适应网页设计

很早就有人设想，能不能“一次设计，普遍适用”，让同一网页自动适应不同大小的屏幕，根据屏幕宽度，自动调整布局（Layout）。

2010年，Ethan Marcotte提出了“自适应网页设计”这个名词，指可以自动识别屏幕宽度，并做出相应调整的网页设计。这就解决了一直以来的一个难题——网站为不同的设备提供不同的网页，比如专门提供一个Mobile版本，或者iPhone/iPad版本。这样做固然保证了效果，但是比较麻烦，同时要维护好几个版本，而且如果一个网站有多个Portal（入口），会大大增加架构设计的复杂度。

（四）即时更新

游戏客户端每次都要更新，很麻烦。可是更新HTML 5游戏就好像更新页面一样，是马上的、即时的更新。

总之，HTML 5有以下优点：提高可用性和改进用户的友好体验；有几个新的标签，这将有助于开发人员定义重要的内容；可以给站点带来更多的多媒体元素（视频和音频）；可以很好地替代FLASH和Silverlight；当涉及网站的抓取和索引的时候，对于SEO很友好；将被大量应用于移动应用程序和游戏。

四、新特征

HTML 5提供了一些新的元素和属性，例如Nav（网站导航块）和Footer。这种标签将有利于搜索引擎的索引整理，同时更好地帮助小屏幕装置和视障人士使用，除此之外，还为其他浏览要素提供了新的功能，如Audio和Video标记。

（一）取消了一些过时的HTML 4标记

其中包括纯粹显示效果的标记，如Font和Center，它们已经被CSS取代。HTML 5吸取了XHTML 2的一些优点，包括一些用来改善文档结构的功能，比如，新的HTML标签Header，Footer，Dialog，Aside，Figure等的使用，将使内容创作者更加容易地创建文档，之前的开发者在实现这些功能时一般都是使用div。

（二）将内容和展示分离

b和i标签依然保留，但它们的意义已经和之前有所不同，这些标签只是为了将一段文字标识出来，而不是为了为它们设置粗体或斜体式样。“u，font，center，strike”这些标签则被完全去掉了。

（三）一些全新的表单输入对象

包括日期、URL、E-mail地址，其他的对象则增加了对非拉丁字符的支持。HTML 5还引入了微数据，这一使用机器可以识别的标签标注内容的方法，使语义Web的处理更为简单。总的来说，这些与结构有关的改进，使内容创建者可以创建更干净、更容易管理的网页，这样的网页对搜索引擎、读屏软件等更为友好。

（四）全新的，更合理的Tag

多媒体对象将不再全部绑定在Object或Embed Tag中，而是视频有视频的Tag，音频有音频的 Tag。

（五）本地数据库

这个功能将内嵌一个本地的 SQL 数据库，以加速交互式搜索，缓存以及索引功能。同时，那些离线 Web 程序也将因此获益匪浅。不需要插件的丰富动画。

（六）Canvas 对象

将给浏览器带来直接在上面绘制矢量图的能力，这意味着用户可以脱离 Flash 和 Silverlight，直接在浏览器中显示图形或动画。

（七）浏览器中的真正程序

将提供 API 实现浏览器内的编辑，拖放，以及各种图形用户界面的能力。内容修饰 Tag 将被剔除，而使用 CSS。

（八）HTML 5 取代 Flash 在移动设备的地位。

在移动设备开发 HTML 5 应用只有两种方法：要不就是全使用 HTML 5 的语法，要不就是仅使用 JavaScript 引擎。JavaScript 引擎的构建方法让制作手机网页游戏成为可能。由于界面层很复杂，已预订了一个 UI 工具包去使用。纯 HTML 5 手机应用运行缓慢并错漏百出，但优化后的效果会好转。尽管不是很多人愿意去做这样的优化，但依然可以去尝试。

HTML 5 手机应用的最大优势就是可以在网页上直接调试和修改。原生应用的开发人员可能需要花费非常大的力气才能达到 HTML 5 的效果，不断地重复编码、调试和运行，这是首先得解决的一个问题。HTML 5 的移植非常简单，实现了自动化操作。

（九）将成为主流

据统计 2013 年全球已有 10 亿手机浏览器支持 HTML 5，同时 HTML Web 开发者数量将达到 200 万。毫无疑问，HTML 5 将成为未来 5—10 年内，移动互联网领域的主宰者。

据 IDC 的调查报告统计，截至 2012 年 5 月，有 79%的移动开发商已经决定要在其应有程序中整合 HTML 5 技术。12 月，万维网联盟宣布已经完成对 HTML 5 标准以及 Canvas 2D 性能草案的制定，这就意味着开发人员将会有一个稳定的“计划和实施”目标。有很多的文章都在推广使用 HTML 5，并大力宣传它的好处。此前，站长之家曾经做过一次调查，调查显示只有 36.16%的站长正在学习中，其他人表示正在观望中。

从性能角度来说，HTML 5 缩减了 HTML 文档，使这件事情变得更简单。对于初学者来说，HTML 5 的声明方式显然更友好一些。

第二章

Dreamweaver 基本操作

本教程所用的软件，包括 Dreamweaver CS6、Fireworks CS6、Flash CS6。安装上述软件的操作系统是 Windows 7。下面介绍如何建立网站的站点，以及 Dreamweaver CS6 的一些基本操作。为了便于初学者快速入门，我们在讲解过程中尽可能地使用通俗易懂的语言。

第一节　建 立 网 站

现在有很多网站，包括：新浪网站（http://www.sina.com.cn/）、搜狐网站（http://www.sohu.com/）、网易网站（http://www.163.com/）等商业网站；北京大学网站（http://www.pku.edu.cn/）、清华大学网站（http://www.tsinghua.edu.cn/）、对外经济贸易大学网站（http://www.uibe.edu.cn/）等高校网站；中华人民共和国中央人民政府门户网站（http://www.gov.cn/）、中国广州政府门户网站（http://www.gz.gov.cn/）、中国政府采购网站（http://www.ccgp.gov.cn/）等政府网站。

什么是网站？简单来说，网站就是一个文件夹，文件夹中有很多子文件夹，分门别类地存放一些信息资源。例如，“SOUND”子文件夹中存放声音文件；“IMAGE”子文件夹中存放图片文件；“HTML”子文件夹中存放 HTML 文件；“FLASH”子文件夹中存放 Flash 文件；“MOVIE”子文件夹中存放电影文件；“TEXT”子文件夹中存放文本文件等。

应该有效地管理网站。管理网站工作包括：建立、删除、添加、更新文件（特别是 HTML 文件）；建立、删除、添加、更新子文件夹。如何管理网站？这些工作可以通过 Dreamweaver 软件来完成。Dreamweaver 软件有很多版本，现在最新的版本是 CS6 版本。

在电脑的 C 盘上，建立一个 Dreamweaver 文件夹，在 Dreamweaver 文件夹下面，建立一些子文件夹：HTML 子文件夹，存放 HTML 文件，目前这个子文件夹为空；IMAGE 子文件夹，存放一些图片文件，因为 Dreamweaver 软件对中文的支持不够，所以图片的文件名尽量不要为中文，而用英文；MOVIE 子文件夹，存放电影文件；PPT 子文件夹，存放 PPT 文件；SOUND 子文件夹，存放声音文件；TEXT 子文件夹，存放文本文件；FLASH 子文件夹，存放 Flash 文件，主要是可执行的 swf 格式的文件。因为 Dreamweaver 软件对中文的支持不够，所以站点无论文件夹还是文件，都尽量不要取中文名称，应该尽量取英文名称。

目前这个建立在电脑C盘上的Dreamweaver文件夹，就是一个网站，我们在后续章节中，会一步步地完善这个网站。

第二节 Dreamweaver CS6界面

打开软件Dreamweaver CS6，界面如图2.2.1所示。

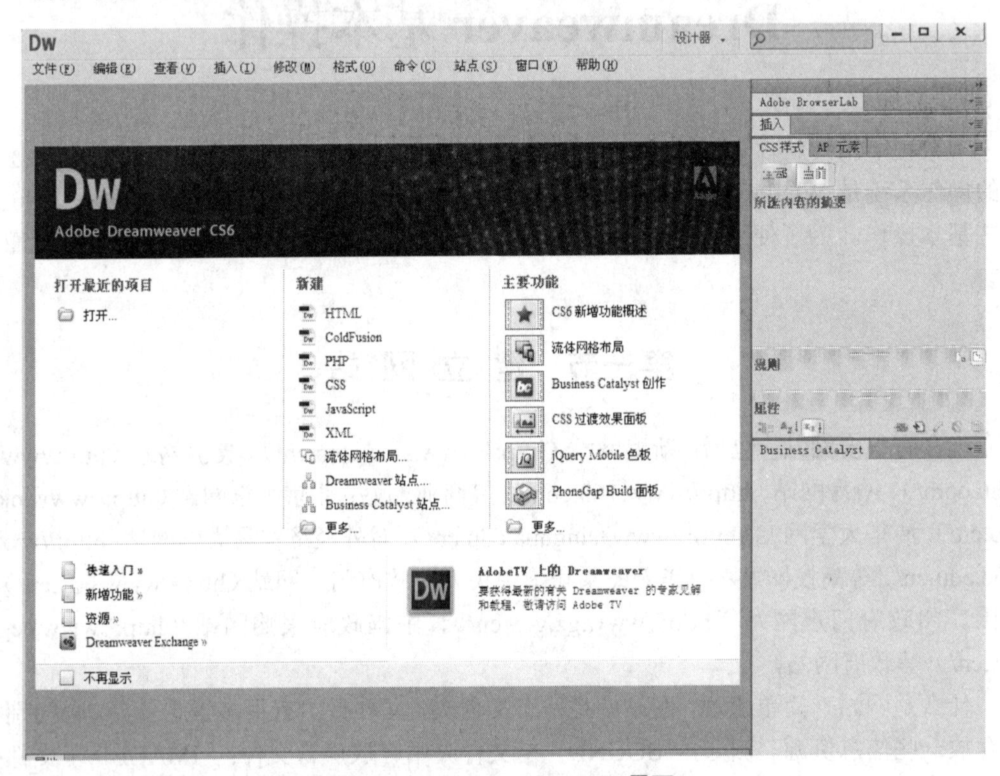

图2.2.1 Dreamweaver CS6界面

下面详细介绍Dreamweaver CS6开始界面的具体细节。

一、Dreamweaver CS6的图标

左上角的Dw，是Dreamweaver CS6的图标。“DW”是“Dreamweaver”的缩写。

二、菜单栏

图标的下面，是Dreamweaver CS6的菜单栏（如图2.2.2所示）。

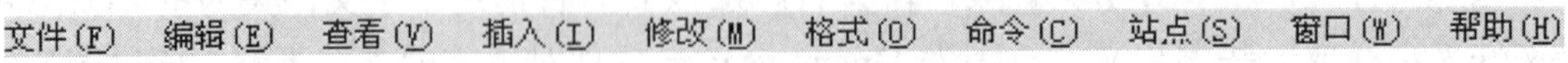

文件(F) 编辑(E) 查看(V) 插入(I) 修改(M) 格式(O) 命令(C) 站点(S) 窗口(W) 帮助(H)

图2.2.2 Dreamweaver CS6菜单栏

菜单栏包括文件、编辑、查看、插入、修改、格式、命令、站点、窗口、帮助菜单。

三、功能区面板

菜单栏的下面，是Dreamweaver CS6的功能区面板（如图2.2.3所示），包括3列（3个功能区）：“打开最近的项目、新建、主要功能”。

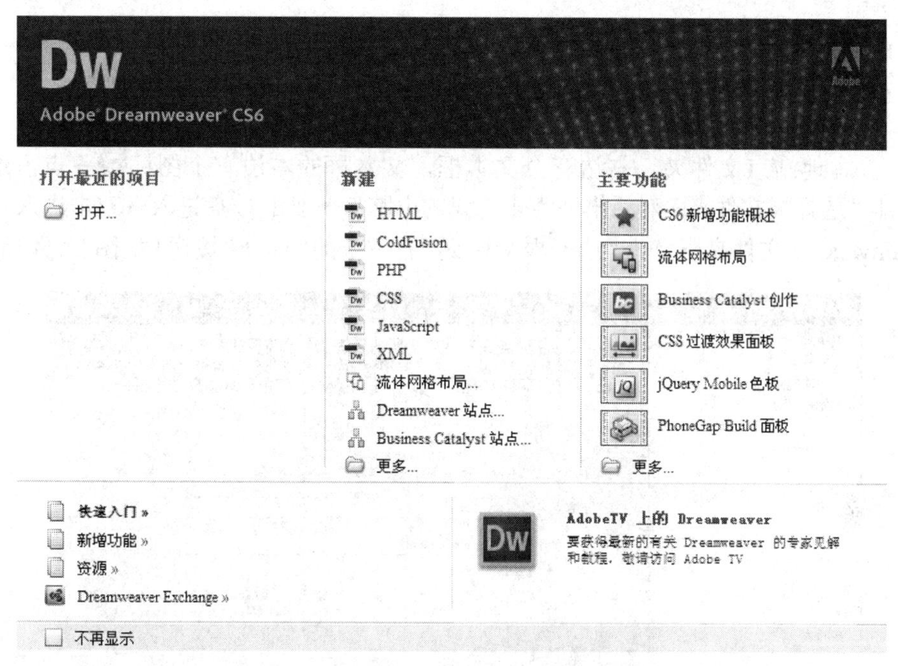

图 2.2.3　Dreamweaver CS6 功能区

“新建”功能区，包括：“HTML、ColdFusion、PHP、CSS、JavaScript、XML、流体网格布局、Dreamweaver 站点、Business Catalyst 站点、更多”。

“主要功能”区，包括：“CS6 新增功能概述、流体网格布局、Business Catalyst 创作、CSS 过渡效果面板、jQuery Mobile 色板、PhoneGap Build 面板、更多”。

如果打开 Dreamweaver CS6 的时候不希望出现这个功能区面板，可以点击（勾选）“不再显示”前面的复选框。

四、属性面板

功能区面板的下面，是属性面板 属性 。

属性面板是可以移动的，点击“属性”两个字，然后用鼠标拖动，可以移动属性面板。

属性面板是可以关闭的，拖动属性面板之后，点击可以关闭属性面板。也可以点击“窗口”菜单→“属性”，关闭属性面板。如果想要重新显示属性面板，可以再次点击“窗口”菜单→“属性”，从而显示属性面板。

五、右侧浮动面板

界面的右侧，有很多浮动面板，点击，弹出 关闭 关闭标签组，点击“关闭”或者“关闭标签组”，可以关闭相关的浮动面板项。

浮动面板是可以移动的，用鼠标点击浮动面板项，然后用鼠标拖动浮动面板项，就可以移动相应的浮动面板项。移动浮动面板项之后，点击可以关闭相应的浮动面板项。

可以通过“窗口”菜单，显示或者关闭某些浮动面板项。例如，点击“窗口”→“CSS 样式”，可以显示浮动面板项“CSS 样式”；再次点击“窗口”→“CSS 样式”，这样就关闭了浮动面板项“CSS 样式”。

六、建立站点

（1）点击左侧的“站点”→“新建站点”→打开“站点设置对象”对话框。

（2）点击“站点名称”右边的文本框→输入“myWeb”。

（3）“本地站点文件夹”右边有个文本框，文本框的右边有个图标→点击这个图标→打开“选择根文件夹”对话框→点击“我的电脑”→双击C盘进入→双击进入C盘上的Dreamweaver文件夹→点击“选择根文件夹”右下方的“选择”按钮（如图2.2.4所示）。

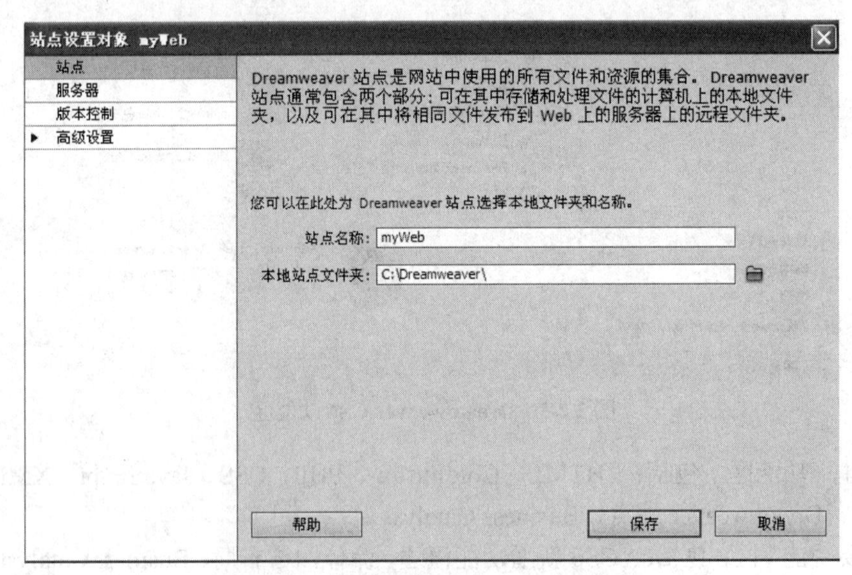

图 2.2.4　Dreamweaver CS6 站点设置对象

（4）点击“保存”按钮。

此时，界面中出现一个标签为“文件”的浮动面板（如图2.2.5所示）。其中包括：站点名称（myWeb），以及站点对应的文件夹的位置（C:\Dreamweaver），站点的子目录（FLASH、HTML、IMAGE、MOVIE、PPT、SOUND、TEXT），以及站点下独立的一个文件（点名册.xls）。

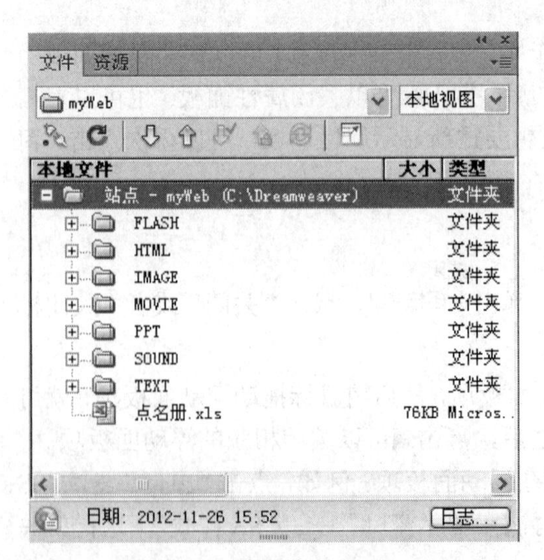

图 2.2.5　建立站点 myWeb

如果想把站点下独立的文件“点名册.xls”删除掉，那么可以点击“点名册.xls”，然后按“Delete”键，在弹出的Dreamweaver“您确认要删除所选文件吗”对话框中点击“是”按钮，这样就可以删除“myWeb”站点下面独立的文件“点名册.xls”了。应该指出，C盘Dreamweaver文件夹下的文件“点名册.xls”，同时被删除。这就体现了Dreamweaver软件的编辑功能：可以删除文件。

请注意，“文件”浮动面板中，“myWeb”

右边的下拉列表中，是“本地视图”。除了“本地视图”，还有“远程服务器、测试服务器、存储库视图”等。

目前 HTML 子目录是空的，里面什么都没有。TEXT 子目录下有作业要求（请与本教材教学课件配套使用）。

通过上述操作，就在 Dreamweaver CS6 中建立了一个新的站点，名为“myWeb”，Dreamweaver CS6 可以对这个站点进行有效的管理，包括：插入、删除、更新、编辑目录；插入、删除、更新、编辑文件等。

七、管理站点

可以通过 Dreamweaver CS6 管理站点（如图 2.2.6 所示）。

（1）点击“站点”→“管理站点”。

（2）点击右下方的“新建站点”按钮 新建站点 ，可以新建一个站点。

（3）点击站点“myWeb”→点击左下方“删除当前选定的站点”的按钮 − →弹出 Dreamweaver 对话框“您不能撤消该动作。要删除选中的站点吗？”→点击“是”按钮 是 →可以删除站点“myWeb”。

（4）点击右下方的“完成”按钮 完成 。

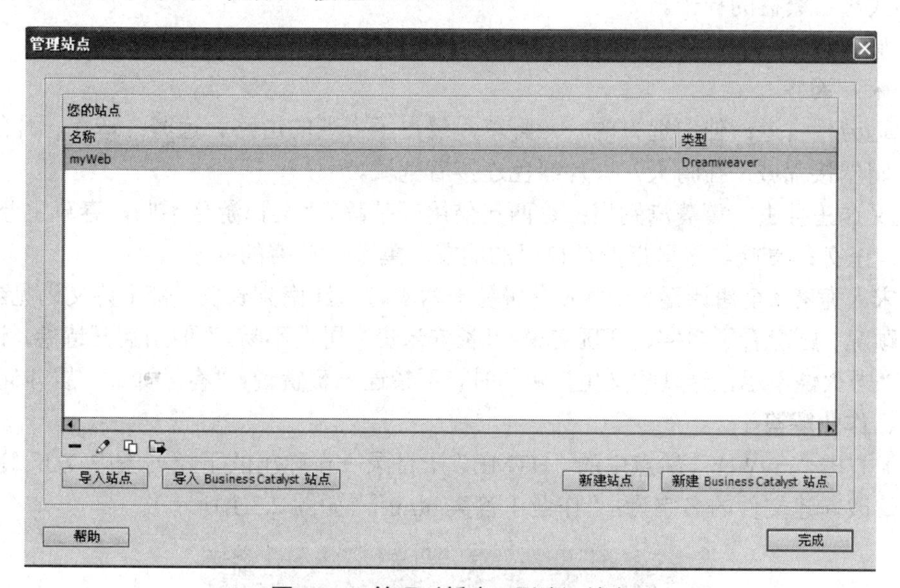

图 2.2.6 管理（新建、删除）站点

第三节 作 业 1

下面通过作业 1 的解答过程，来掌握 Dreamweaver CS6 的基本操作。所有的作业要求，全都放在“TEXT”子目录下。点击子目录“TEXT”前面的折叠符号⊞，展开子目录“TEXT”，子目录“TEXT”中有一个文本文件“作业 1 要求.txt”。双击打开“作业 1 要求.txt”。

一、作业要求

用记事本编辑工具，按要求将如下内容编辑成 HTML 文件。

要求

（1）请分别用<H1>、<H2>、<H3>标记、修饰诗名、作者、注释。

（2）诗名、作者居中，黑色显示；注释靠左，棕色显示。

（3）诗文居中，隶书显示。

（4）注释内容靠左、用有序列表显示。

（5）设定背景颜色为“#CCFFFF”。

《赋得古原草送别》

白居易

离离原上草，一岁一枯荣。
野火烧不尽，春风吹又生。
远芳侵古道，晴翠接荒城，
又送王孙去，萋萋满别情。

[注释]

1. 离离：繁盛的样子。
2. 原：原野。
3. 荣：繁盛。
4. 远芳侵古道：伸向远方的一片野草，侵占了古老的道路。远芳：牵连一片的草。
5. 晴翠接荒城：在晴天，一片绿色连接着荒城。
6. 又送王孙去，萋萋满别情：这两句借用《楚辞》“王孙游兮不归，春草生兮萋萋”的典故。王孙：贵族。这里指的是自己的朋友。萋萋：草盛的样子。

据宋人尤袤《全唐诗话》记载：白居易十六岁时从江南到长安，带了诗文谒见当时的大名士顾况。顾况看了名字，开玩笑说：“长安米贵，居大不易。”但当翻开诗卷，读到这首诗中“野火烧不尽，春风吹又生”两句时，不禁连声赞赏说：“有才如此，居亦何难！”

二、作业解答

（1）右击“myWeb”站点中的“HTML”子目录→在弹出的下拉列表中点击“新建文件”→修改新建文件的名字为：“作业1答案.html”（如图2.3.1所示）。

图 2.3.1 新建 HTML 文件

（2）双击打开新建的文件“作业 1 答案.html”（如图 2.3.2 所示）。

图 2.3.2 打开 HTML 文件

从图 2.3.2 可以看出，在 Dreamweaver CS6 中打开一个 html 文件之后，有 4 个视图：代码视图、拆分视图、设计视图、实时视图。标题右边是个文本框，是 html 文件的标题。左上角的标签“作业 1 答案.html”是网页的名字。

点击“代码”视图，里面是“作业 1 答案.html”这个网页对应的代码。

点击“拆分”视图，页面分成两部分，左边是“作业 1 答案.html”这个网页对应的代码，右边是“作业 1 答案.html”这个网页的显示效果。

点击“设计”视图，里面是“作业 1 答案.html”这个网页的显示效果。

点击“实时视图”，出现“作业 1 答案.html”这个网页的显示效果。但是应该指出，在编辑“作业 1 答案.html”这个网页的时候，不得点击“实时视图”，否则“作业 1 答案.html”这个网页就无法编辑。如果之前已经点击了“实时视图”按钮，必须再次点击“实时视图”按钮，使得“实时视图”按钮还原。

（3）子目录“TEXT”中有一个文本文件“作业 1 要求.txt”。双击打开“作业 1 要求.txt”。

（4）点击打开的“作业 1 要求.txt”→“Ctrl+A”全选→“Ctrl+C”复制。

（5）点击“作业 1 答案.html”网页标签→点击“设计”视图（如果之前已经点击了“实时视图”按钮，必须再次点击“实时视图”按钮，使得“实时视图”按钮还原，处于未选择状态）→点击“作业 1 答案.html”页面，光标在闪烁→“Ctrl+V”粘贴。

（6）用<H1>标记修饰诗名。

用鼠标选择标题“《赋得古原草送别》”，高亮显示→点击“代码”视图→可以看到标题“《赋得古原草送别》”这几个字高亮显示→把光标移动到“《赋得古原草送别》”这几个字的前面→输入“<H1>”→把光标移动到“《赋得古原草送别》”这几个字的后面→输入“</H1>”（实际上，只要输入“</”，Dreamweaver 会自动加上“H1>”）。

（7）用<H2>标记修饰作者。

点击“设计”视图→点击“作业 1 答案.html”页面→用鼠标选择“白居易”这 3 个字→点击“代码”视图→可以看到“白居易”这 3 个字高亮显示→把光标移动到“白居易”这几个字的前面→输入“<H2>”→把光标移动到“白居易”这几个字的后面→输入“</H2>”（实际上，只要输入“</”，Dreamweaver 会自动加上“H2>”）。

（8）用<H3>标记修饰“[注释]”。

点击“设计”视图→点击“作业 1 答案.html”页面→用鼠标选择“[注释]”这几个字→点击“代码”视图→可以看到“[注释]”这几个字高亮显示→把光标移动到“[注释]”这几个字的前面→输入“<H3>”→把光标移动到“[注释]”这几个字的后面→输入“<H3>”（实际上，只要输入“</”，Dreamweaver 会自动加上“H3>”）。

（9）说明：可以通过“属性”面板上的“快速标签编辑器”对文本进行编辑（如图 2.3.3 所示）。

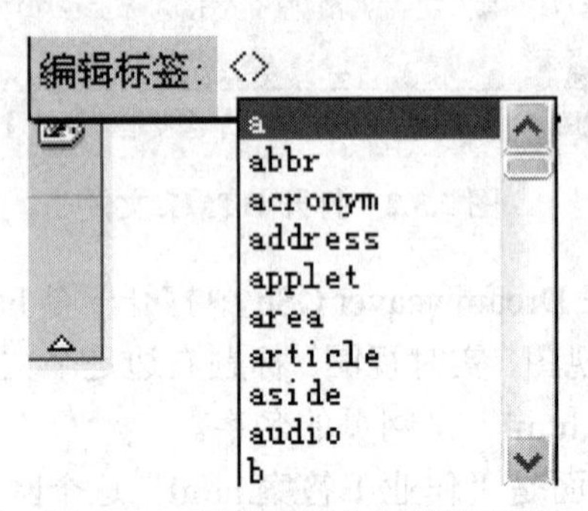

图 2.3.3　属性面板中的编辑标签

“属性”面板的右下方，有个“快速标签编辑器”图标，可以对文本进行编辑。选择需要编辑的文本→然后点击“属性”面板右下方的“快速标签编辑器”图标→在弹出的“编辑标签”下拉列表中，输入或者选择相应的标签。

有些时候，选择需要编辑的文本，然后点击“属性”面板右下方的“快速标签编辑器”图标，弹出来一个“环绕标签:<>”环绕标签: <>，不是下拉列表。这个时候，如果知道应该输入什么标签，可以直接输入，如果想让标签下拉列表出现，可以选择“<>”，然后输入“<a”，这个时候，标签下拉列表就出现了，可以在标签下拉列表中选择合适的标签。

（10）诗名、作者居中，黑色显示。

点击“设计”视图→点击“作业 1 答案.html”页面→用鼠标选择标题“《赋得古原草送别》”和作者“白居易”这两行（注意，是两行）→点击“属性”面板（如果“属性”面板隐藏起来了，就点击“窗口”菜单→“属性”）中的“CSS”按钮（如图 2.3.4 所示）。

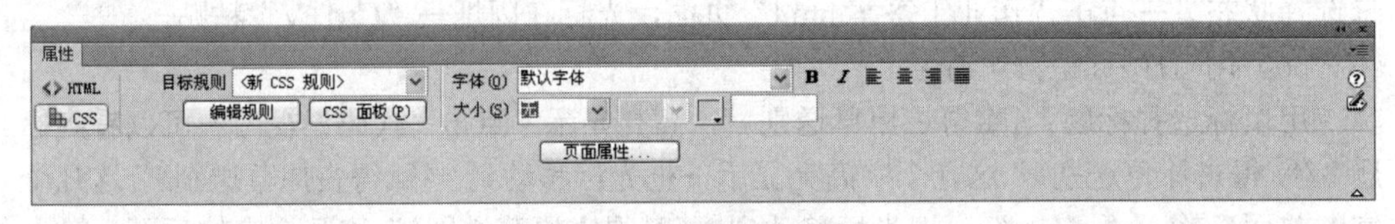

图 2.3.4　属性面板

注意：属性面板的右下方，有个向上的三角形，点击这个三角形之后，属性面板中的“页面属性”按钮折叠起来，属性面板的右下方向上的三角形变成一个向下的三角形。点击这个向下的三角形，属性面板中的“页面属性”按钮又显示出来，属性面板右下方向下的三角形变成一个向上的三角形。

点击“CSS”中的“居中对齐”图标→弹出“新建 CSS 规则”对话框→点击“选择器名称：选择或输入选择器名称。”下面的文本框→输入“zhongjian”→点击“新建 CSS 规则”对话框右上方的“确定”按钮（如图 2.3.5 所示）。

用鼠标选择标题“《赋得古原草送别》”和作者“白居易”这两行（注意，是两行）→点击“属性”面板（如果“属性”面板隐藏起来了，就点击“窗口”菜单→“属性”）中的“CSS”按钮→点击“CSS”中的“文本颜色”图标→在弹出的颜色列表中选择黑色（或者：点击“CSS”中的“文本颜色”图标右边的文本框，输入“black”，然后回车）→在弹出的“新建 CSS 规则”对话框中，点击右上方的“确定”按钮（如图 2.3.6 所示）。

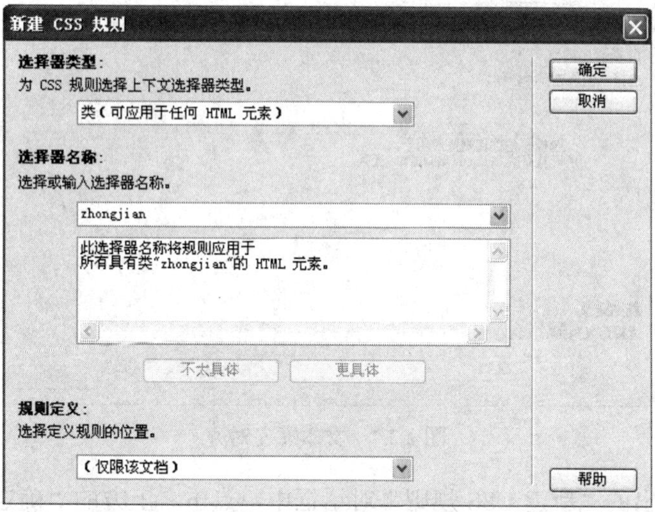

图 2.3.5 文本居中对齐

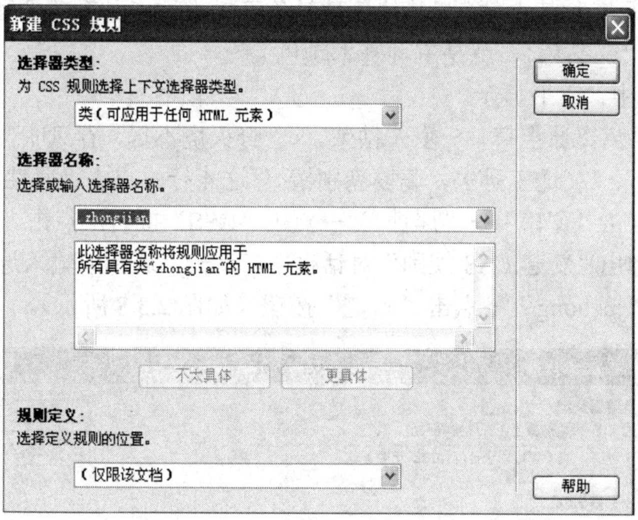

图 2.3.6 文本颜色为黑色

（11）“[注释]”靠左，棕色显示。

点击“设计”视图→点击“作业 1 答案.html”页面→用鼠标选择“[注释]”这几个字→点击“属性”面板中的“左对齐”图标→在弹出的“新建 CSS 规则”对话框中，点击“选择或输入选择器名称”下面的文本框→输入“kaozuo”→点击右上方的“确定”按钮（如图 2.3.7 所示）。

点击“设计”视图→点击“作业 1 答案.html”页面→用鼠标选择“[注释]”这几个字→点击“属性”面板（如果“属性”面板隐藏起来了，就点击“窗口”菜单→“属性”）中的“CSS”按钮→点击“CSS”中的“文本颜色”图标右边的文本框，输入“brown”，

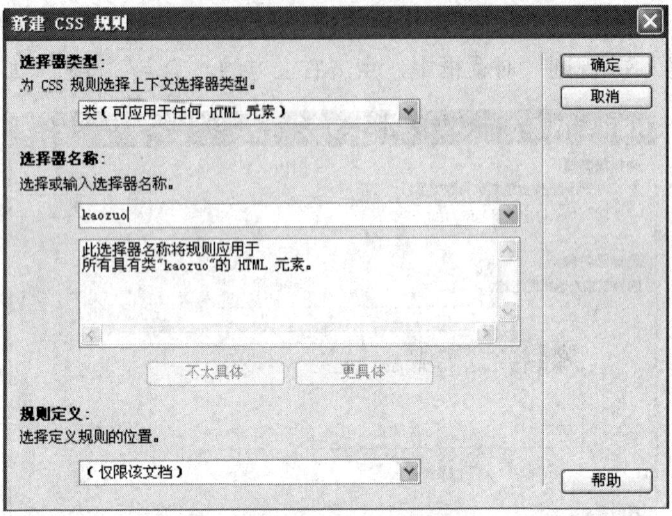

图 2.3.7　文本靠左对齐

然后回车→在弹出的“新建 CSS 规则”对话框中，点击右上方的“确定”按钮（注释：brown 是棕色、red 是红色、green 是绿色、blue 是蓝色、purple 是紫色、yellow 是黄色。Red、green、blue 是三种基本颜色，其他各种颜色可以由这三种颜色调和而成，所以 red、green、blue 称为“三基色”，就是三种基本颜色）。

（12）诗文居中、隶书显示。

用鼠标选择“离离原上草，一岁一枯荣。”、“野火烧不尽，春风吹又生。”、“远芳侵古道，晴翠接荒城，”、“又送王孙去，萋萋满别情。”这 4 行→点击“属性”面板（如果没有属性面板，那么点击“窗口”→“属性”）→点击“CSS”按钮→点击“CSS”中的“居中对齐”图标≡→弹出“新建 CSS 规则”对话框中，点击“选择或输入选择器名称。”下面的文本框→输入“juzhong”→点击“确定”按钮（如图 2.3.8 所示）。

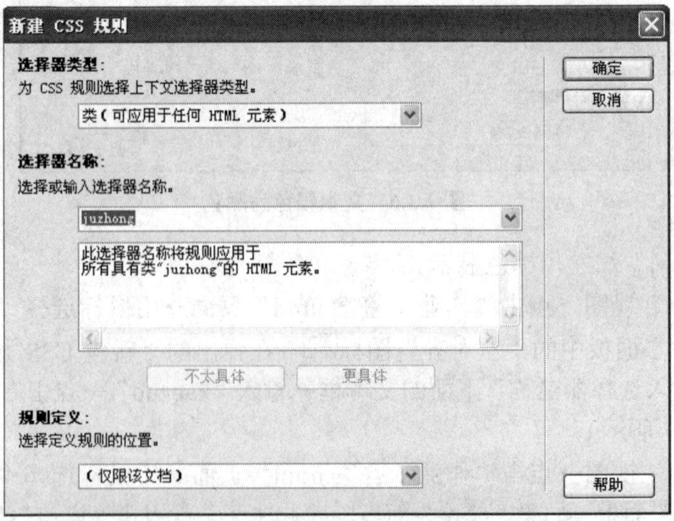

图 2.3.8　诗文居中对齐

用鼠标选择“离离原上草，一岁一枯荣。”、“野火烧不尽，春风吹又生。”、“远芳侵古道，晴翠接荒城，”、“又送王孙去，萋萋满别情。”这 4 行→点击“属性”面板→点击“CSS”按钮→点击“字体”右边的文本框→用鼠标选择文本框中的“默认字体”这 4 个字→输入“隶书”→回车→点击“大小”右边的下拉列表→在弹出的下拉列表中选择“36”（如图 2.3.9 所示）。

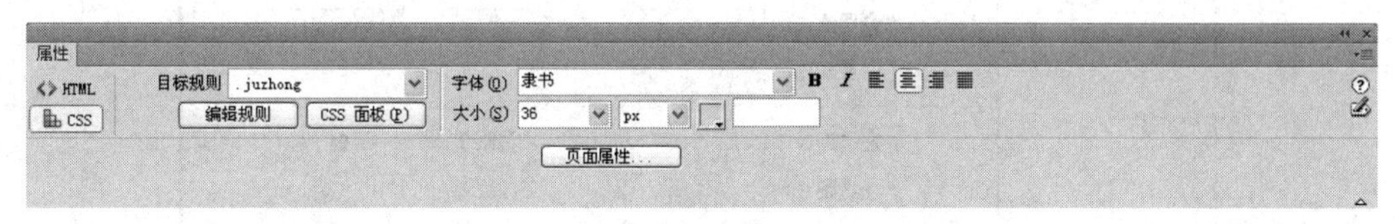

图 2.3.9 诗文隶书字体，大小 36px

（13）注释内容靠左、用有序列表显示。

这个不用做了，本来就是这样显示的。

用鼠标点击设计视图，点击‘6. 又送王孙去，萋萋满别情：这两句借用《楚辞》“王孙游兮不归，春草生兮萋萋”的典故。王孙：贵族。这里指的是自己的朋友。萋萋：草盛的样子。’→把光标移动到“这里指的是自己的朋友”中“这”字的后面→按“Delete”键→再按一次“Delete”键。

点击“顾况看了名字”→把光标移动到“看”这个字的后面→按“Delete”键→再按一次“Delete”键。

点击“两句时”→把光标移动到“句”这个字的后面→按“Delete”键→再按一次“Delete”键。

（14）设定背景颜色为“#CCFFFF”。

点击“设计”视图→点击“属性”面板（如果没有“属性”面板，那么点击“窗口”→“属性”）→点击“HTML”按钮或者“CSS”按钮，这里→点击“页面属性”按钮（如果没有“页面属性”按钮，那么点击“属性”面板右下方那个向下的三角。点击这个向下的三角形之后，属性面板中的“页面属性”按钮又显示出来，属性面板右下方那个向下的三角形变成一个向上的三角形）。

在弹出的“页面属性”对话框中→点击外观（CSS）→“背景颜色”右边有个颜色面板→右边有个文本框→点击这个文本框→输入“#CCFFFF”→点击“确定”按钮（如图 2.3.10 所示）。

（15）用鼠标选择“用记事本编辑工具，按要求将如下内容编辑成 HTML 文件”。→“要求”→“1、请分别用<H1>、<H2>、<H3>标记修饰诗名→作者→[注释]；”→“2、诗名→作者居中，黑色显示；“[注释]”靠左，棕色显示；”→“3、诗文居中→隶书显示；”→“4、[注释]内容靠左→用有序列表显示；”→“5、设定背景颜色为“#CCFFFF”” 这几行→按 Delete 键删除。

（16）在“代码”视图、“拆分”视图、“设计”视图、“实时视图”的同一栏，在“标题”的右边，有个文本框。点击文本框→用鼠标选择文本框中的文本“无标题文档”→输入新的标题“作业 1 答案”→回车。

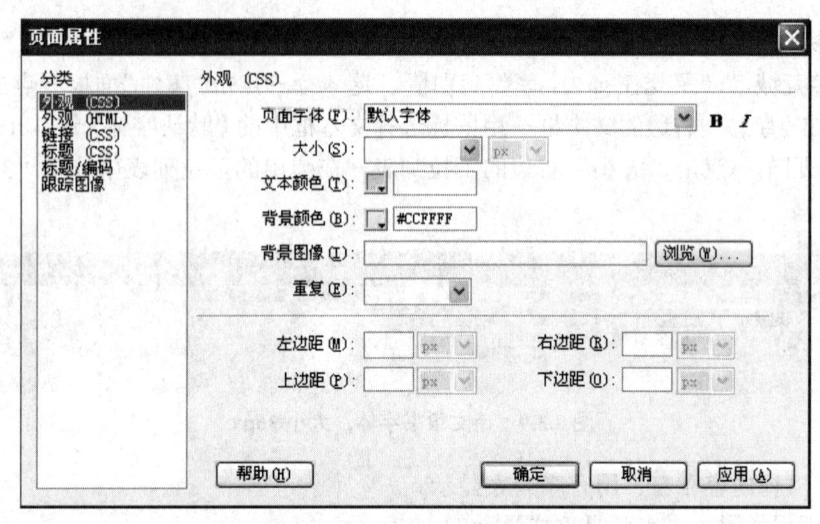

图 2.3.10 设定背景颜色为“#CCFFFF”

（17）按“Ctrl+S”组合键进行保存。或者点击“文件”菜单→“保存”。

（18）如何通过浏览器查看页面编辑的效果？可以按“F12”键；“代码”视图、“拆分”视图的同一栏，有个“在浏览器中预览/调试”图标，点击这个图标，会有一个下拉列表，里面是不同的浏览器，选择浏览器，可以在浏览器中查看网页的编辑效果。

（19）作业 1 完成了。作业 1 主要包括：对文本进行编辑（文字的大小、字体、颜色）、背景颜色，以及设置网页的标题等。

三、作业小结

作业 1 看起来复杂，让很多同学产生畏难情绪。实际上按照要求一步步做，并不是特别复杂。此外，一些快捷键可以充分使用，例如：“Ctrl+C”是复制；“Ctrl+V”是粘贴；“Ctrl+X”是剪切；“Ctrl+S”是保存；“Ctrl+Z”是返回上一个步骤。类似的快捷键还有很多。要注意随时按“Ctrl+S”键进行保存。

第四节 作 业 2

点击“myWeb”站点，“TEXT”子目录下，有一个文本文件“作业 2 要求.txt”，双击打开“作业 2 要求.txt”，里面是作业 2 的要求。

一、作业要求

（1）将下列素材用网页表现。

（2）格式自由发挥。

（3）插入图片、声音。

生 死 不 离

生死不离，你的梦落在哪里

想着生活继续

天空失去美丽，你却等待明天站起
无论你在哪里，我都要找到你
血脉能创造奇迹
你的呼喊就刻在我的血液里

生死不离，我数秒等你消息
相信生命不息
我看不到你，你却牵挂在我心里
无论你在哪里，我都要找到你
血脉能创造奇迹
搭起双手筑成你回家的路基

生死不离，全世界都被沉寂
痛苦也不哭泣
爱是你的传奇，彩虹在风雨后升起
无论你在哪里，我都要找到你
血脉能创造奇迹
你一丝希望是我全部的动力

二、作业解答

（1）点击“myWeb”站点→右击“HTML”子目录→在弹出的下拉列表中点击第一项“新建文件”→修改文件的名字为“作业 2 答案.html”→双击打开作业“作业 2 答案.html”。

（2）点击“myWeb”站点→点击“TEXT”子目录前面的⊞，展开“TEXT”子目录→双击打开“TEXT”子目录下的文本文件“作业 2 要求.txt”，里面是作业 2 的要求。

（3）点击“作业 2 要求.txt”→“Ctrl+A”全选→“Ctrl+C”复制。

（4）点击“作业 2 答案.html”标签→点击“设计”视图→“Ctrl+V”粘贴。

（5）点击“标题”右边的文本框→用鼠标选择文本框中的文字“无标题文档”→输入标题“作业 2 答案”→回车→“Ctrl+S”保存。

（6）点击“属性”面板（如果没有“属性”面板，那么点击“窗口”菜单→“属性”）→点击按钮“页面属性”，弹出“页面属性”对话框→在“分类”的下面，点击“外观（CSS）”→点击“页面字体”右面的可编辑文本框→用鼠标选择原有文本“默认字体”→输入“隶书”→点击“大小”右边的可编辑下拉列表，选择“36”→“文本颜色”右边有个调色板，再右边是一个文本框，点击文本框，输入“white”→“背景颜色”右边有个调色板，再右边是一个文本框，点击文本框，输入“black”→点击“确定”按钮（如图 2.4.1 所示）。

（7）点击“设计”视图→用鼠标选择“作业要求：”、“1、将下列素材用网页表现；”、“2、格式自由发挥”、“3、插入图片、声音”这几行→按“Delete”删除。

（8）按“Ctrl+A”全选→点击“属性”面板→点击“CSS”按钮→点击“居中对齐”

图标☰。因为“目标规则”右边的下拉列表中自动选择“body”，所以这次没有出现对话框。

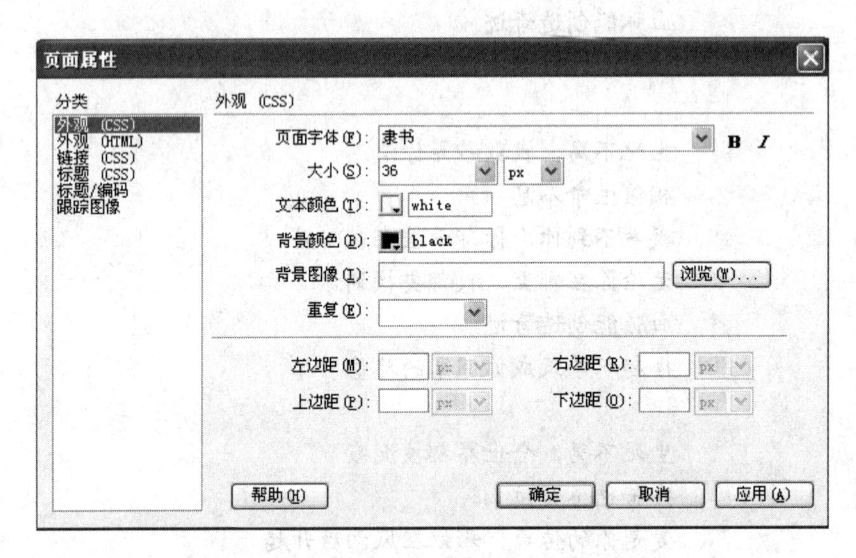

图 2.4.1 设定“页面属性”对话框参数

（9）把光标移动到“你的呼喊就刻在我的血液里”下面的一行→点击“文件”浮动面板标签→点击站点“myWeb”→点击子目录“IMAGE”前面的⊞，展开子目录“IMAGE”→点击文件“汶川地震之哺乳.jpg”→用鼠标将文件“汶川地震之哺乳.jpg”，拖到“你的呼喊就刻在我的血液里”这一行的下面，并松开鼠标→弹出一个对话框“图像标签辅助功能属性” →点击“确定”按钮（如图 2.4.2 所示）。

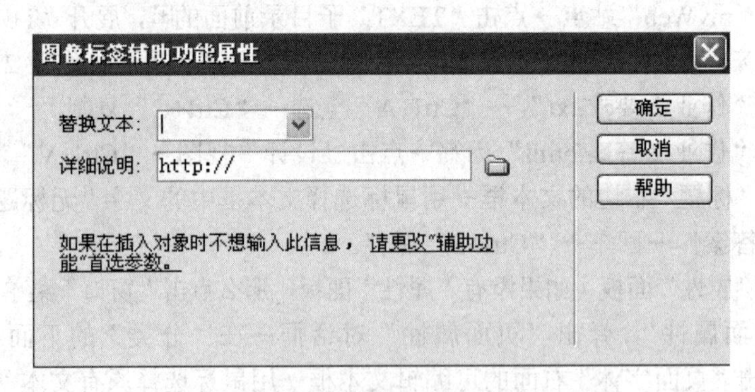

图 2.4.2 “图像标签辅助功能属性”对话框

（10）把光标移动到“搭起双手筑成你回家的路基”下面的一行→点击“IMAGE”子目录下的文件“汶川地震之宝宝.jpg”→用鼠标将文件“汶川地震之宝宝.jpg”拖到“搭起双手筑成你回家的路基”下面的一行→弹出一个对话框“图像标签辅助功能属性”→点击“确定”按钮。

（11）把光标移动到“你一丝希望是我全部的动力”的后面→回车→点击“IMAGE”子目录下的文件“汶川地震之解放军.jpg”→用鼠标将文件“汶川地震之解放军.jpg”拖到

“你一丝希望是我全部的动力”下面的一行→弹出一个对话框“图像标签辅助功能属性”→点击“确定”按钮。

（12）插入背景音乐。点击“代码”视图→找到“<body>”标签→把光标移动到“<body>”标签的后面→回车→输入“<bgsound”→弹出标签下拉列表，里面有“balance、delay、loop、src、volume”等标签→在标签下拉列表中双击标签“src”，弹出“浏览”链接→双击弹出的“浏览”链接，弹出“选择文件”对话框→双击“Dreamweaver”文件夹下的子文件夹“SOUND”→用鼠标选择子文件夹“SOUND”下的文件“生死不离.mp3”→点击“确定”按钮（如图 2.4.3 所示）。

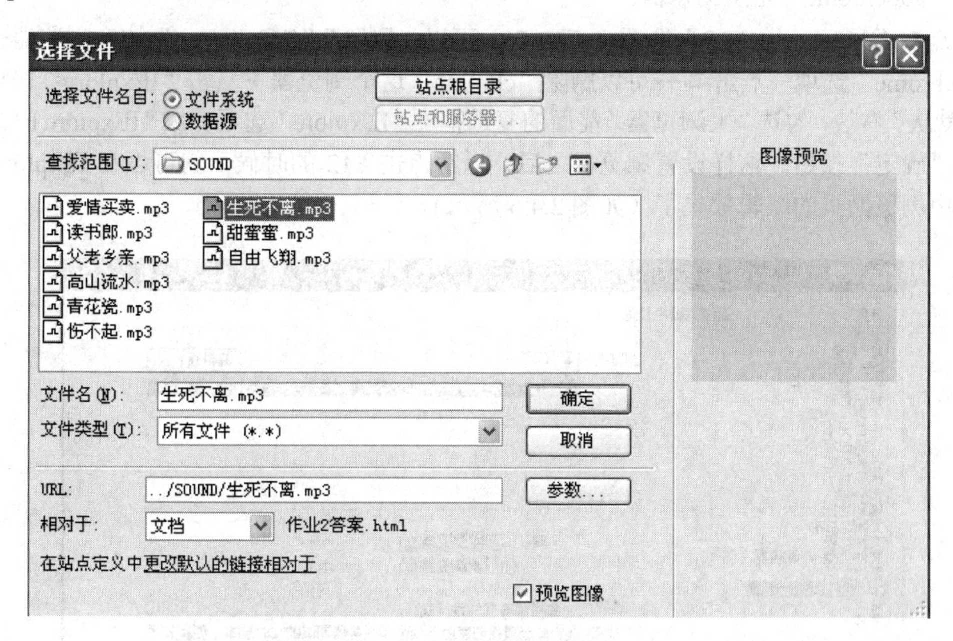

图 2.4.3 “选择文件”对话框

（13）按空格键→弹出标签下拉列表，其中有标签“balance、delay、loop、src、volume”→双击标签“loop”，弹出来“-1”→双击“-1”→输入“/>”。

说明：按空格键，就会弹出标签下拉列表，其中有标签“balance、delay、loop、src、volume”。其中，标签“delay”表示延迟的时间；“loop”表示循环的次数，“-1”表示无数次的循环；“src”表示声音文件的位置；“volume”表示音量。

（14）在浏览器中查看网页编辑效果，建议在 IE 浏览器中查看网页编辑效果（如图 2.4.4 所示）。可以点击“在浏览器中预览/调试”图标→在弹出的下拉列表中点击“预览在 IExplore”。可以点击“Shift+F12”组合键→弹出来一个 Dreamweaver 对话框：“你想现在定义一个次要浏览器吗”→点击“确定”按钮（如图 2.4.5 所示）。

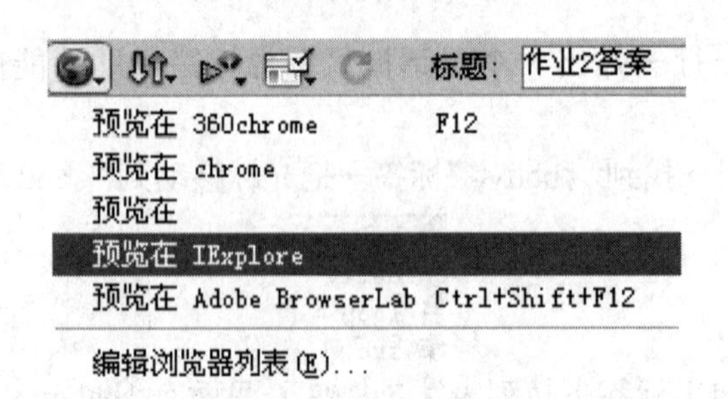

图 2.4.4 在 IE 浏览器中查看网页编辑效果

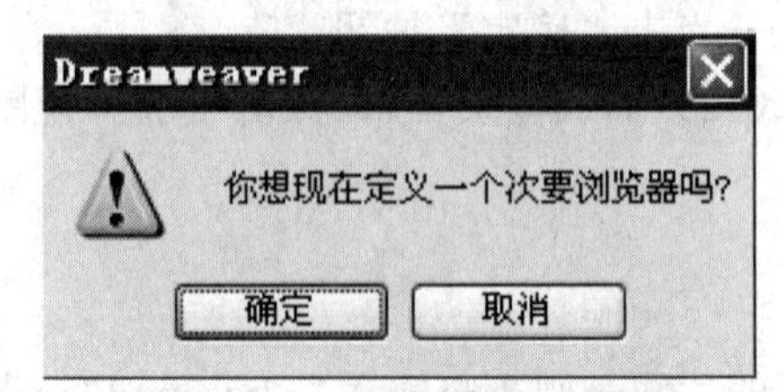

图 2.4.5 Dreamweaver 对话框

弹出来一个“首选参数”对话框→在分类中自动选择“在浏览器中预览”，右边的浏览器中有浏览器“360chrome F12”、“chrome”、“IExplore”，表示有 3 个浏览器，其中浏览器“360chrome”是主浏览器。

点击“360chrome F12”选项→点击⊟，可以“删除”“360chrome”这个浏览器→点击“chrome”选项→点击⊟→可以删除“chrome”这个浏览器→点击“IExplore”选项→在“默认”右边，勾选“主浏览器”前面的复选框→“IExplore”选项变成“IExplore F12”。点击“确定”按钮。这样设置浏览器之后，以后点击 F12 的时候，就可以在 IExplore 浏览器中浏览网页的编辑效果了（如图 2.4.6 所示）。

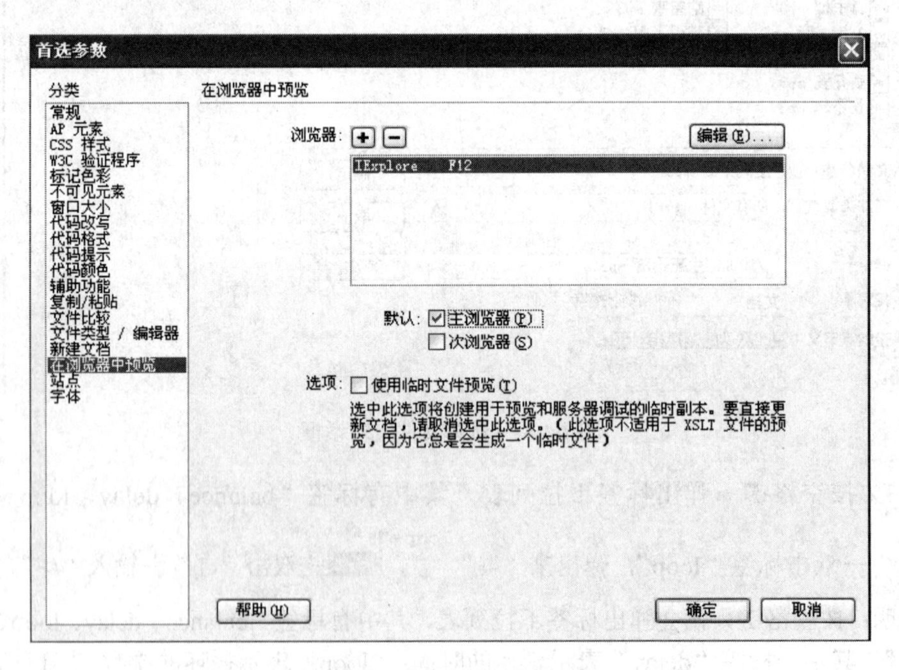

图 2.4.6 “首选参数”对话框

三、作业小结

本作业主要练习了背景音乐怎么设置，以及如何设定浏览器。

第五节 作 业 3

本作业进行歌词编辑。点击“myWeb”站点，“TEXT”子目录下，有一个文本文件“作业 3 要求.txt”，双击打开“作业 3 要求.txt”，里面是作业 3 的要求。

一、作业要求

（1）将下列素材用网页表现。

（2）格式自由发挥。

（3）插入图片、声音。

爱 情 买 卖

慕容晓晓

出卖我的爱 逼着我离开
最后知道真相的我眼泪掉下来
出卖我的爱 你背了良心债
就算付出再多感情也再买不回来
当初是你要分开 分开就分开
现在又要用真爱把我哄回来
爱情不是你想卖 想买就能卖
让我挣开 让我明白 放手你的爱
说唱：出卖你的爱 逼着你离开
看到痛苦的你我的眼泪也掉下来
出卖你的爱 我背了良心债
就算付出再多感情也再买不回来
虽然当初是我要分开 后来才明白
现在我用我的真爱希望把你哄回来
我明白是我错了 爱情像你说的
它不是买卖就算千金来买都不卖
出卖我的爱 逼着我离开
最后知道真相的我眼泪掉下来
出卖我的爱 你背了良心债
就算付出再多感情也再买不回来
当初是你要分开 分开就分开
现在又要用真爱把我哄回来
爱情不是你想卖 想买就能卖
让我挣开 让我明白 放手你的爱
狠心把我来伤害 爱这么意外

用心浇灌的真爱 枯萎才明白
爱情不是你想卖 想买就能卖
让我看透 痴心的人 不配有真爱
当初是你要分开 分开就分开
现在又要用真爱把我哄回来
爱情不是你想卖 想买就能卖
让我挣开 让我明白 放手你的爱

二、作业解答

（1）点击“myWeb”站点→右击“HTML”子目录→在弹出的下拉列表中点击第一项“新建文件”→修改文件的名字为“作业 3 答案.html”→双击打开作业“作业 3 答案.html”。

（2）点击“myWeb”站点→点击“TEXT”子目录前面的⊞，展开“TEXT”子目录→双击打开“TEXT”子目录下的文本文件“作业 3 要求.txt”，里面是作业 3 的要求。

（3）点击“作业 3 要求.txt”→“Ctrl+A”全选→“Ctrl+C”复制。

（4）点击“作业 3 答案.html”标签→点击“设计”视图→“Ctrl+V”粘贴。

（5）点击“标题”右边的文本框→用鼠标选择文本框中的文字“无标题文档”→输入标题“作业 3 答案”→回车→“Ctrl+S”保存。

（6）点击“作业 3 要求.txt”标签中右侧的“关闭”图标×，关闭“作业 3 要求.txt”。如果要在 Dreamweaver 中关闭所有已经打开的文件，可以右击任何一个文件标签，然后在下拉列表中点击“全部关闭”。

（7）点击“作业 3 答案.html”→点击“设计”视图→用鼠标选择“作业要求：”、“1、将下列素材用网页表现；”、“2、格式自由发挥”、“3、插入图片、声音”这么几行→按“Delete”键删除。

（8）点击“代码”视图→找到“<body>”标签，把光标移动到“<body>”标签的后面→回车→在英文状态下输入“<bgsound”→按空格键→在弹出的标签下拉列表中双击“src”标签→点击弹出的“浏览”按钮→在弹出的“选择文件”对话框中，选择“SOUND”子文件夹下的“爱情买卖.mp3”→按空格键→在弹出的标签下拉列表中双击“loop”→双击弹出的“-1”标签，表示无限次的循环播放歌曲→在英文状态下输入“/>”。

（9）点击“设计”视图→点击编辑页面。

（10）“Ctrl+A”全选→点击“属性”面板（如果“属性”面板已经隐藏，那么点击“窗口”→“属性”）→点击“CSS”按钮 CSS →点击“居中对齐”图标≡→在弹出的“新建 CSS 规则”对话框中，点击“确定”按钮。

注意：在弹出的“新建 CSS 规则”对话框中，“选择或输入选择器名称”下面的文本框中，内容是“body p”（如图 2.5.1 所示）。

（11）点击“属性”面板→点击“页面属性”按钮→在弹出的“页面属性”对话框中进行设置→在“页面属性”对话框左侧的“分类中”，点击“外观（CSS）”→在“页面属性”对话框右侧的“外观 CSS”中进行设置→点击“页面字体”右边的可编辑文本框（下拉列表框），输入“隶书”→点击“大小”右边的可编辑文本框（下拉列表框），输入或者

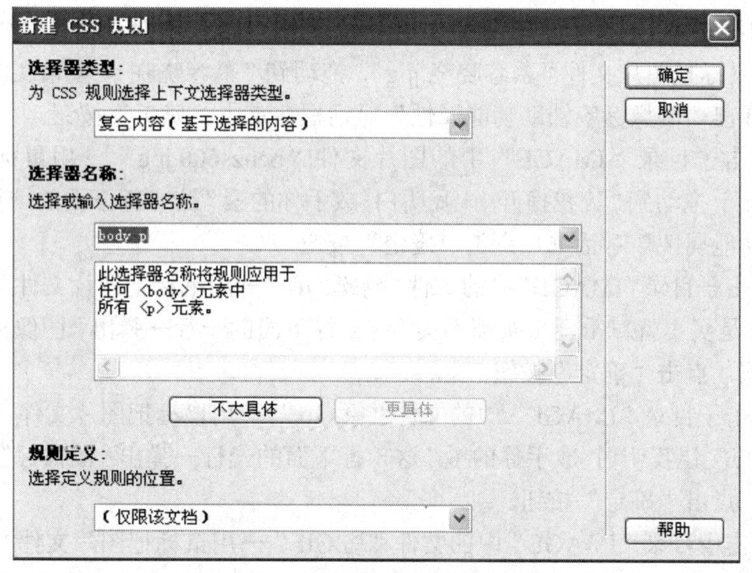

图 2.5.1 “新建 CSS 规则”对话框

选择“36”→“文本颜色”右边有个颜色面板，再右边有个文本框，点击文本框，输入“black”→“背景颜色”右边有颜色面板，再右边有一个可编辑文本框，点击文本框，输入“yellow”→点击“确定”按钮（如图 2.5.2 所示）。

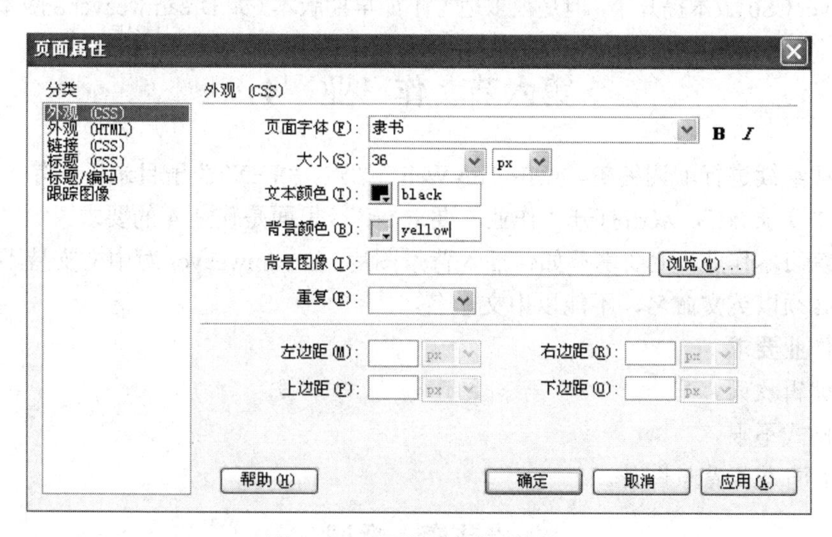

图 2.5.2 “页面属性”对话框

（12）把光标移动到“慕容晓晓”这一行的后面→回车。

把光标移动到“让我挣开 让我明白 放手你的爱”这一行的后面→回车。

把光标移动到“它不是买卖就算千金来买都不卖”这一行的后面→回车。

把光标移动到“让我挣开 让我明白 放手你的爱”这一行的后面→回车。

把光标移动到最后一行“让我挣开 让我明白 放手你的爱”的后面→回车。

（13）把光标移动到“慕容晓晓”这一行的后面→点击“myWeb”站点→点击子目录

“IMAGE”前面的⊞，展开子目录“IMAGE”→点击子目录“IMAGE”中的文件“慕容晓晓.jpg”→用鼠标把图片文件“慕容晓晓.jpg”，拖动到“慕容晓晓 - 爱情买卖”这一行的下面一行→弹出“图像标签辅助功能属性”对话框，点击“确定”按钮。

（14）点击子目录“IMAGE”中的图片文件“benzs600.jpg”→用鼠标把图片文件“benzs600.jpg”，拖动到“让我挣开 让我明白 放手你的爱”这一行下面的一行→弹出“图像标签辅助功能属性”对话框，点击“确定”按钮。

（15）点击子目录“IMAGE”中的文件“蜻蜓.GIF”→用鼠标把图片文件“蜻蜓.GIF”，拖动到“它不是买卖就算千金来买都不卖”这一行下面的一行→弹出“图像标签辅助功能属性”对话框，点击“确定”按钮。

（16）点击子目录“IMAGE”中的文件“象.GIF”→用鼠标把图片文件“象.GIF”，拖动到“让我挣开 让我明白 放手你的爱”这一行下面的一行→弹出“图像标签辅助功能属性”对话框，点击“确定”按钮。

（17）点击子目录“IMAGE”中的文件“鸟.GIF”→用鼠标把图片文件“鸟.GIF”，拖动到最后一行→弹出“图像标签辅助功能属性”对话框，点击“确定”按钮。

（18）按“Ctrl+S”保存→按“F12”查看网页编辑的效果。

三、作业小结

本作业是编辑歌词，仍然属于 Dreamweaver CS6 基本操作。个人感觉，虽然 Dreamweaver CS6 版本提升了，但是很多地方不如早期版本（如 Dreamweaver 8 版本）好用。

第六节 作 业 4

本作业继续进行歌词编辑。点击“myWeb”站点，“TEXT”子目录下，有一个文本文件“作业 4 要求.txt”，双击打开“作业 4 要求.txt”，里面是作业 4 的要求。

通过练习本作业，主要掌握如何插入背景图片，Dreamweaver 对中文支持不够，所以背景图片必须以英文命名，不能以中文命名。

一、作业要求

（1）编辑歌词。

（2）格式不限。

（3）有青花瓷背景图片。

青花瓷 歌词

歌手：周杰伦
词：方文山 曲：周杰伦

素胚勾勒出青花笔锋浓转淡
瓶身描绘的牡丹一如你初妆
冉冉檀香透过窗心事我了然
宣纸上走笔自此搁一半

釉色渲染仕女图韵味被私藏
而你嫣然的一笑如含苞待放
你的美一缕飘散
去到我去不了的地方
天青色等烟雨 而我在等你
炊烟袅袅升起 隔江千万里
在瓶底书汉隶仿前朝的飘逸
就当我为 遇见你伏笔
天青色等烟雨 而我在等你
月色被打捞起 晕开了结局
如传世的青花瓷自顾自美丽 你眼带笑意

色白花青的锦鲤跃然于碗底
临摹宋体落款时却惦记着你
你隐藏在窑烧里千年的秘密
极细腻犹如绣花针落地
帘外芭蕉惹骤雨 门环惹铜绿
而我路过那江南小镇惹了你
泼墨的山水画里
你从墨色深处被隐去

天青色等烟雨 而我在等你
炊烟袅袅升起 隔江千万里
在瓶底书汉隶仿前朝的飘逸
就当我为 遇见你伏笔
天青色等烟雨 而我在等你
月色被打捞起 晕开了结局
如传世的青花瓷自顾自美丽 你眼带笑意
天青色等烟雨 而我在等你
炊烟袅袅升起 隔江千万里
在瓶底书汉隶仿前朝的飘逸
就当我为 遇见你伏笔
天青色等烟雨 而我在等你
月色被打捞起 晕开了结局
如传世的青花瓷自顾自美丽 你眼带笑意

二、作业解答

（1）点击“myWeb”站点→右击“HTML”子目录→在弹出的下拉列表中点击第一项

“新建文件”→修改文件的名字为“作业 4 答案.html”→双击打开作业“作业 4 答案.html”。

（2）点击“myWeb”站点→点击“TEXT”子目录前面的⊞，展开“TEXT”子目录→双击打开“TEXT”子目录下的文本文件“作业 4 要求.txt”，里面是作业 4 的要求。

（3）点击“作业 4 要求.txt”编辑页面→“Ctrl+A”全选→“Ctrl+C”复制。

（4）点击“作业 4 答案.html”标签→点击“设计”视图→“Ctrl+V”粘贴。

（5）点击“标题”右边的文本框→用鼠标选择文本框中的文字“无标题文档”→输入标题“作业 4 答案”→回车→“Ctrl+S”保存。

（6）点击“作业 4 要求.txt”标签中右侧的“关闭”图标×，关闭“作业 4 要求.txt”。

（7）用鼠标选择“作业要求：(1)编辑歌词。(2)格式不限。(3)有青花瓷背景图片。”这几行→按“Delete”键删除。

（8）把光标移动到“词：方文山 曲：周杰伦”这一行的后面→回车。

把光标移动到“如传世的青花瓷自顾自美丽 你眼带笑意”这一行的后面→回车。

把光标移动到最后一行“如传世的青花瓷自顾自美丽 你眼带笑意”的后面→回车。

（9）点击“代码”视图→找到“<body>”标签，把光标移动到“<body>”标签的后面，回车→在英文状态下输入“<bgsound”→按空格键→在弹出的标签下拉列表中，双击“src”标签→点击弹出的“浏览”按钮→在弹出的“选择文件”对话框中，选择“SOUND”子文件夹中的声音文件“青花瓷.mp3”→点击“确定”按钮→按空格键→在弹出的标签下拉列表中双击“loop”→双击弹出的“-1”标签，表示无限次的循环播放歌曲→在英文状态下输入“/>”。

说明：代码视图中对于的代码是<bgsound src="../SOUND/青花瓷.mp3" loop="-1"/>。bgsound 标签，表示背景音乐，其中，“bg”代表“background”，“sound”是“声音”。

（10）点击“设计”视图→“Ctrl+A”全选→点击“属性”面板→点击“CSS”按钮→点击“居中对齐”图标→弹出“新建 CSS 规则”对话框，“选择或输入选择器名称”下面的文本框中的文本是“body p”→点击“确定”按钮。

（11）点击“属性”面板→点击“页面属性”按钮→在弹出的“页面属性”对话框中进行设置→在左边“分类”栏中，点击“外观（CSS）”（如图 2.6.1 所示）。

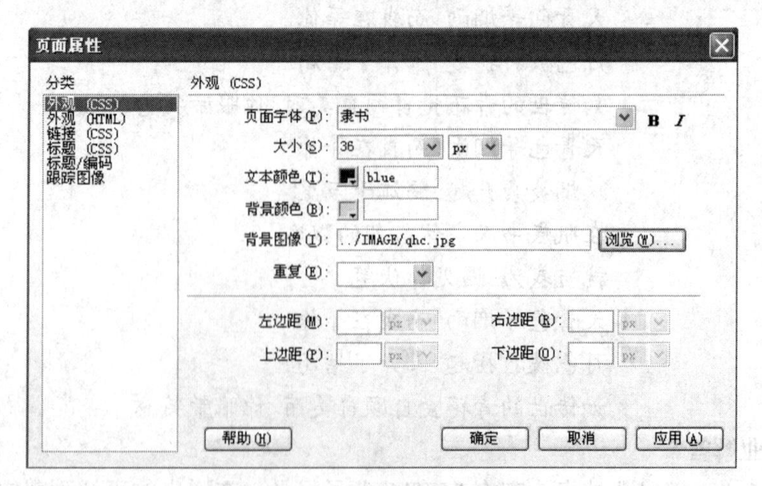

图 2.6.1 “页面属性”对话框

在右列“外观（CSS）”中进行设置→在右列“外观（CSS）”中，点击“页面字体”右边的可编辑下拉列表，输入“隶书”→点击“大小”右边的可编辑下拉列表，输入或者在下拉列表中选择“36”→“文本颜色”右边有一个调色板，调色板的右边有一个可编辑的文本框，点击文本框，输入“blue”→“背景颜色”右边有个可编辑的文本框，文本框右边有一个“浏览”按钮，点击“浏览”按钮，点击“IMAGE”子文件夹下的图片文件“qhc.jpg”（注意，千万不要选择中文名称的图片文件作为背景图片，否则背景图片显示不出来，这是因为 Dreamweaver 即使到了 CS6 版本，仍然对中文的支持不够）→“背景图像”右边的文本框显示相对路径“../IMAGE/qhc.jpg”→点击“确定”按钮。

注意：不要选择中文名称的图片文件作为背景图片，否则背景图片显示不出来，Dreamweaver 对中文的支持不够。

（12）把光标移动到“词：方文山　曲：周杰伦”这一行的下面一行→点击“IMAGE”子目录下的图片文件“周杰伦.jpg”→用鼠标把图片文件“周杰伦.jpg”拖到“词：方文山　曲：周杰伦”这一行的下面→弹出“图像标签辅助功能属性”对话框→点击“确定”按钮。

（13）把光标移动到“如传世的青花瓷自顾自美丽　你眼带笑意”这一行的下面→点击“IMAGE”子目录下的图片文件“象.GIF”→用鼠标把图片文件“象.GIF”拖到“如传世的青花瓷自顾自美丽　你眼带笑意”这一行的下面→弹出“图像标签辅助功能属性”对话框→点击“确定”按钮。

（14）把光标移动到“你从墨色深处被隐去”这一行的下面→点击“IMAGE”子目录下的图片文件“蝴蝶.GIF”→用鼠标把图片文件“蝴蝶.GIF”拖到“你从墨色深处被隐去”这一行的下面→弹出“图像标签辅助功能属性”对话框→点击“确定”按钮。

（15）把光标移动到最后一行的下面→点击“IMAGE”子目录下的图片文件“骆驼.jpg”→用鼠标把图片文件“骆驼.jpg”拖到最后一行的下面→弹出“图像标签辅助功能属性”对话框→点击“确定”按钮。

（16）按“Ctrl+S”键保存→按“F12”键查看网页编辑的效果。

第七节　作　业　5

本作业继续进行歌词编辑。点击“myWeb”站点，“TEXT”子目录下，有一个文本文件“作业 5 要求.txt”，双击打开“作业 5 要求.txt”，里面是作业 5 的要求。

一、作业要求

（1）编辑歌词。

（2）格式不限，自由发挥。

甜 蜜 蜜

演唱：邓丽君

甜蜜蜜你笑得甜蜜蜜
好像花儿开在春风里
开在春风里

在哪里在哪里见过你
你的笑容这样熟悉
我一时想不起

啊～～在梦里
梦里梦里见过你
甜蜜笑得多甜蜜
是你～是你～梦见的就是你

在哪里在哪里见过你
你的笑容这样熟悉
我一时想不起
啊～～在梦里

（音乐演奏）
在哪里在哪里见过你
你的笑容这样熟悉
我一时想不起

啊～～在梦里
梦里梦里见过你
甜蜜笑得多甜蜜

是你～是你～梦见的就是你
在哪里在哪里见过你
你的笑容这样熟悉
我一时想不起
啊～～在梦里

二、作业解答

（1）点击“myWeb”站点→右击“HTML”子目录→在弹出的下拉列表中点击第一项

“新建文件”→修改文件的名字为“作业 5 答案.html”→双击打开作业“作业 5 答案.html”。

（2）点击“myWeb”站点→点击“TEXT”子目录前面的⊞，展开“TEXT”子目录→双击打开“TEXT”子目录下的文本文件“作业 5 要求.txt”，里面是作业 5 的要求。

（3）点击“作业 5 要求.txt”编辑页面→“Ctrl+A”全选→“Ctrl+C”复制。

（4）点击“作业 5 答案.html”标签→点击“设计”视图→“Ctrl+V”粘贴。

（5）点击“标题”右边的文本框→用鼠标选择文本框中的文字“无标题文档”→输入标题“作业 5 答案”→回车→“Ctrl+S”保存。

（6）点击“作业 5 要求.txt”标签中右侧的“关闭”图标×，关闭“作业 5 要求.txt”。

（7）用鼠标选择“作业要求：（1）编辑歌词。（2）格式不限，自由发挥。”这几行→按“Delete”键删除。

（8）点击“代码”视图→找到“<body>”标签，把光标移动到“<body>”标签的后面→回车→在英文状态下输入“<bgsound”→按空格键→在弹出的标签下拉列表中双击“src”标签→点击弹出的“浏览”按钮→在弹出的“选择文件”对话框中，选择“SOUND”子文件夹下的“甜蜜蜜.mp3”→按空格键→在弹出的标签下拉列表中双击“loop”→双击弹出的“-1”标签，表示无限次的循环播放歌曲→在英文状态下输入“/>”。

对应的 html 代码为：“<bgsound src="../SOUND/甜蜜蜜.mp3" loop="-1"/>”。

（9）点击“设计”视图。

把光标移动到“演唱：邓丽君”这一行的后面→回车。

把光标移动到“开在春风里”这一行的后面→回车。

把光标移动到“我一时想不起”这一行的后面→回车。

把光标移动到“是你～是你～梦见的就是你”这一行的后面→回车。

把光标移动到“啊～～在梦里”这一行的后面→回车。

把光标移动到“我一时想不起”这一行的后面→回车。

把光标移动到“甜蜜笑得多甜蜜”这一行的后面→回车。

把光标移动到最后一行“啊～～在梦里”的后面→回车。

按“Ctrl+S”保存。

（10）“Ctrl+A”全选→点击“属性”面板→点击“CSS”按钮→点击“居中对齐”图标→在弹出的“新建 CSS 规则”对话框中，“选择或输入选择器名称”下面的文本框中，是“body p”→点击“确定”按钮。

（11）点击“属性”面板→点击“页面属性”按钮→在弹出的“页面属性”对话框中进行设置→在“页面属性”对话框左侧的“分类中”，点击“外观（CSS）”→在“页面属性”对话框右侧的“外观 CSS”中进行设置→点击“页面字体”右边的可编辑文本框（下拉列表框），输入“隶书”→点击“大小”右边的可编辑文本框（下拉列表框），输入或者选择“36”→“文本颜色”右边有个颜色面板，再右边有个文本框，点击文本框，输入“blue”→“背景颜色”右边有颜色面板，再右边有一个可编辑文本框，点击文本框，输入“yellow”→点击“确定”按钮（如图 2.7.1 所示）。

（12）把光标移动到“演唱：邓丽君”这一行的下面一行→点击“IMAGE”子目录下的图片文件“邓丽君.jpg”→用鼠标把图片文件“邓丽君.jpg”拖到“演唱：邓丽君”这一

行的下面→弹出“图像标签辅助功能属性”对话框→点击“确定”按钮。

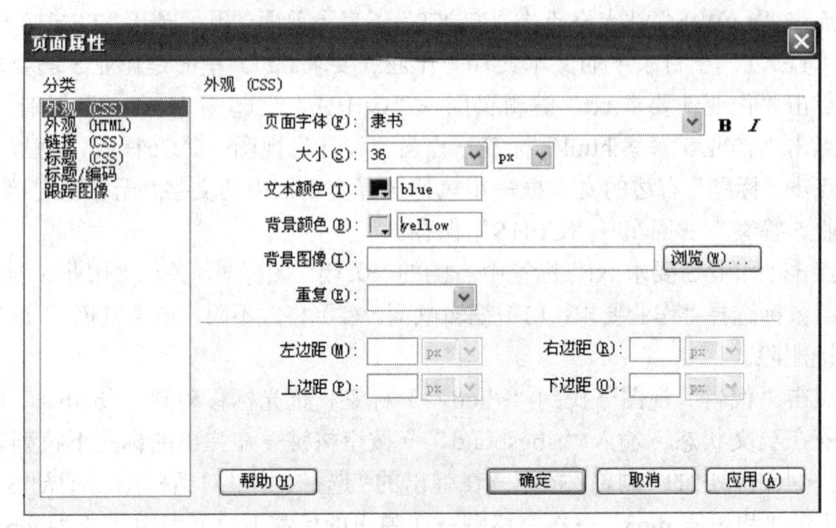

图 2.7.1 “页面属性”对话框

（13）把光标移动到“开在春风里”这一行的下面一行→点击“IMAGE”子目录下的图片文件“蝴蝶.GIF”→用鼠标把图片文件“蝴蝶.GIF”拖到“开在春风里”这一行的下面→弹出“图像标签辅助功能属性”对话框→点击“确定”按钮。

（14）把光标移动到“我一时想不起”这一行的下面一行→点击“IMAGE”子目录下的图片文件“象.GIF”→用鼠标把图片文件“象.GIF”拖到“我一时想不起”这一行的下面→弹出“图像标签辅助功能属性”对话框→点击“确定”按钮。

（15）把光标移动到“是你～是你～梦见的就是你”这一行的下面一行→点击“IMAGE”子目录下的图片文件“蜻蜓.GIF”→用鼠标把图片文件“蜻蜓.GIF”拖到“是你～是你～梦见的就是你”这一行的下面→弹出“图像标签辅助功能属性”对话框→点击“确定”按钮。

（16）把光标移动到“啊～～在梦里”这一行的下面一行→点击“IMAGE”子目录下的图片文件“benzs600amg.jpg”→用鼠标把图片文件“benzs600amg.jpg”拖到“啊～～在梦里”这一行的下面→弹出“图像标签辅助功能属性”对话框→点击“确定”按钮。

（17）把光标移动到“我一时想不起”这一行的下面一行→点击“IMAGE”子目录下的图片文件“骆驼.jpg”→用鼠标把图片文件“骆驼.jpg”拖到“我一时想不起”这一行的下面→弹出“图像标签辅助功能属性”对话框→点击“确定”按钮。

（18）把光标移动到“甜蜜笑得多甜蜜”这一行的下面一行→点击“IMAGE”子目录下的图片文件“鸟 2.GIF”→用鼠标把图片文件“鸟 2.GIF”拖到“甜蜜笑得多甜蜜”这一行的下面→弹出“图像标签辅助功能属性”对话框→点击“确定”按钮。

（19）把光标移动到最后一行的下面一行→点击“IMAGE”子目录下的图片文件“鸟巢.jpg”→用鼠标把图片文件“鸟巢.jpg”拖到“最后一行的下面→弹出“图像标签辅助功能属性”对话框→点击“确定”按钮。

（20）“Ctrl+S”保存→按“F12”查看编辑网页的效果。

第八节 作 业 6

本作业继续进行歌词编辑。点击“myWeb”站点，“TEXT”子目录下，有一个文本文件“作业 6 要求.txt”，双击打开“作业 6 要求.txt”，里面是作业 6 的要求。

一、作业要求

（1）编辑歌词。

（2）格式不限，自由发挥。

自 由 飞 翔

凤凰传奇

rap: yo yo yo come oh yeah
（北风吹送）一路的芳香还有婆娑轻波
转了念的想那些是非因果
一路的芳香让我不停捉摸
rap: yo yo yo come oh yeah

是谁在唱歌温暖了寂寞
白云悠悠蓝天依旧泪水在漂泊
在那一片苍茫中一个人生活
看见远方天国那璀璨的烟火

rap:yo yo yo come oh yeah
（北风吹送）一路的芳香还有婆娑轻波
转了念的想那些是非因果
一路的芳香让我不停捉摸
rap: yo yo yo come oh yeah

是谁听着歌遗忘了寂寞
漫漫长夜一路芬芳岁月曾流过
在那人潮人海中你也在沉默
和我一起漂泊到天涯的交错

在你的心上自由地飞翔
灿烂的星光永恒地徜徉
一路的方向照耀我心上
辽远的边疆随我去远方

rap: don’t come back
是谁在唱歌温暖了寂寞
白云悠悠蓝天依旧泪水在漂泊
在那一片苍茫中一个人生活
看见远方天国那璀璨的烟火

rap: yo yo yo come oh yeah
在你的心上自由地飞翔
灿烂的星光永恒地徜徉
一路的方向照耀我心上
辽远的边疆随我去远方

rap: don’t come back
这是我远行的感受
不应该让我继续这种伤痛
别覆盖我会坚持往下行走
原始界的风伴随我们的行踪
脚步重变得重变得失去自我
迷恋风景我会尽情大去放松
轻风伴我相送岁月如此沉重
早已热泪感动被你一水消融
(驾驾驾吁……)
rap: yo yo yo come oh yeah

在你的心上自由地飞翔
灿烂的星光永恒地徜徉
一路的方向照耀我心上
辽远的边疆随我去远方

二、作业解答

（1）点击“myWeb”站点→右击“HTML”子目录→在弹出的下拉列表中点击第一项“新建文件”→修改文件的名字为“作业 6 答案.html”→双击打开作业“作业 6 答案.html”。

（2）点击“myWeb”站点→点击“TEXT”子目录前面的⊞，展开“TEXT”子目录→双击打开“TEXT”子目录下的文本文件“作业 6 要求.txt”，里面是作业 6 的要求。

（3）点击“作业 6 要求.txt”编辑页面→“Ctrl+A”全选→“Ctrl+C”复制。

（4）点击“作业 6 答案.html”标签→点击“设计”视图→“Ctrl+V”粘贴。

（5）点击“标题”右边的文本框→用鼠标选择文本框中的文字“无标题文档”→输入标题“作业 6 答案”→回车→“Ctrl+S”保存。

（6）点击“作业 6 要求.txt”标签中右侧的“关闭”图标×，关闭“作业 6 要求.txt”。

（7）用鼠标选择“作业要求：（1）编辑网页。（2）自由发挥。”这几行→按“Delete”键删除。

（8）点击“代码”视图→找到“<body>”标签，把光标移动到“<body>”标签的后面→回车→在英文状态下输入“<bgsound”→按空格键→在弹出的标签下拉列表中双击“src”标签→点击弹出的“浏览”按钮→在弹出的“选择文件”对话框中，选择“SOUND”子文件夹下的“自由飞翔.mp3”→按空格键→在弹出的标签下拉列表中双击“loop”→双击弹出的“-1”标签（或者直接回车），表示无限次的循环播放歌曲→在英文状态下输入“/>”。

对应的 html 代码为：“<bgsound src="../SOUND/自由飞翔.mp3" loop="-1"/>”。

（9）点击“设计”视图。

把光标移动到“凤凰传奇”这一行的后面→回车。

把光标移动到“rap:yo yo yo come oh yeah”这一行的后面→回车。

把光标移动到“看见远方天国那璀璨的烟火”这一行的后面→回车。

把光标移动到“rap:yo yo yo come oh yeah”这一行的后面→回车。

把光标移动到“和我一起漂泊到天涯的交错”这一行的后面→回车。

把光标移动到“辽远的边疆随我去远方”这一行的后面→回车。

把光标移动到“看见远方天国那璀璨的烟火”这一行的后面→回车。

把光标移动到“辽远的边疆随我去远方”这一行的后面→回车。

把光标移动到“rap:yo yo yo come oh yeah”这一行的后面→回车。

把光标移动到“辽远的边疆随我去远方”这一行的后面→回车。

把光标移动到最后一行的后面→回车。

（10）“Ctrl+A”全选→点击“属性”面板→点击“CSS”按钮→点击“居中对齐”标签→在弹出的“新建 CSS 规则”对话框中，“选择或输入选择器名称”下面的文本框中时“body p”→点击“确定”按钮。

（11）点击“属性”面板→点击“页面属性”按钮→在弹出的“页面属性”对话框中进行设置→在“页面属性”对话框左侧的“分类中”，点击“外观（CSS）”→在“页面属性”对话框右侧的“外观 CSS”中进行设置→点击“页面字体”右边的可编辑文本框（下拉列表框），输入“隶书”→点击“大小”右边的可编辑文本框（下拉列表框），输入或者选择“36”→“文本颜色”右边有个颜色面板，再右边有个文本框，点击文本框，输入“blue”→“背景颜色”右边有颜色面板，再右边有一个可编辑文本框，点击文本框，输入“green”→点击“确定”按钮（如图 2.8.1 所示）。

（12）点击“凤凰传奇”这一行下面的一行→点击“IMAGE”子目录下的图片文件“蝴蝶.GIF”→用鼠标把图片文件“蝴蝶.GIF”拖到“凤凰传奇”这一行的下面→弹出“图像标签辅助功能属性”对话框→点击“确定”按钮。

（13）点击“rap:yo yo yo come oh yeah”这一行下面的一行→点击“IMAGE”子目录下的图片文件“象.GIF”→用鼠标把图片文件“象.GIF”拖到“rap:yo yo yo come oh yeah”这一行的下面→弹出“图像标签辅助功能属性”对话框→点击“确定”按钮。

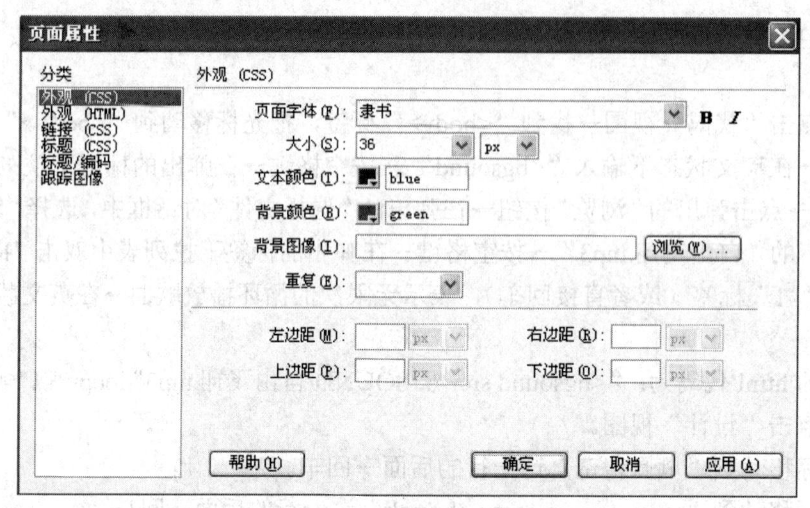

图 2.8.1 “页面属性”对话框

（14）点击“看见远方天国那璀璨的烟火”这一行下面的一行→点击“IMAGE”子目录下的图片文件“鸟.GIF”→用鼠标把图片文件“鸟.GIF”拖到“看见远方天国那璀璨的烟火”这一行的下面→弹出“图像标签辅助功能属性”对话框→点击“确定”按钮。

（15）点击“rap:yo yo yo come oh yeah”这一行下面的一行→点击“IMAGE”子目录下的图片文件“骆驼.jpg”→用鼠标把图片文件“骆驼.jpg”拖到“rap:yo yo yo come oh yeah”这一行的下面→弹出“图像标签辅助功能属性”对话框→点击“确定”按钮。

（16）点击“和我一起漂泊到天涯的交错”这一行下面的一行→点击“IMAGE”子目录下的图片文件“鸟 2.GIF”→用鼠标把图片文件“鸟 2.GIF”拖到“和我一起漂泊到天涯的交错”这一行的下面→弹出“图像标签辅助功能属性”对话框→点击“确定”按钮。

（17）点击“辽远的边疆随我去远方”这一行下面的一行→点击“IMAGE”子目录下的图片文件“鸟 3.GIF”→用鼠标把图片文件“鸟 3.GIF”拖到“辽远的边疆随我去远方”这一行的下面→弹出“图像标签辅助功能属性”对话框→点击“确定”按钮。

（18）点击“看见远方天国那璀璨的烟火”这一行下面的一行→点击“IMAGE”子目录下的图片文件“鸟巢.jpg”→用鼠标把图片文件“鸟巢.jpg”拖到“看见远方天国那璀璨的烟火”这一行的下面→弹出“图像标签辅助功能属性”对话框→点击“确定”按钮。

（19）点击“辽远的边疆随我去远方”这一行下面的一行→点击“IMAGE”子目录下的图片文件“兔子.GIF”→用鼠标把图片文件“兔子.GIF”拖到“辽远的边疆随我去远方”这一行的下面→弹出“图像标签辅助功能属性”对话框→点击“确定”按钮。

（20）点击“rap:yo yo yo come oh yeah”这一行下面的一行→点击“IMAGE”子目录下的图片文件“豹子.GIF”→用鼠标把图片文件“豹子.GIF”拖到“rap:yo yo yo come oh yeah”这一行的下面→弹出“图像标签辅助功能属性”对话框→点击“确定”按钮。

（21）点击“最后一行→点击“IMAGE”子目录下的图片文件“benzs600.jpg”→用鼠标把图片文件“benzs600.jpg”拖到最后一行→弹出“图像标签辅助功能属性”对话框→点击“确定”按钮。

（22）按“Ctrl+S”保存→按“F12”键查看网页编辑效果。

第九节　作　业　7

本作业继续进行歌词编辑。点击“myWeb”站点，“TEXT”子目录下，有一个文本文件“作业 7 要求.txt”，双击打开“作业 7 要求.txt”，里面是作业 7 的要求。

一、作业要求

（1）编辑歌词。

（2）格式不限，自由发挥。

小嘛小儿郎，
背着那书包上学堂，
不怕太阳晒，
也不怕那风雨狂，
只怕先生骂我懒哪，
没有学问（啰）无颜见爹娘，
（朗里格朗里呀朗格里格朗），
没有学问（啰）无颜见爹娘。
小嘛小儿郎，
背着那书包上学堂，
不是为做官，
也不是为面子光，
只为做人要争气呀，
不受人欺负（呀）不做牛和羊，
（朗里格朗里呀朗格里格朗），
不受人欺负（呀）不做牛和羊。
小嘛小儿郎，
背起那书包上学堂，
不怕太阳晒，
也不怕那风雨狂，
只怕先生骂我懒哪，
没有学问（啰）无颜见爹娘，
（朗里格朗里呀朗格里格朗），
没有学问（啰）无颜见爹娘。

二、作业解答

（1）点击“myWeb”站点→右击“HTML”子目录→在弹出的下拉列表中点击第一项“新建文件”→修改文件的名字为“作业 7 答案.html”→双击打开作业“作业 7 答案.html”。

（2）点击“myWeb”站点→点击“TEXT”子目录前面的⊞，展开“TEXT”子目录→双击打开“TEXT”子目录下的文本文件“作业 7 要求.txt”，里面是作业 7 的要求。

（3）点击“作业 7 要求.txt”编辑页面→“Ctrl+A”全选→“Ctrl+C”复制。

（4）点击“作业 7 答案.html”标签→点击“设计”视图→“Ctrl+V”粘贴。

（5）点击“标题”右边的文本框→用鼠标选择文本框中的文字“无标题文档”→输入标题“作业 7 答案”→回车→“Ctrl+S”保存。

（6）点击“作业 7 要求.txt”标签中右侧的“关闭”图标×，关闭“作业 7 要求.txt”。

（7）用鼠标选择“作业要求：（1）编辑歌词。（2）格式不限，自由发挥。”这几行→按“Delete”键删除。

（8）点击“代码”视图→找到“<body>”标签，把光标移动到“<body>”标签的后面→回车→在英文状态下输入“<bgsound”→按空格键→在弹出的标签下拉列表中双击“src”标签→点击弹出的“浏览”按钮→在弹出的“选择文件”对话框中，选择“SOUND”子文件夹下的“读书郎.mp3”→按空格键→在弹出的标签下拉列表中双击“loop”→双击弹出的“-1”标签（或者直接回车），表示无限次的循环播放歌曲→在英文状态下输入“/>”。

对应的 html 代码为：“<bgsound src="../SOUND/读书郎.mp3" loop="-1"/>”。

（9）点击“设计”视图。

把光标移动到“没有学问（啰）无颜见爹娘。”这一行的后面→回车。

把光标移动到“不受人欺负（呀）不做牛和羊。”这一行的后面→回车。

把光标移动到最后一行的后面→回车。

（10）“Ctrl+A”全选→点击“属性”面板→点击“CSS”按钮→点击“居中对齐”标签→在弹出的“新建 CSS 规则”对话框中，“选择或输入选择器名称”下面的文本框中时“body p”→点击“确定”按钮。

（11）点击“属性”面板→点击“页面属性”按钮→在弹出的“页面属性”对话框中进行设置→在“页面属性”对话框左侧的“分类中”，点击“外观（CSS）”→在“页面属性”对话框右侧的“外观 CSS”中进行设置→点击“页面字体”右边的可编辑文本框（下拉列表框），输入“隶书”→点击“大小”右边的可编辑文本框（下拉列表框），输入或者选择“36”→“文本颜色”右边有个颜色面板，再右边有个文本框，点击文本框，输入“blue”→“背景颜色”右边有颜色面板，再右边有一个可编辑文本框，点击文本框，输入“green”→点击“确定”按钮。

（12）点击“没有学问（啰）无颜见爹娘。”这一行下面的一行→点击“IMAGE”子目录下的图片文件“骆驼.jpg”→用鼠标把图片文件“骆驼.jpg”拖到“没有学问（啰）无颜见爹娘。”这一行的下面→弹出“图像标签辅助功能属性”对话框→点击“确定”按钮。

（13）点击“不受人欺负（呀）不做牛和羊。”这一行下面的一行→点击“IMAGE”子目录下的图片文件“象.GIF”→用鼠标把图片文件“象.GIF”拖到“不受人欺负（呀）不做牛和羊。”这一行的下面→弹出“图像标签辅助功能属性”对话框→点击“确定”按钮。

（14）点击“最后一行→点击“IMAGE”子目录下的图片文件“邓丽君.jpg”→用鼠标把图片文件“邓丽君.jpg”拖到最后一行→弹出“图像标签辅助功能属性”对话框→点击“确定”按钮。

（15）按“Ctrl+S”保存→按“F12”键查看网页编辑效果。

第十节 作 业 8

本作业继续进行歌词编辑。点击“myWeb”站点，“TEXT”子目录下，有一个文本文件“作业 8 要求.txt”，双击打开“作业 8 要求.txt”，里面是作业 8 的要求。

一、作业要求

（1）编辑歌词。

（2）格式不限，自由发挥。

伤 不 起

作词：化石 作曲：老猫
演唱：王麟

你的四周美女有那么多，
但是好像只偏偏看中了我，
恩爱过后就不来找我，
总说你很忙没空来陪我，
你的微博里面辣妹很多，
原来我也只是其中一个，
万分难过问你为什么，
难道痴情的我不够惹火，
伤不起真的伤不起，
我想你想你想你想到昏天黑地，
电话打给你美女又在你怀里，
我恨你恨你恨你恨到心如血滴，
伤不起真的伤不起，
我算来算去算来算去算到放弃，
良心有木有你的良心狗叼走，
我恨你恨你恨你恨到彻底忘记，
漂亮的美眉你是否寂寞，
我为你 rap 这首歌，
我的被窝里没有辐射，
碘盐也不用吃很多，
不必再考虑不必再犹豫，
我要送你一辆跑车，
夜晚你和我咬耳朵，
不要怀疑我的爱很多，

你对我说伤不起，
害怕我把你抛弃，
别再考虑别再犹豫，
我只想和你在一起，
叫我一声亲爱的其他什么都别说，
然后我们吃着火锅一起唱首歌。

二、作业解答

（1）点击“myWeb”站点→右击“HTML”子目录→在弹出的下拉列表中点击第一项“新建文件”→修改文件的名字为“作业 8 答案.html”→双击打开作业“作业 8 答案.html”。

（2）点击“myWeb”站点→点击“TEXT”子目录前面的⊞，展开“TEXT”子目录→双击打开“TEXT”子目录下的文本文件“作业 8 要求.txt”，里面是作业 8 的要求。

（3）点击“作业 8 要求.txt”编辑页面→“Ctrl+A”全选→“Ctrl+C”复制。

（4）点击“作业 8 答案.html”标签→点击“设计”视图→“Ctrl+V”粘贴。

（5）点击“标题”右边的文本框→用鼠标选择文本框中的文字“无标题文档”→输入标题“作业 8 答案”→回车→“Ctrl+S”保存。

（6）点击“作业 8 要求.txt”标签中右侧的“关闭”图标×，关闭“作业 7 要求.txt”。

（7）用鼠标选择“作业要求：（1）编辑歌词。（2）格式不限，自由发挥。”这几行→按“Delete”键删除。

（8）点击“代码”视图→找到“<body>”标签，把光标移动到“<body>”标签的后面→回车→在英文状态下输入“<bgsound”→按空格键→在弹出的标签下拉列表中双击“src”标签→点击弹出的“浏览”按钮→在弹出的“选择文件”对话框中，选择“SOUND”子文件夹下的“伤不起.mp3”→按空格键→在弹出的标签下拉列表中双击“loop”→双击弹出的“-1”标签（或者直接回车），表示无限次的循环播放歌曲→在英文状态下输入“/>”。

对应的 html 代码为：“<bgsound src="../SOUND/伤不起.mp3" loop="-1"/>”。

（9）点击“设计”视图。

把光标移动到“演唱：王麟”这一行的后面→回车。

把光标移动到“难道痴情的我不够惹火，”这一行的后面→回车。

把光标移动到“我恨你恨你恨你恨到彻底忘记，”这一行的后面→回车。

把光标移动到最后一行的后面→回车。

（10）“Ctrl+A”全选→点击“属性”面板→点击“CSS”按钮→点击“居中对齐”标签☰→在弹出的“新建 CSS 规则”对话框中，“选择或输入选择器名称”下面的文本框中时“body p”→点击“确定”按钮。

（11）点击“属性”面板→点击“页面属性”按钮→在弹出的“页面属性”对话框中进行设置→在“页面属性”对话框左侧的“分类中”，点击“外观（CSS）”→在“页面属性”对话框右侧的“外观 CSS”中进行设置→点击“页面字体”右边的可编辑文本框（下拉列表框），输入“隶书”→点击“大小”右边的可编辑文本框（下拉列表框），输入或者选择“36”→“文本颜色”右边有个颜色面板，再右边有个文本框，点击文本框，输入“blue”→“背景颜色”右边有颜色面板，再右边有一个可编辑文本框，点击文本框，输入“green”→点击“确定”按钮。

（12）点击“演唱：王麟”这一行下面的一行→点击“IMAGE”子目录下的图片文件“象.GIF”→用鼠标把图片文件“象.GIF”拖到“演唱：王麟”这一行的下面→弹出“图像标签辅助功能属性”对话框→点击“确定”按钮。

（13）点击“难道痴情的我不够惹火，”这一行下面的一行→点击“IMAGE”子目录下的图片文件“蝴蝶.GIF”→用鼠标把图片文件“蝴蝶.GIF”拖到“难道痴情的我不够惹火，”这一行的下面→弹出“图像标签辅助功能属性”对话框→点击“确定”按钮。

（14）点击“我恨你恨你恨你恨到彻底忘记，”这一行下面的一行→点击“IMAGE”子目录下的图片文件“鸟.GIF”→用鼠标把图片文件“鸟.GIF”拖到“我恨你恨你恨你恨到彻底忘记，”这一行的下面→弹出“图像标签辅助功能属性”对话框→点击“确定”按钮。

（15）点击“最后一行→点击“IMAGE”子目录下的图片文件“benzs600.jpg”→用鼠标把图片文件“benzs600.jpg”拖到最后一行→弹出“图像标签辅助功能属性”对话框→点击“确定”按钮。

（16）按“Ctrl+S”保存→按“F12”键查看网页编辑效果。

链接与框架

本章主要讲解链接与框架，还讲解了热点工具，也就是图片链接。

链接包括两种：内部链接和外部链接。所谓的内部链接，是指点击一个链接之后，光标移动到网页内部的某个位置。所谓的外部链接，指的是点击一个链接之后，链接到网页外面的一个文件（如：文本文件、网页、图片等）。

所谓的框架，实际上是指一系列网页组成的网页集合，下面以一个例子来说明框架。比如，一个网页分成几块：上边一块，是一个网页，里面是标题；左边一块，是一个网页，好多行，每行都是一个链接；右边一块，是一个网页，点击左边链接的时候，在右边出现对应的链接内容。对这个网页来说，上边一块是网页，左边一块是网页，右边一块是网页，再加上这个网页本身，一共 4 个网页，这就构成了一个框架。因为框架由好几个网页组成，所以必须建立一个文件夹，存放这些网页。通过索引页面 index.html，来访问这个框架。

第一节　作　业　9

本作业进行链接操作，包括内部链接和外部链接。点击“myWeb”站点，“TEXT”子目录下，有一个文本文件“作业 9 要求.txt”，双击打开“作业 9 要求.txt”，里面是作业 9 的要求。

一、作业要求

（1）将下列素材用网页表现。

（2）给描述春天的名句与原作品之间建立内部链接。

（3）在网上搜索三位作者的画像，与作业保存在同一位置。

（4）分别在原作品作者处，建立对应作者画像的外部链接。

（5）有图有真相。

（6）有背景音乐。

****

1. 春眠不觉晓，处处闻啼鸟。

——孟浩然《春晓》

2. 谁言寸草心，报得三春晖。
——孟郊《游子吟》
3. 好雨知时节，当春乃发生。
——杜甫《春夜喜雨》
4. 野火烧不尽，春风吹又生。
——白居易《赋得古原草送别》
5. 春色满园关不住，一枝红杏出墙来。
——叶绍翁《游园不值》
6. 羌笛何须怨杨柳，春风不度玉门关。
——王之涣《凉州词》
7. 国破山河在，城春草木深。
——杜甫《春望》

****

原作品
1. 孟浩然

春　晓

春眠不觉晓，处处闻啼鸟。
夜来风雨声，花落知多少。

2. 孟郊

游　子　吟

慈母手中线，游子身上衣；
临行密密缝，意恐迟迟归。
谁言寸草心，报得三春晖？

3. 杜甫

春 夜 喜 雨

好雨知时节，当春乃发生。
随风潜入夜，润物细无声。
野径云俱黑，江船火独明。
晓看红湿处，花重锦官城。

4. 白居易

赋得古原草送别

离离原上草，一岁一枯荣。
野火烧不尽，春风吹又生。

5.（宋）叶绍翁

游园不值

应怜屐齿印苍苔，小扣柴扉久不开。
春色满园关不住，一枝红杏出墙来。

6. 王之涣

出　塞

黄河远上白云间，一片孤城万仞山。
羌笛何须怨杨柳，春风不度玉门关。

7. 杜甫

春　望

国破山河在，城春草木深。
感时花溅泪，恨别鸟惊心。
烽火连三月，家书抵万金。
白头搔更短，浑欲不胜簪。

二、作业解答

（1）点击“myWeb”站点→右击“HTML”子目录→在弹出的下拉列表中点击第一项“新建文件”→修改文件的名字为“作业 9 答案.html”→双击打开作业“作业 9 答案.html”。

（2）点击“myWeb”站点→点击“TEXT”子目录前面的⊞，展开“TEXT”子目录→双击打开“TEXT”子目录下的文本文件“作业 9 要求.txt”，里面是作业 9 的要求。

（3）点击“作业 9 要求.txt”编辑页面→“Ctrl+A”全选→“Ctrl+C”复制。

（4）点击“作业 9 答案.html”标签→点击“设计”视图→“Ctrl+V”粘贴。

（5）点击“标题”右边的文本框→用鼠标选择文本框中的文字“无标题文档”→输入标题“作业 9 答案”→回车→“Ctrl+S”保存。

（6）点击“作业 9 要求.txt”标签中右侧的“关闭”图标×，关闭“作业 9 要求.txt”。

（7）用鼠标选择“作业要求：（1）将下列素材用网页表现。（2）给描述春天的名句与原作品之间建立内部链接。（3）在网上搜索三位作者的画像，与作业保存在同一位置。（4）分别在原作品作者处，建立对应作者画像的外部链接。（5）有图有真相。（6）有背景音乐。”这几行→按“Delete”键删除。

（8）点击“代码”视图→找到“<body>”标签，把光标移动到“<body>”标签的后面→回车→在英文状态下输入“<bgsound”→按空格键→在弹出的标签下拉列表中双击“src”标签→点击弹出的“浏览”按钮（或者回车）→在弹出的“选择文件”对话框中，选择“SOUND”子文件夹下的“高山流水.mp3”→按空格键→在弹出的标签下拉列表中双击“loop”（或者回车）→双击弹出的“-1”标签，表示无限次的循环播放歌曲→在英文状态下输入“/>”。

对应的 html 代码为：“<bgsound src="../SOUND/高山流水.mp3" loop="-1"/>”。

（9）“Ctrl+A”全选→点击“属性”面板→点击“CSS”按钮→点击“居中对齐”标签 ≡→在弹出的“新建 CSS 规则”对话框中，“选择或输入选择器名称”下面的文本框中时“body p”→点击“确定”按钮。

（10）点击“属性”面板→点击“页面属性”按钮→在弹出的“页面属性”对话框中进行设置→在“页面属性”对话框左侧的“分类中”，点击“外观（CSS）”→在“页面属性”对话框右侧的“外观 CSS”中进行设置→点击“页面字体”右边的可编辑文本框（下拉列表框），输入“隶书”→点击“大小”右边的可编辑文本框（下拉列表框），输入或者选择“36”→“文本颜色”右边有个颜色面板，再右边有个文本框，点击文本框，输入“blue”→“背景颜色”右边有颜色面板，再右边有一个可编辑文本框，点击文本框，输入“yellow”→点击“确定”按钮。

（11）把光标移动到“——孟浩然《春晓》”这一行的后面→回车。

把光标移动到“——孟郊《游子吟》”这一行的后面→回车。

把光标移动到“——杜甫《春夜喜雨》”这一行的后面→回车。

把光标移动到“——白居易《赋得古原草送别》”这一行的后面→回车。

把光标移动到“——叶绍翁《游园不值》”这一行的后面→回车。

把光标移动到“——王之涣《出塞》”这一行的后面→回车。

把光标移动到“——杜甫《春望》”这一行的后面→回车。

把光标移动到“原作品”这一行的后面→回车。

把光标移动到“夜来风雨声，花落知多少。”这一行的后面→回车。

把光标移动到“谁言寸草心，报得三春晖？”这一行的后面→回车。

把光标移动到“晓看红湿处，花重锦官城。”这一行的后面→回车。

把光标移动到“野火烧不尽，春风吹又生。”这一行的后面→回车。

把光标移动到“春色满园关不住，一枝红杏出墙来。”这一行的后面→回车。

把光标移动到“羌笛何须怨杨柳，春风不度玉门关。”这一行的后面→回车。

把光标移动到“白头搔更短，浑欲不胜簪。”这一行的后面→回车。

（12）点击“夜来风雨声，花落知多少。”这一行下面的一行→点击“IMAGE”子目录下的图片文件“孟浩然.jpg”→用鼠标把图片文件“孟浩然.jpg”拖到“夜来风雨声，花落知多少。”这一行的下面→弹出“图像标签辅助功能属性”对话框→点击“确定”按钮。

点击“谁言寸草心，报得三春晖？”这一行下面的一行→点击“IMAGE”子目录下的图片文件“孟郊.jpg”→用鼠标把图片文件“孟郊.jpg”拖到“谁言寸草心，报得三春晖？”这一行的下面→弹出“图像标签辅助功能属性”对话框→点击“确定”按钮。

点击“晓看红湿处，花重锦官城。”这一行下面的一行→点击“IMAGE”子目录下的图片文件“杜甫.jpg”→用鼠标把图片文件“杜甫.jpg”拖到“晓看红湿处，花重锦官城。”这一行的下面→弹出“图像标签辅助功能属性”对话框→点击“确定”按钮。

点击“野火烧不尽，春风吹又生。”这一行下面的一行→点击“IMAGE”子目录下的图片文件“白居易.jpg”→用鼠标把图片文件“白居易.jpg”拖到“野火烧不尽，春风吹又生。”这一行的下面→弹出“图像标签辅助功能属性”对话框→点击“确定”按钮。

点击“春色满园关不住，一枝红杏出墙来。”这一行下面的一行→点击“IMAGE”子目录下的图片文件“叶绍翁.jpg”→用鼠标把图片文件“叶绍翁.jpg”拖到“春色满园关不住，一枝红杏出墙来。”这一行的下面→弹出“图像标签辅助功能属性”对话框→点击“确定”按钮。

点击“羌笛何须怨杨柳，春风不度玉门关。”这一行下面的一行→点击“IMAGE”子目录下的图片文件“王之涣.jpg”→用鼠标把图片文件“王之涣.jpg”拖到“羌笛何须怨杨柳，春风不度玉门关。”这一行的下面→弹出“图像标签辅助功能属性”对话框→点击“确定”按钮。

点击“白头搔更短，浑欲不胜簪。”这一行下面的一行→点击“IMAGE”子目录下的图片文件“杜甫.jpg”→用鼠标把图片文件“杜甫.jpg”拖到“白头搔更短，浑欲不胜簪。”这一行的下面→弹出“图像标签辅助功能属性”对话框→点击“确定”按钮。

（13）先在“原作品”中，做外部链接。

用鼠标选择“1、孟浩然”中的“孟浩然”→点击“属性”面板→点击 HTML 按钮 <> HTML→里面“链接”两个字→右边有一个文本框→右边有个一个“指向文件”图标→右边有个“浏览文件”图标。

可以用鼠标点击“指向文件”图标，然后拖动鼠标，当拖动鼠标的时候，鼠标的后边跟着一条有向线段，拖动鼠标到右边的“文件”浮动面板上有一个站点“myWeb”，其中有一个子文件夹“IMAGE”，下面有一个图片文件“孟浩然.jpg”，把鼠标拖动到图片文件“孟浩然.jpg”上面，然后松开鼠标。

也可以点击“浏览文件”图标，在打开的“选择文件”对话框中，选择子文件夹“IMAGE”下的图片文件“孟浩然.jpg”，然后点击“确定”按钮。“链接”后面的文本框中，显示的文本是“../IMAGE/孟浩然.jpg”。

“目标”两个字的右面，是一个下拉列表目标(G)，点击下拉列表，其中的选项包括：“_blank、new、_parent、_self、_top”。其中，“_blank”选项，表示打开的链接显示在空白网页；“new”选项，表示打开的链接显示在一个新的网页中；“_parent”选项，表示打开的链接显示在当前页面上一级的网页中；“_self”选项，表示打开的链接显示在当前网页中；“_top”选项，表示打开的链接显示在当前网页上一级的网页中。点击下拉列表，在下拉列表中选择“new”，表示打开的链接显示在一个新的网页中。设置完毕之后的属性面板如图 3.1.1 所示。

图 3.1.1　属性面板

（14）用鼠标选择“2、孟郊”中的“孟郊”→点击“属性”面板→点击 HTML 按钮 <> HTML→里面“链接”两个字→右边有一个文本框→右边有个一个“指向文件”图标→右边有个“浏览文件”图标。

用鼠标点击“指向文件”图标，按住鼠标不放，拖动鼠标到子文件夹“IMAGE”

下的图片文件“孟郊.jpg”，或者点击“浏览文件”图标，在打开的“选择文件”对话框中，选择子文件夹“IMAGE”下的图片文件“孟郊.jpg”，然后点击“确定”按钮。“链接”后面的文本框中，显示的文本是“../IMAGE/孟郊.jpg”。“目标”两个字的右面，是一个下拉列表，点击下拉列表，在下拉列表中选择“new”。

（15）用鼠标选择“3、杜甫”中的“杜甫”→点击“属性”面板→点击HTML按钮→里面有“链接”两个字→右边有一个文本框→右边有个一个“指向文件”图标→右边有个“浏览文件”图标。

用鼠标点击“指向文件”图标，按住鼠标不放，拖动鼠标到子文件夹“IMAGE”下的图片文件“杜甫.jpg”，或者点击“浏览文件”图标，在打开的“选择文件”对话框中，选择子文件夹“IMAGE”下的图片文件“杜甫.jpg”，然后点击“确定”按钮。“链接”后面的文本框中，显示的文本是“../IMAGE/杜甫.jpg”。“目标”两个字的右面，是一个下拉列表，点击下拉列表，在下拉列表中选择“new”。

（16）用鼠标选择“4、白居易”中的“白居易”→点击“属性”面板→点击HTML按钮→里面有“链接”两个字→右边有一个文本框→右边有个一个“指向文件”图标→右边有个“浏览文件”图标。

用鼠标点击“指向文件”图标，按住鼠标不放，拖动鼠标到子文件夹“IMAGE”下的图片文件“白居易.jpg”，或者点击“浏览文件”图标，在打开的“选择文件”对话框中，选择子文件夹“IMAGE”下的图片文件“白居易.jpg”，然后点击“确定”按钮。“链接”后面的文本框中，显示的文本是“../IMAGE/白居易.jpg”。“目标”两个字的右面，是一个下拉列表，点击下拉列表，在下拉列表中选择“new”。

（17）用鼠标选择“5、（宋）叶绍翁”中的“叶绍翁”→点击“属性”面板→点击HTML按钮→里面有“链接”两个字→右边有一个文本框→右边有个一个“指向文件”图标→右边有个“浏览文件”图标。

用鼠标点击“指向文件”图标，按住鼠标不放，拖动鼠标到子文件夹“IMAGE”下的图片文件“叶绍翁.jpg”，或者点击“浏览文件”图标，在打开的“选择文件”对话框中，选择子文件夹“IMAGE”下的图片文件“叶绍翁.jpg”，然后点击“确定”按钮。“链接”后面的文本框中，显示的文本是“../IMAGE/叶绍翁.jpg”。“目标”两个字的右面，是一个下拉列表，点击下拉列表，在下拉列表中选择“new”。

（18）用鼠标选择“6、王之涣”中的“王之涣”→点击“属性”面板→点击HTML按钮→里面有“链接”两个字→右边有一个文本框→右边有个一个“指向文件”图标→右边有个“浏览文件”图标。

用鼠标点击“指向文件”图标，按住鼠标不放，拖动鼠标到子文件夹“IMAGE”下的图片文件“王之涣.jpg”，或者点击“浏览文件”图标，在打开的“选择文件”对话框中，选择子文件夹“IMAGE”下的图片文件“王之涣.jpg”，然后点击“确定”按钮。“链接”后面的文本框中，显示的文本是“../IMAGE/王之涣.jpg”。“目标”两个字的右面，是一个下拉列表，点击下拉列表，在下拉列表中选择“new”。

（19）用鼠标选择“7、杜甫”中的“杜甫”→点击“属性”面板→点击HTML按钮→里面有“链接”两个字→右边有一个文本框→右边有个一个“指向文件”图标→右边有个“浏览文件”图标。

用鼠标点击“指向文件”图标，按住鼠标不放，拖动鼠标到子文件夹“IMAGE”下的图片文件“杜甫.jpg”，或者点击“浏览文件”图标，在打开的“选择文件”对话框中，选择子文件夹“IMAGE”下的图片文件“杜甫.jpg”，然后点击“确定”按钮。“链接”后面的文本框中，显示的文本是“../IMAGE/杜甫.jpg”。“目标”两个字的右面，是一个下拉列表，点击下拉列表，在下拉列表中选择“new”。

（20）做内部链接的标记。所谓的内部链接，就是点击一个链接之后，光标移动到网页内部的某个位置。这就要求在网页的某个位置（光标移动的目标位置）做标记。在“原作品”中做标记。

用鼠标点击“1、孟浩然”这一行的前面→点击“属性”面板→点击 HTML 按钮 HTML →“ID”的右边有个可编辑的下拉列表→点击这个下拉列表，用鼠标选择原有的“无”字→输入“menghaoran”，回车。“ID”显示为：ID(I) menghaoran。

用鼠标点击“2、孟郊”这一行的前面→点击“属性”面板→点击 HTML 按钮→“ID”的右边有个可编辑的下拉列表→点击这个下拉列表，用鼠标选择原有的“无”字→输入“mengjiao”，回车。

用鼠标点击“3、杜甫”这一行的前面→点击“属性”面板→点击 HTML 按钮→“ID”的右边有个可编辑的下拉列表→点击这个下拉列表，用鼠标选择原有的“无”字→输入“chunyexiyu”，回车。

用鼠标点击“4、白居易”这一行的前面→点击“属性”面板→点击 HTML 按钮→“ID”的右边有个可编辑的下拉列表→点击这个下拉列表，用鼠标选择原有的“无”字→输入“baijuyi”，回车。

用鼠标点击“5、（宋）叶绍翁”这一行的前面→点击“属性”面板→点击 HTML 按钮→“ID”的右边有个可编辑的下拉列表→点击这个下拉列表，用鼠标选择原有的“无”字→输入“yeshaoweng”，回车。

用鼠标点击“6、王之涣”这一行的前面→点击“属性”面板→点击 HTML 按钮→“ID”的右边有个可编辑的下拉列表→点击这个下拉列表，用鼠标选择原有的“无”字→输入“wangzhihuan”，回车。

用鼠标点击“7、杜甫”这一行的前面→点击“属性”面板→点击 HTML 按钮→“ID”的右边有个可编辑的下拉列表→点击这个下拉列表，用鼠标选择原有的“无”字→输入“chunwang”，回车。

（21）做内部链接。

用鼠标选择“1、春眠不觉晓，处处闻啼鸟。”中的“春眠不觉晓，处处闻啼鸟。”→点击“属性”面板→点击 HTML 按钮 HTML →“链接”的右边有个可编辑的下拉列表→点击这个下拉列表→在英文状态下输入（一定在英文状态下输入）“#menghaoran”，回车。“链接”显示为：链接(L) #menghaoran。

用鼠标选择“2、谁言寸草心，报得三春晖。”中的“谁言寸草心，报得三春晖。”→点击“属性”面板→点击 HTML 按钮→“链接”的右边有个可编辑的下拉列表→点击这个下拉列表→在英文状态下输入“#mengjiao”，回车。

用鼠标选择“3、好雨知时节，当春乃发生。”中的“好雨知时节，当春乃发生。”→点击“属性”面板→点击HTML按钮→“链接”的右边有个可编辑的下拉列表→点击这个下拉列表→在英文状态下输入“#chunyexiyu”，回车。

用鼠标选择“4、野火烧不尽，春风吹又生。”中的“野火烧不尽，春风吹又生。”→点击“属性”面板→点击HTML按钮→“链接”的右边有个可编辑的下拉列表→点击这个下拉列表→在英文状态下输入“#baijuyi”，回车。

用鼠标选择“5、春色满园关不住，一枝红杏出墙来。”中的“春色满园关不住，一枝红杏出墙来。”→点击“属性”面板→点击HTML按钮→“链接”的右边有个可编辑的下拉列表→点击这个下拉列表→在英文状态下输入“#yeshaoweng”，回车。

用鼠标选择“6、羌笛何须怨杨柳，春风不度玉门关”中的“羌笛何须怨杨柳，春风不度玉门关”→点击“属性”面板→点击HTML按钮→“链接”的右边有个可编辑的下拉列表→点击这个下拉列表→在英文状态下输入“#wangzhihuan”，回车。

用鼠标选择“7、国破山河在，城春草木深。”中的“国破山河在，城春草木深。”→点击“属性”面板→点击HTML按钮→“链接”的右边有个可编辑的下拉列表→点击这个下拉列表→在英文状态下输入“#chunwang”，回车。

（22）在网页开头和结尾做内部链接。先做内部链接的标记。

点击网页的第一行→输入“这是网页开头，点击这里到网页尾部”→回车。

点击网页的最后一行→回车→输入“这是网页尾部，点击这里到网页头部”。

在“原作品”中，点击“夜来风雨声，花落知多少。”这一行的后面→回车→输入“点击这里到网页开头”。

点击“谁言寸草心，报得三春晖？”这一行的后面→回车→输入“点击这里到网页开头”。

点击“晓看红湿处，花重锦官城。”这一行的后面→回车→输入“点击这里到网页开头”。

点击“野火烧不尽，春风吹又生。”这一行的后面→回车→输入“点击这里到网页开头”。

点击“春色满园关不住，一枝红杏出墙来。”这一行的后面→回车→输入“点击这里到网页开头”。

点击“羌笛何须怨杨柳，春风不度玉门关。”这一行的后面→回车→输入“点击这里到网页开头”。

点击第一行“这是网页开头，点击这里到网页尾部”的前面→点击“属性”面板→点击HTML按钮→“ID”的右边有个可编辑的下拉列表→点击这个下拉列表，用鼠标选择原有的“无”字→输入“begin”，回车。

点击最后一行“这是网页尾部，点击这里到网页头部”的前面→点击“属性”面板→点击HTML按钮→“ID”的右边有个可编辑的下拉列表→点击这个下拉列表，用鼠标选择原有的“无”字→输入“end”，回车。

（23）用鼠标选择第一行“这是网页开头，点击这里到网页尾部”→点击“属性”面板→点击HTML按钮→“链接”的右边有个可编辑的下拉列表→点击这个下拉列表→在英文状态下输入“#end”，回车。

用鼠标选择最后一行“这是网页尾部，点击这里到网页头部”→点击“属性”面板→点击 HTML 按钮→“链接”的右边有个可编辑的下拉列表→点击这个下拉列表→在英文状态下输入“#begin”，回车。

在“原作品”中，点击“夜来风雨声，花落知多少。”下面的“点击这里到网页开头”这一行→点击“属性”面板→点击 HTML 按钮→“链接”的右边有个可编辑的下拉列表→点击这个下拉列表→在英文状态下输入“#begin”，回车。

点击“谁言寸草心，报得三春晖？”下面的“点击这里到网页开头”这一行→点击“属性”面板→点击 HTML 按钮→“链接”的右边有个可编辑的下拉列表→点击这个下拉列表→在英文状态下输入“#begin”，回车。

点击“晓看红湿处，花重锦官城。”下面的“点击这里到网页开头”这一行→点击“属性”面板→点击 HTML 按钮→“链接”的右边有个可编辑的下拉列表→点击这个下拉列表→在英文状态下输入“#begin”，回车。

点击“野火烧不尽，春风吹又生。”下面的“点击这里到网页开头”这一行→点击“属性”面板→点击 HTML 按钮→“链接”的右边有个可编辑的下拉列表→点击这个下拉列表→在英文状态下输入“#begin”，回车。

点击“春色满园关不住，一枝红杏出墙来”后面的“点击这里到网页开头”这一行→点击“属性”面板→点击 HTML 按钮→“链接”的右边有个可编辑的下拉列表→点击这个下拉列表→在英文状态下输入“#begin”，回车。

点击“羌笛何须怨杨柳，春风不度玉门关。”后面的“点击这里到网页开头”这一行→点击“属性”面板→点击 HTML 按钮→“链接”的右边有个可编辑的下拉列表→点击这个下拉列表→在英文状态下输入“#begin”，回车。

（24）按“Ctrl+S”保存→按“F12”键，通过 IE 浏览器查看网页编辑的效果。

第二节　作　业　10

本作业做一个框架。因为框架由好几个网页组成，所以必须建立一个文件夹，存放这些网页。通过索引页面 index.html，来访问这个框架。

点击“myWeb”站点，“TEXT”子目录下，有一个文本文件“作业 10 要求.txt”，双击打开“作业 10 要求.txt”，里面是作业 10 的要求。

一、作业要求

（1）做一个框架，也就是一个文件夹，里面存放网页。

（2）主题是古代诗人。

（3）框架包括 3 块：上面一块，是一个网页；左边一块，是一个网页；右边一块，是一个网页。

（4）上面一块，是标题。

（5）左边一块，是古代诗人的名字，每个名字都是链接。

（6）当点击一个诗人名字（链接）之后，诗人的画像出现在右边的网页中。

二、作业解答

（1）点击“myWeb”站点→右击“HTML”子目录→在弹出的下拉列表中，点击第二项“新建文件夹”→修改文件夹的名字为“作业10答案”。

（2）右击“作业10答案”文件夹→在弹出的下拉列表中，点击第一项“新建文件”→修改文件的名字为“main.html”→双击打开“main.html”。

（3）在网页“main.html”中→点击“标题”右边的文本框→用鼠标选择文本框中的文字“无标题文档”→输入标题“main”→回车。

（4）点击“main.html”标签→点击“设计”视图→点击网页，光标在闪烁→点击“插入”菜单→“HTML”→“框架”→“上方及左侧嵌套”。

弹出“框架标签辅助功能属性”对话框，为每一框架制定一个标题，其中，对框架“mainFrame”指定标题“mainFrame”；对框架“topFrame”指定标题“topFrame”；对框架“leftFrame”指定标题“leftFrame”（如图3.2.1所示）。点击“确定”按钮。

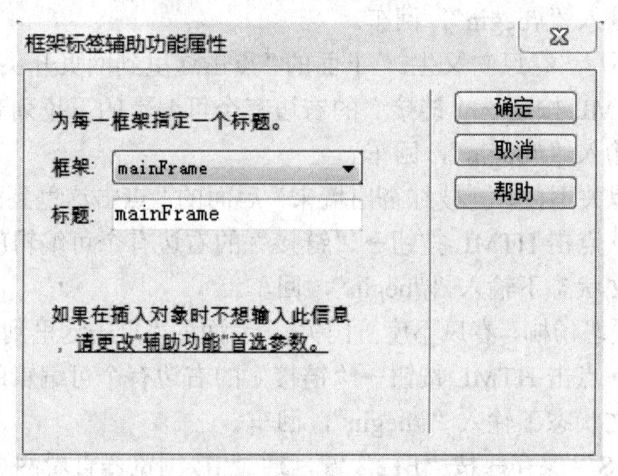

图3.2.1　框架标签辅助功能属性对话框

（5）页面左上角的标签是“UntitledFrameset”，表示未命名的框架集合，“标题”右边文本框中的内容，是“无标题文档”。

点击“标题”右边的文本框，用鼠标选择其中的内容“无标题文档”→输入“index”，回车。

按“Ctrl+S”组合键（或者点击“文件”→“保存框架页”；或者点击“文件”→“框架集另存为”；或者点击“文件”→“保存全部”），在弹出的“另存为”对话框中，将当前网页存储在“Dreamweaver”文件夹→“HTML”子文件夹→“作业10答案”子文件夹，文件名为“index”。

（6）整个页面分成3块：上边一块、左边一块、右边一块。

用鼠标点击上边一块，光标闪烁，左上角的标签为“UntitledFrame”，“标题”右边文本框中的内容，是“无标题文档”。点击“标题”右边的文本框，用鼠标选择其中的内容“无标题文档”→输入“top”→回车。按“Ctrl+S”组合键，在弹出的“另存为”对话框中，将当前网页存储在“Dreamweaver”文件夹→“HTML”子文件夹→“作业10答案”子文件夹中，文件名为“top”→按“Ctrl+S”保存。

用鼠标点击左边一块，光标闪烁，左上角的标签为“UntitledFrame”，“标题”右边文本框中的内容，是“无标题文档”。点击“标题”右边的文本框，用鼠标选择其中的内容“无标题文档”→输入“left”→回车。按“Ctrl+S”组合键，在弹出的“另存为”对话框中，将当前网页存储在“Dreamweaver”文件夹→“HTML”子文件夹→“作业 10 答案”子文件夹中，文件名为“left”→按“Ctrl+S”保存。

到现在为止，“Dreamweaver”文件夹→“HTML”子文件夹→“作业 10 答案”子文件夹中，共有 4 个网页文件：index.html、top.html、left.html、main.html。

（7）点击“窗口”菜单→“框架”，弹出来“框架”浮动面板。“框架”浮动面板分成 3 块：topFrame、leftFrame、mainFrame（如图 3.2.2 所示）。

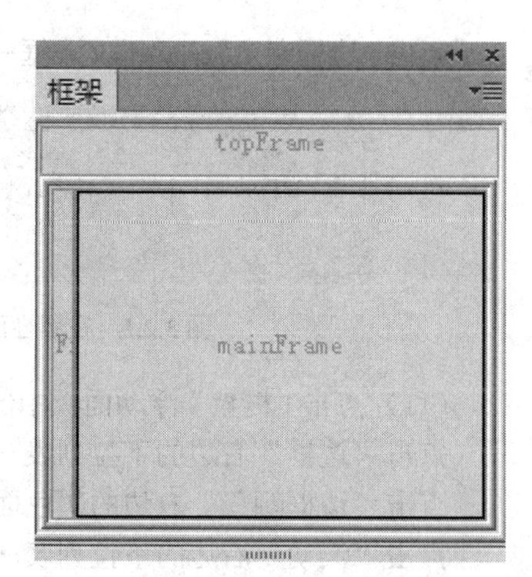

图 3.2.2 框架浮动面板

（8）点击“框架”浮动面板中的“topFrame”左上角那个点，同时选中 topFrame、leftFrame、mainFrame 这 3 块，也就是选中整个框架。在“属性”面板中进行编辑。

点击“边框”右边的下拉列表→在弹出的下拉列表中选择“是”。

点击“边框颜色”右边的颜色面板→选择红色。

点击“边框宽度”右边的文本框→输入“3”→回车→“Ctrl+S”保存（如图 3.2.3 所示）。

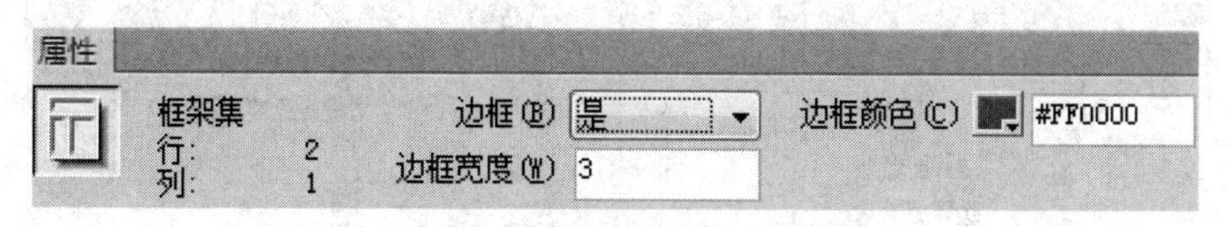

图 3.2.3 在属性面板中设置框架集

（9）点击“框架”浮动面板中的“topFrame”这一块，在“属性”面板中进行编辑。

点击“边框”右边的下拉列表→在弹出的下拉列表中选择“是”。

点击“边框颜色”右边的颜色面板→选择红色。

点击“滚动”右边的下拉列表→在弹出的下拉列表中选择“是”。

取消勾选“不能调整大小”前面的复选框。

点击“边界宽度”右边的文本框→输入“3”→回车。

点击“边界高度”右边的文本框→输入“3”→回车→“Ctrl+S”保存（如图 3.2.4 所示）。

（10）点击“框架”浮动面板中的“leftFrame”左上角那个点，同时选中 leftFrame、mainFrame 这 2 块。在“属性”面板中进行编辑。

点击“边框”右边的下拉列表→在弹出的下拉列表中选择“是”。

点击“边框颜色”右边的颜色面板→选择红色。

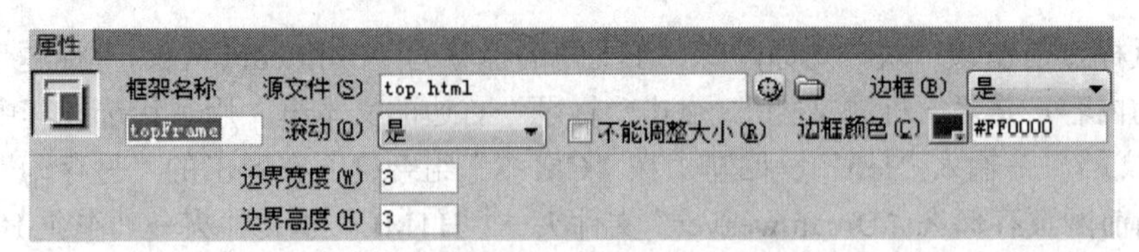

图 3.2.4　在属性面板中设置 topFrame

点击“边框宽度”右边的文本框→输入“3”→回车→“Ctrl+S”保存（如图 3.2.5 所示）。

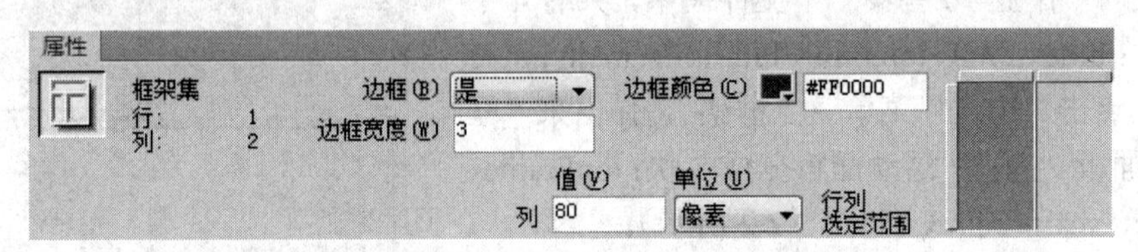

图 3.2.5　在属性面板中设置 leftFrame 和 mainFrame

（11）点击“框架”浮动面板中的“leftFrame”这一块，在“属性”面板中进行编辑。
点击“边框”右边的下拉列表→在弹出的下拉列表中选择“是”。
点击“边框颜色”右边的颜色面板→选择红色。
点击“滚动”右边的下拉列表→在弹出的下拉列表中选择“是”。
取消勾选“不能调整大小”前面的复选框。也就是能调整大小。
点击“边界宽度”右边的文本框→输入“3”→回车。
点击“边界高度”右边的文本框→输入“3”→回车→“Ctrl+S”保存（如图 3.2.6 所示）。

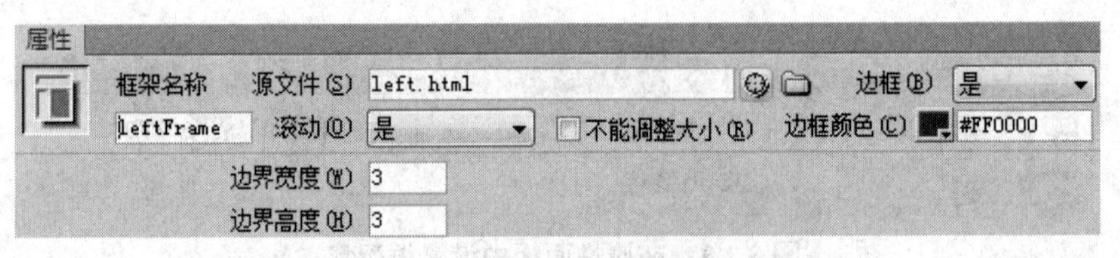

图 3.2.6　在属性面板中设置 leftFrame

（12）点击“框架”浮动面板中的“mainFrame”这一块，在“属性”面板中进行编辑。
点击“边框”右边的下拉列表→在弹出的下拉列表中选择“是”。
点击“边框颜色”右边的颜色面板→选择红色。
点击“滚动”右边的下拉列表→在弹出的下拉列表中选择“是”。
取消勾选“不能调整大小”前面的复选框。也就是能调整大小。
点击“边界宽度”右边的文本框→输入“3”→回车。
点击“边界高度”右边的文本框→输入“3”→回车→“Ctrl+S”保存（如图 3.2.7 所示）。

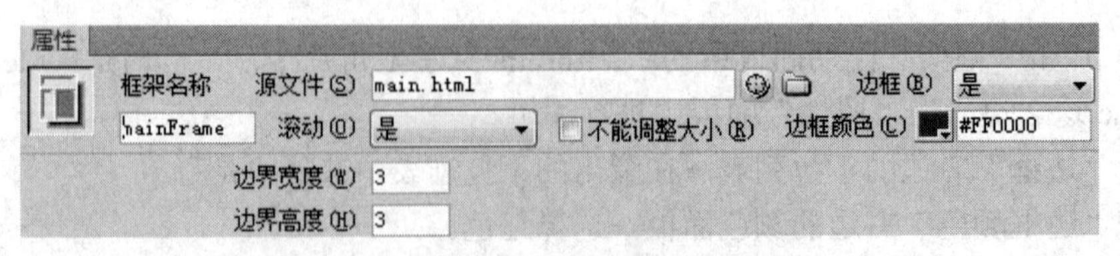

图 3.2.7　在属性面板中设置 mainFrame

（13）点击页面中上面这一块，也就是“top.html”。左上角的网页标签是“top.html”，“标题”右边的文本框，内容是“top”。

输入“古代诗人”→点击“属性”面板中的“页面属性”按钮→在弹出的“页面属性”对话框中进行设置→在左边的“分类”栏中，点击“外观（CSS）”→在右边的“外观（CSS）”栏中，点击“页面字体”右边的可编辑下拉列表，输入“隶书”→点击“大小”右边的可编辑下拉列表，输入（或者在下拉列表中选择）“72”→点击“文本颜色”右边的文本框，输入“blue”→点击“背景颜色”右边的文本框，输入“yellow”→点击“确定”按钮（如图 3.2.8 所示）。

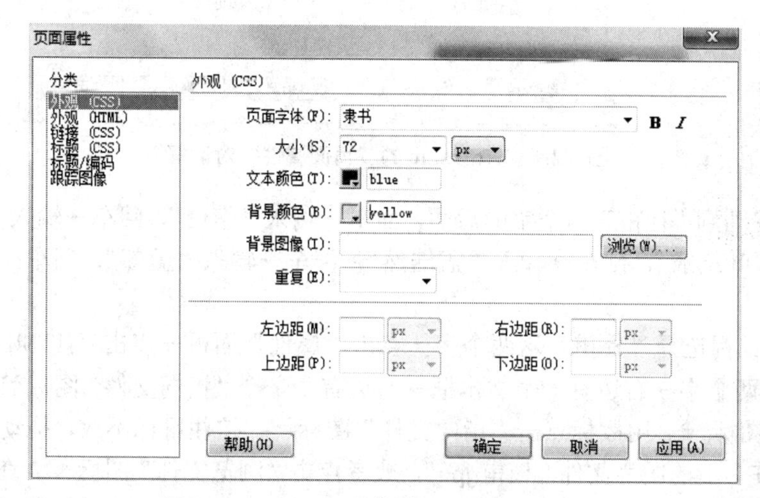

图 3.2.8 topFrame 的“页面属性”对话框

用鼠标选择“古代诗人”这几个字→点击“属性”面板中的“CSS”按钮→点击“居中对齐”图标。

top.html 中字体太大，把光标移动到 top.html 网页的下边缘之上，形成一个上下的双箭头光标，用鼠标向下拖动 top.html 的下边框，使得 topFrame 这一块变大。

（14）点击页面中上面这一块，也就是“left.html”。左上角的网页标签是“left.html”，“标题”右边的文本框，内容是“left”。

输入“杜甫”→点击“属性”面板中的“页面属性”按钮→在弹出的“页面属性”对话框中进行设置→在左边的“分类”栏中，点击“外观（CSS）”→在右边的“外观（CSS）”栏中，点击“页面字体”右边的可编辑下拉列表，输入“隶书”→点击“大小”右边的可编辑下拉列表，输入（或者在下拉列表中选择）“36”→点击“文本颜色”右边的文本框，输入“black”→点击“背景颜色”右边的文本框，输入“pink”→点击“确定”按钮（如图 3.2.9 所示）。

用鼠标选择“杜甫”这几个字→点击“属性”面板中的“CSS”按钮→点击“左对齐”图标。

left.html 中字体太大，把光标移动到 left.html 网页的右边缘之上，形成一个左右的双箭头光标，用鼠标向右拖动 left.html 的右边框，使得 leftFrame 这一块变大。

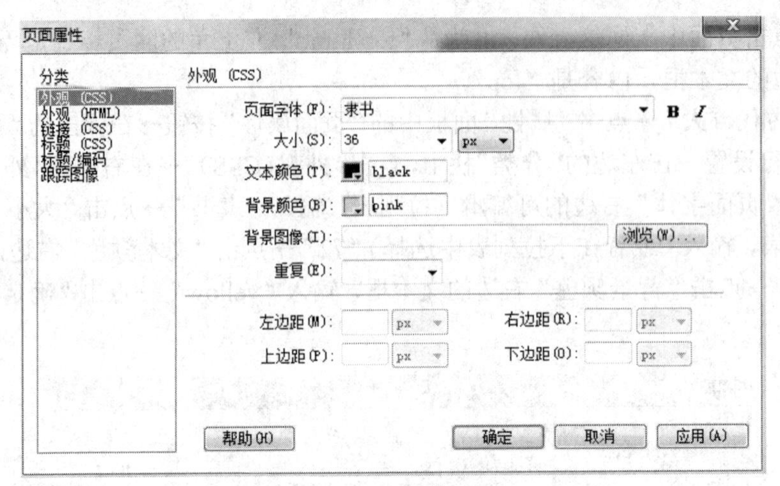

图 3.2.9 leftFrame 的“页面属性”对话框

把光标移动到“杜甫”两个字的后面，回车→输入“李白”，回车→输入“白居易”，回车→输入“叶绍翁”，回车→输入“孟浩然”，回车→输入“孟郊”，回车→输入“王之涣”，回车。

（15）用鼠标选择“杜甫”这两个字→点击“属性”面板→点击“HTML”按钮→里面有“链接”两个字→右边有一个文本框→右边有个一个“指向文件”图标→右边有个“浏览文件”图标。用鼠标点击“指向文件”图标，按住鼠标不放，拖动鼠标到子文件夹“IMAGE”下的图片文件“杜甫.jpg”，或者点击“浏览文件”图标，在打开的“选择文件”对话框中，选择“Dreamweaver”子文件夹“IMAGE”下的图片文件“杜甫.jpg”，然后点击“确定”按钮。“链接”后面的文本框中，显示的文本是“../../IMAGE/杜甫.jpg”。“目标”两个字的右面，是一个下拉列表，点击下拉列表，在下拉列表中选择“mainFrame”。注意，一定要在下拉列表中选择“mainFrame”。

（16）用鼠标选择“李白”这两个字→点击“属性”面板→点击“HTML”按钮→里面有“链接”两个字→右边有一个文本框→右边有个一个“指向文件”图标→右边有个“浏览文件”图标。用鼠标点击“指向文件”图标，按住鼠标不放，拖动鼠标到子文件夹“IMAGE”下的图片文件“李白.jpg”，或者点击“浏览文件”图标，在打开的“选择文件”对话框中，选择“Dreamweaver”子文件夹“IMAGE”下的图片文件“李白.jpg”，然后点击“确定”按钮。“链接”后面的文本框中，显示的文本是“../../IMAGE/李白.jpg”。“目标”两个字的右面，是一个下拉列表，点击下拉列表，在下拉列表中选择“mainFrame”。

（17）用鼠标选择“白居易”这两个字→点击“属性”面板→点击“HTML”按钮→里面有“链接”两个字→右边有一个文本框→右边有个一个“指向文件”图标→右边有个“浏览文件”图标。用鼠标点击“指向文件”图标，按住鼠标不放，拖动鼠标到子文件夹“IMAGE”下的图片文件“白居易.jpg”，或者点击“浏览文件”图标，在打开的“选择文件”对话框中，选择“Dreamweaver”子文件夹“IMAGE”下的图片文件“白居易.jpg”，然后点击“确定”按钮。“链接”后面的文本框中，显示的文本是“../../IMAGE/白居易.jpg”。“目标”两个字的右面，是一个下拉列表，点击下拉列表，在下拉列表中选择“mainFrame”。

（18）用鼠标选择“叶绍翁”这两个字→点击“属性”面板→点击“HTML”按钮→里面有“链接”两个字→右边有一个文本框→右边有个一个“指向文件”图标→右边有个“浏览文件”图标。用鼠标点击“指向文件”图标，按住鼠标不放，拖动鼠标到子文件夹“IMAGE”下的图片文件“叶绍翁.jpg”，或者点击“浏览文件”图标，在打开的“选择文件”对话框中，选择“Dreamweaver”子文件夹“IMAGE”下的图片文件“叶绍翁.jpg”，然后点击“确定”按钮。“链接”后面的文本框中，显示的文本是“../../IMAGE/叶绍翁.jpg”。“目标”两个字的右面，是一个下拉列表，点击下拉列表，在下拉列表中选择“mainFrame”。

（19）用鼠标选择“孟浩然”这两个字→点击“属性”面板→点击“HTML”按钮→里面有“链接”两个字→右边有一个文本框→右边有个一个“指向文件”图标→右边有个“浏览文件”图标。用鼠标点击“指向文件”图标，按住鼠标不放，拖动鼠标到子文件夹“IMAGE”下的图片文件“孟浩然.jpg”，或者点击“浏览文件”图标，在打开的“选择文件”对话框中，选择“Dreamweaver”子文件夹“IMAGE”下的图片文件“孟浩然.jpg”，然后点击“确定”按钮。“链接”后面的文本框中，显示的文本是“../../IMAGE/孟浩然.jpg”。“目标”两个字的右面，是一个下拉列表，点击下拉列表，在下拉列表中选择“mainFrame”。

（20）用鼠标选择“孟郊”这两个字→点击“属性”面板→点击“HTML”按钮→里面有“链接”两个字→右边有一个文本框→右边有个一个“指向文件”图标→右边有个“浏览文件”图标。用鼠标点击“指向文件”图标，按住鼠标不放，拖动鼠标到子文件夹“IMAGE”下的图片文件“孟郊.jpg”，或者点击“浏览文件”图标，在打开的“选择文件”对话框中，选择“Dreamweaver”子文件夹“IMAGE”下的图片文件“孟郊.jpg”，然后点击“确定”按钮。“链接”后面的文本框中，显示的文本是“../../IMAGE/孟郊.jpg”。“目标”两个字的右面，是一个下拉列表，点击下拉列表，在下拉列表中选择“mainFrame”。

（21）用鼠标选择“王之涣”这两个字→点击“属性”面板→点击“HTML”按钮→里面有“链接”两个字→右边有一个文本框→右边有个一个“指向文件”图标→右边有个“浏览文件”图标。用鼠标点击“指向文件”图标，按住鼠标不放，拖动鼠标到子文件夹“IMAGE”下的图片文件“王之涣.jpg”，或者点击“浏览文件”图标，在打开的“选择文件”对话框中，选择“Dreamweaver”子文件夹“IMAGE”下的图片文件“王之涣.jpg”，然后点击“确定”按钮。“链接”后面的文本框中，显示的文本是“../../IMAGE/王之涣.jpg”。“目标”两个字的右面，是一个下拉列表，点击下拉列表，在下拉列表中选择“mainFrame”。

（22）双击打开“main.html”网页，添加网页的背景音乐。点击“代码”视图→找到“<body>”标签，把光标移动到“<body>”标签的后面→回车→在英文状态下输入“<bgsound”→按空格键→在弹出的标签下拉列表中双击“src”标签→点击弹出的“浏览”按钮（或者回车）→在弹出的“选择文件”对话框中，选择“SOUND”子文件夹下的“高山流水.mp3”→按空格键→在弹出的标签下拉列表中双击“loop”（或者回车）→双击弹出的“-1”标签，表示无限次的循环播放歌曲→在英文状态下输入“/>”。

对应的 html 代码为："<bgsound src="../../SOUND/高山流水.mp3" loop="-1"/>"。

（23）按"文件"菜单→"保存全部"，保存所有的网页→双击打开"index.html"→按"F12"查看网页的编辑效果。

第三节 作 业 11

本作业继续做框架。点击"myWeb"站点，"TEXT"子目录下，有一个文本文件"作业 11 要求.txt"，双击打开"作业 11 要求.txt"，里面是作业 11 的要求。

一、作业要求

（1）做一个框架，也就是一个文件夹，里面存放网页。

（2）主题是动物世界。

（3）框架包括 3 块：上面一块，是一个网页；左边一块，是一个网页；右边一块，是一个网页。

（4）上面一块，是标题。

（5）左边一块，是动物的名字，每个名字都是链接。

（6）当点击一个动物名字（链接）之后，动物的图片（gif 图片）出现在右边的网页中。

二、作业解答

（1）点击"myWeb"站点→右击"HTML"子目录→在弹出的下拉列表中，点击第二项"新建文件夹"→修改文件夹的名字为"作业 11 答案"。

（2）右击"作业 11 答案"文件夹→在弹出的下拉列表中，点击第一项"新建文件"→修改文件的名字为"main.html"→双击打开"main.html"。

（3）在网页"main.html"中→点击"标题"右边的文本框→用鼠标选择文本框中的文字"无标题文档"→输入标题"main"→回车。

（4）点击"main.html"标签→点击"设计"视图→点击网页，光标在闪烁→点击"插入"菜单→"HTML"→"框架"→"上方及左侧嵌套"。

弹出"框架标签辅助功能属性"对话框，为每一框架制定一个标题，其中，对框架"mainFrame"指定标题"mainFrame"；对框架"topFrame"指定标题"topFrame"；对框架"leftFrame"指定标题"leftFrame"。点击"确定"按钮。

（5）页面左上角的标签是"UntitledFrameset"，表示未命名的框架集合，"标题"右边文本框中的内容，是"无标题文档"。

点击"标题"右边的文本框，用鼠标选择其中的内容"无标题文档"→输入"index"，回车。

按"Ctrl+S"组合键（或者点击"文件"→"保存框架页"；或者点击"文件"→"框架集另存为"；或者点击"文件"→"保存全部"），在弹出的"另存为"对话框中，将当前网页存储在"Dreamweaver"文件夹→"HTML"子文件夹→"作业 11 答案"子文件夹，文件名为"index"→点击"保存"按钮。

（6）整个页面分成 3 块：上边一块、左边一块、右边一块。

用鼠标点击上边一块，光标闪烁，左上角的标签为“UntitledFrame”，“标题”右边文本框中的内容，是“无标题文档”。点击“标题”右边的文本框，用鼠标选择其中的内容“无标题文档”→输入“top”→回车。按“Ctrl+S”组合键，在弹出的“另存为”对话框中，将当前网页存储在“Dreamweaver”文件夹→“HTML”子文件夹→“作业 11 答案”子文件夹中，文件名为“top”→按“Ctrl+S”保存。

用鼠标点击左边一块，光标闪烁，左上角的标签为“UntitledFrame”，“标题”右边文本框中的内容，是“无标题文档”。点击“标题”右边的文本框，用鼠标选择其中的内容“无标题文档”→输入“left”→回车。按“Ctrl+S”组合键，在弹出的“另存为”对话框中，将当前网页存储在“Dreamweaver”文件夹→“HTML”子文件夹→“作业 11 答案”子文件夹中，文件名为“left”→按“Ctrl+S”保存。

到现在为止，“Dreamweaver”文件夹→“HTML”子文件夹→“作业 11 答案”子文件夹中，共有 4 个网页文件：index.html、top.html、left.html、main.html。

（7）点击“窗口”菜单→“框架”，弹出来“框架”浮动面板。“框架”浮动面板分成 3 块：topFrame、leftFrame、mainFrame。

（8）点击“框架”浮动面板中的“topFrame”左上角那个点，同时选中 topFrame、leftFrame、mainFrame 这 3 块，也就是选中整个框架。在“属性”面板中进行编辑。

点击“边框”右边的下拉列表→在弹出的下拉列表中选择“是”。

点击“边框颜色”右边的颜色面板→选择红色。

点击“边框宽度”右边的文本框→输入“3”→回车→“Ctrl+S”保存。

（9）点击“框架”浮动面板中的“topFrame”这一块，在“属性”面板中进行编辑。

点击“边框”右边的下拉列表→在弹出的下拉列表中选择“是”。

点击“边框颜色”右边的颜色面板→选择红色。

点击“滚动”右边的下拉列表→在弹出的下拉列表中选择“是”。

取消勾选“不能调整大小”前面的复选框。

点击“边界宽度”右边的文本框→输入“3”→回车。

点击“边界高度”右边的文本框→输入“3”→回车→“Ctrl+S”保存。

（10）点击“框架”浮动面板中的“leftFrame”左上角那个点，同时选中 leftFrame、mainFrame 这 2 块。在“属性”面板中进行编辑。

点击“边框”右边的下拉列表→在弹出的下拉列表中选择“是”。

点击“边框颜色”右边的颜色面板→选择红色。

点击“边框宽度”右边的文本框→输入“3”→回车→“Ctrl+S”保存。

（11）点击“框架”浮动面板中的“leftFrame”这一块，在“属性”面板中进行编辑。

点击“边框”右边的下拉列表→在弹出的下拉列表中选择“是”。

点击“边框颜色”右边的颜色面板→选择红色。

点击“滚动”右边的下拉列表→在弹出的下拉列表中选择“是”。

取消勾选“不能调整大小”前面的复选框。也就是能调整大小。

点击“边界宽度”右边的文本框→输入“3”→回车。

点击“边界高度”右边的文本框→输入“3”→回车→“Ctrl+S”保存。

（12）点击“框架”浮动面板中的“mainFrame”这一块，在“属性”面板中进行编辑。
点击“边框”右边的下拉列表→在弹出的下拉列表中选择“是”。
点击“边框颜色”右边的颜色面板→选择红色。
点击“滚动”右边的下拉列表→在弹出的下拉列表中选择“是”。
取消勾选“不能调整大小”前面的复选框。也就是能调整大小。
点击“边界宽度”右边的文本框→输入“3”→回车。
点击“边界高度”右边的文本框→输入“3”→回车→“Ctrl+S”保存。

（13）点击页面中上面这一块，也就是“top.html”。左上角的网页标签是“top.html”，“标题”右边的文本框，内容是“top”。

输入“动物世界”→点击“属性”面板中的“页面属性”按钮→在弹出的“页面属性”对话框中进行设置→在左边的“分类”栏中，点击“外观（CSS）”→在右边的“外观（CSS）”栏中，点击“页面字体”右边的可编辑下拉列表，输入“隶书”→点击“大小”右边的可编辑下拉列表，输入（或者在下拉列表中选择）“72”→点击“文本颜色”右边的文本框，输入“blue”→点击“背景颜色”右边的文本框，输入“yellow”→点击“确定”按钮。

用鼠标选择“动物世界”这几个字→点击“属性”面板中的“CSS”按钮→点击“居中对齐”图标。

top.html 中字体太大，把光标移动到 top.html 网页的下边缘之上，形成一个上下的双箭头光标，用鼠标向下拖动 top.html 的下边框，使得 topFrame 这一块变大。

（14）点击页面中上面这一块，也就是“left.html”。左上角的网页标签是“left.html”，“标题”右边的文本框，内容是“left”。

输入“大象”→点击“属性”面板中的“页面属性”按钮→在弹出的“页面属性”对话框中进行设置→在左边的“分类”栏中，点击“外观（CSS）”→在右边的“外观（CSS）”栏中，点击“页面字体”右边的可编辑下拉列表，输入“隶书”→点击“大小”右边的可编辑下拉列表，输入（或者在下拉列表中选择）“36”→点击“文本颜色”右边的文本框，输入“black”→点击“背景颜色”右边的文本框，输入“pink”→点击“确定”按钮。

用鼠标选择“大象”这几个字→点击“属性”面板中的“CSS”按钮→点击“左对齐”图标。

left.html 中字体太大，把光标移动到 left.html 网页的右边缘之上，形成一个左右的双箭头光标，用鼠标向右拖动 left.html 的右边框，使得 leftFrame 这一块变大。

把光标移动到“大象”两个字的后面，回车→输入“豹子”，回车→输入“蝴蝶”，回车→输入“兔子”，回车→输入“小狗”，回车→输入“骆驼”，回车→输入“鸟”，回车→输入“鼠”，回车→输入“蜻蜓”，回车。

（15）用鼠标选择“大象”这两个字→点击“属性”面板→点击“HTML”按钮→里面有“链接”两个字→右边有一个文本框→右边有个一个“指向文件”图标→右边有个“浏览文件”图标。用鼠标点击“指向文件”图标，按住鼠标不放，拖动鼠标到子文件夹“IMAGE”下的图片文件“大象.gif”，或者点击“浏览文件”图标，在打开的“选择文件”对话框中，选择“Dreamweaver”子文件夹“IMAGE”下的图片文件“大象.gif”，然后点击“确定”按钮。“链接”后面的文本框中，显示的文本是“../../IMAGE/大象.gif”。

“目标”两个字的右面，是一个下拉列表，点击下拉列表，在下拉列表中选择“mainFrame”。注意，一定要在下拉列表中选择“mainFrame”。

（16）用鼠标选择“豹子”这两个字→点击“属性”面板→点击“HTML”按钮→里面有“链接”两个字→右边有一个文本框→右边有个一个“指向文件”图标→右边有个“浏览文件”图标。用鼠标点击“指向文件”图标，按住鼠标不放，拖动鼠标到子文件夹“IMAGE”下的图片文件“豹子.gif”，或者点击“浏览文件”图标，在打开的“选择文件”对话框中，选择“Dreamweaver”子文件夹“IMAGE”下的图片文件“豹子.gif”，然后点击“确定”按钮。“链接”后面的文本框中，显示的文本是“../../IMAGE/豹子.gif”。“目标”两个字的右面，是一个下拉列表，点击下拉列表，在下拉列表中选择“mainFrame”。

（17）用鼠标选择“蝴蝶”这两个字→点击“属性”面板→点击“HTML”按钮→里面有“链接”两个字→右边有一个文本框→右边有个一个“指向文件”图标→右边有个“浏览文件”图标。用鼠标点击“指向文件”图标，按住鼠标不放，拖动鼠标到子文件夹“IMAGE”下的图片文件“蝴蝶.gif”，或者点击“浏览文件”图标，在打开的“选择文件”对话框中，选择“Dreamweaver”子文件夹“IMAGE”下的图片文件“蝴蝶.gif”，然后点击“确定”按钮。“链接”后面的文本框中，显示的文本是“../../IMAGE/蝴蝶.gif”。“目标”两个字的右面，是一个下拉列表，点击下拉列表，在下拉列表中选择“mainFrame”。

（18）用鼠标选择“兔子”这两个字→点击“属性”面板→点击“HTML”按钮→里面有“链接”两个字→右边有一个文本框→右边有个一个“指向文件”图标→右边有个“浏览文件”图标。用鼠标点击“指向文件”图标，按住鼠标不放，拖动鼠标到子文件夹“IMAGE”下的图片文件“兔子.gif”，或者点击“浏览文件”图标，在打开的“选择文件”对话框中，选择“Dreamweaver”子文件夹“IMAGE”下的图片文件“兔子.gif”，然后点击“确定”按钮。“链接”后面的文本框中，显示的文本是“../../IMAGE/兔子.gif”。“目标”两个字的右面，是一个下拉列表，点击下拉列表，在下拉列表中选择“mainFrame”。

（19）用鼠标选择“小狗”这两个字→点击“属性”面板→点击“HTML”按钮→里面有“链接”两个字→右边有一个文本框→右边有个一个“指向文件”图标→右边有个“浏览文件”图标。用鼠标点击“指向文件”图标，按住鼠标不放，拖动鼠标到子文件夹“IMAGE”下的图片文件“小狗.gif”，或者点击“浏览文件”图标，在打开的“选择文件”对话框中，选择“Dreamweaver”子文件夹“IMAGE”下的图片文件“小狗.gif”，然后点击“确定”按钮。“链接”后面的文本框中，显示的文本是“../../IMAGE/小狗.gif”。“目标”两个字的右面，是一个下拉列表，点击下拉列表，在下拉列表中选择“mainFrame”。

（20）用鼠标选择“骆驼”这两个字→点击“属性”面板→点击“HTML”按钮→里面有“链接”两个字→右边有一个文本框→右边有个一个“指向文件”图标→右边有个“浏览文件”图标。用鼠标点击“指向文件”图标，按住鼠标不放，拖动鼠标到子文件夹“IMAGE”下的图片文件“骆驼.jpg”，或者点击“浏览文件”图标，在打开的“选择文件”对话框中，选择“Dreamweaver”子文件夹“IMAGE”下的图片文件“骆驼.jpg”，然后点击“确定”按钮。“链接”后面的文本框中，显示的文本是“../../IMAGE/骆驼.jpg”。“目标”两个字的右面，是一个下拉列表，点击下拉列表，在下拉列表中选择“mainFrame”。

（21）用鼠标选择“鸟”这一个字→点击“属性”面板→点击“HTML”按钮→里面

有“链接”两个字→右边有一个文本框→右边有个一个“指向文件”图标→右边有个“浏览文件”图标。用鼠标点击“指向文件”图标，按住鼠标不放，拖动鼠标到子文件夹“IMAGE”下的图片文件“鸟.gif”，或者点击“浏览文件”图标，在打开的“选择文件”对话框中，选择“Dreamweaver”子文件夹“IMAGE”下的图片文件“鸟.gif”，然后点击“确定”按钮。“链接”后面的文本框中，显示的文本是“../../IMAGE/鸟.gif”。“目标”两个字的右面，是一个下拉列表，点击下拉列表，在下拉列表中选择“mainFrame”。

（22）用鼠标选择“鼠”这一个字→点击“属性”面板→点击“HTML”按钮→里面有“链接”两个字→右边有一个文本框→右边有个一个“指向文件”图标→右边有个“浏览文件”图标。用鼠标点击“指向文件”图标，按住鼠标不放，拖动鼠标到子文件夹“IMAGE”下的图片文件“鼠.gif”，或者点击“浏览文件”图标，在打开的“选择文件”对话框中，选择“Dreamweaver”子文件夹“IMAGE”下的图片文件“鼠.gif”，然后点击“确定”按钮。“链接”后面的文本框中，显示的文本是“../../IMAGE/鼠.gif”。“目标”两个字的右面，是一个下拉列表，点击下拉列表，在下拉列表中选择“mainFrame”。

（23）用鼠标选择“蜻蜓”这两个字→点击“属性”面板→点击“HTML”按钮→里面有“链接”两个字→右边有一个文本框→右边有个一个“指向文件”图标→右边有个“浏览文件”图标。用鼠标点击“指向文件”图标，按住鼠标不放，拖动鼠标到子文件夹“IMAGE”下的图片文件“蜻蜓.gif”，或者点击“浏览文件”图标，在打开的“选择文件”对话框中，选择“Dreamweaver”子文件夹“IMAGE”下的图片文件“蜻蜓.gif”，然后点击“确定”按钮。“链接”后面的文本框中，显示的文本是“../../IMAGE/蜻蜓.gif”。“目标”两个字的右面，是一个下拉列表，点击下拉列表，在下拉列表中选择“mainFrame”。

（24）双击打开“main.html”网页，添加网页的背景音乐。点击“代码”视图→找到“<body>”标签，把光标移动到“<body>”标签的后面→回车→在英文状态下输入“<bgsound”→按空格键→在弹出的标签下拉列表中双击“src”标签→点击弹出的“浏览”按钮（或者回车）→在弹出的“选择文件”对话框中，选择“SOUND”子文件夹下的“高山流水.mp3”→按空格键→在弹出的标签下拉列表中双击“loop”（或者回车）→双击弹出的“-1”标签，表示无限次的循环播放歌曲→在英文状态下输入“/>”。

对应的html代码为：“<bgsound src="../../SOUND/高山流水.mp3" loop="-1"/>”。

（25）按“文件”菜单→“保存全部”，保存所有的网页→双击打开“index.html”→按“F12”查看网页的编辑效果。

第四节　作　业　12

本作业继续做框架。点击“myWeb”站点，“TEXT”子目录下，有一个文本文件“作业12要求.txt”，双击打开“作业12要求.txt”，里面是作业12的要求。

一、作业要求

（1）做一个框架，也就是一个文件夹，里面存放网页。

（2）主题是现代演员。

（3）框架包括3块：上面一块，是一个网页；左边一块，是一个网页；右边一块，是一个网页。

（4）上面一块，是标题。

（5）左边一块，是演员的名字，每个名字都是链接。

（6）当点击一个演员名字（链接）之后，演员的照片出现在右边的网页中。

二、作业解答

（1）点击“myWeb”站点→右击“HTML”子目录→在弹出的下拉列表中，点击第二项“新建文件夹”→修改文件夹的名字为“作业 12 答案”。

（2）右击“作业 12 答案”文件夹→在弹出的下拉列表中，点击第一项“新建文件”→修改文件的名字为“main.html”→双击打开“main.html”。

（3）在网页“main.html”中→点击“标题”右边的文本框→用鼠标选择文本框中的文字“无标题文档”→输入标题“main”→回车。

（4）点击“main.html”标签→点击“设计”视图→点击网页，光标在闪烁→点击“插入”菜单→“HTML”→“框架”→“上方及左侧嵌套”。

弹出“框架标签辅助功能属性”对话框，为每一框架制定一个标题，其中，对框架“mainFrame”指定标题“mainFrame”；对框架“topFrame”指定标题“topFrame”；对框架“leftFrame”指定标题“leftFrame”。点击“确定”按钮。

（5）页面左上角的标签是“UntitledFrameset”，表示未命名的框架集合，“标题”右边文本框中的内容，是“无标题文档”。

点击“标题”右边的文本框，用鼠标选择其中的内容“无标题文档”→输入“index”，回车。

按“Ctrl+S”组合键（或者点击“文件”→“保存框架页”；或者点击“文件”→“框架集另存为”；或者点击“文件”→“保存全部”），在弹出的“另存为”对话框中，将当前网页存储在“Dreamweaver”文件夹→“HTML”子文件夹→“作业 12 答案”子文件夹，文件名为“index”→点击“保存”按钮。

（6）整个页面分成 3 块：上边一块、左边一块、右边一块。

用鼠标点击上边一块，光标闪烁，左上角的标签为“UntitledFrame”，“标题”右边文本框中的内容，是“无标题文档”。点击“标题”右边的文本框，用鼠标选择其中的内容“无标题文档”→输入“top”→回车。按“Ctrl+S”组合键，在弹出的“另存为”对话框中，将当前网页存储在“Dreamweaver”文件夹→“HTML”子文件夹→“作业 12 答案”子文件夹中，文件名为“top”→按“Ctrl+S”保存。

用鼠标点击左边一块，光标闪烁，左上角的标签为“UntitledFrame”，“标题”右边文本框中的内容，是“无标题文档”。点击“标题”右边的文本框，用鼠标选择其中的内容“无标题文档”→输入“left”→回车。按“Ctrl+S”组合键，在弹出的“另存为”对话框中，将当前网页存储在“Dreamweaver”文件夹→“HTML”子文件夹→“作业 12 答案”子文件夹中，文件名为“left”→按“Ctrl+S”保存。

到现在为止，“Dreamweaver”文件夹→“HTML”子文件夹→“作业 12 答案”子文件夹中，共有 4 个网页文件：index.html、top.html、left.html、main.html。

（7）点击“窗口”菜单→“框架”，弹出来“框架”浮动面板。“框架”浮动面板分成

3 块：topFrame、leftFrame、mainFrame。

（8）点击“框架”浮动面板中的“topFrame”左上角那个点，同时选中 topFrame、leftFrame、mainFrame 这 3 块，也就是选中整个框架。在“属性”面板中进行编辑。

点击“边框”右边的下拉列表→在弹出的下拉列表中选择“是”。

点击“边框颜色”右边的颜色面板→选择红色。

点击“边框宽度”右边的文本框→输入“3”→回车→“Ctrl+S”保存。

（9）点击“框架”浮动面板中的“topFrame”这一块，在“属性”面板中进行编辑。

点击“边框”右边的下拉列表→在弹出的下拉列表中选择“是”。

点击“边框颜色”右边的颜色面板→选择红色。

点击“滚动”右边的下拉列表→在弹出的下拉列表中选择“是”。

取消勾选“不能调整大小”前面的复选框。

点击“边界宽度”右边的文本框→输入“3”→回车。

点击“边界高度”右边的文本框→输入“3”→回车→“Ctrl+S”保存。

（10）点击“框架”浮动面板中的“leftFrame”左上角那个点，同时选中 leftFrame、mainFrame 这 2 块。在“属性”面板中进行编辑。

点击“边框”右边的下拉列表→在弹出的下拉列表中选择“是”。

点击“边框颜色”右边的颜色面板→选择红色。

点击“边框宽度”右边的文本框→输入“3”→回车→“Ctrl+S”保存。

（11）点击“框架”浮动面板中的“leftFrame”这一块，在“属性”面板中进行编辑。

点击“边框”右边的下拉列表→在弹出的下拉列表中选择“是”。

点击“边框颜色”右边的颜色面板→选择红色。

点击“滚动”右边的下拉列表→在弹出的下拉列表中选择“是”。

取消勾选“不能调整大小”前面的复选框。也就是能调整大小。

点击“边界宽度”右边的文本框→输入“3”→回车。

点击“边界高度”右边的文本框→输入“3”→回车→“Ctrl+S”保存。

（12）点击“框架”浮动面板中的“mainFrame”这一块，在“属性”面板中进行编辑。

点击“边框”右边的下拉列表→在弹出的下拉列表中选择“是”。

点击“边框颜色”右边的颜色面板→选择红色。

点击“滚动”右边的下拉列表→在弹出的下拉列表中选择“是”。

取消勾选“不能调整大小”前面的复选框。也就是能调整大小。

点击“边界宽度”右边的文本框→输入“3”→回车。

点击“边界高度”右边的文本框→输入“3”→回车→“Ctrl+S”保存。

（13）点击页面中上面这一块，也就是“top.html”。左上角的网页标签是“top.html”，“标题”右边的文本框，内容是“top”。

输入“现代演员”→点击“属性”面板中的“页面属性”按钮→在弹出的“页面属性”对话框中进行设置→在左边的“分类”栏中，点击“外观（CSS）”→在右边的“外观（CSS）”栏中，点击“页面字体”右边的可编辑下拉列表，输入“隶书”→点击“大小”右边的可编辑下拉列表，输入（或者在下拉列表中选择）“72”→点击“文本颜色”右边的文本框，输入“blue”→点击“背景颜色”右边的文本框，输入“yellow”→点击“确定”按钮。

用鼠标选择“现代演员”这几个字→点击“属性”面板中的“CSS”按钮→点击“居中对齐”图标。

top.html 中字体太大，把光标移动到 top.html 网页的下边缘之上，形成一个上下的双箭头光标，用鼠标向下拖动 top.html 的下边框，使得 topFrame 这一块变大。

（14）点击页面中上面这一块，也就是“left.html”。左上角的网页标签是“left.html”，“标题”右边的文本框，内容是“left”。

输入“赫本”→点击“属性”面板中的“页面属性”按钮→在弹出的“页面属性”对话框中进行设置→在左边的“分类”栏中，点击“外观（CSS）”→在右边的“外观（CSS）”栏中，点击“页面字体”右边的可编辑下拉列表，输入“隶书”→点击“大小”右边的可编辑下拉列表，输入（或者在下拉列表中选择）“36”→点击“文本颜色”右边的文本框，输入“black”→点击“背景颜色”右边的文本框，输入“pink”→点击“确定”按钮。

用鼠标选择“赫本”这几个字→点击“属性”面板中的“CSS”按钮→点击“左对齐”图标。

left.html 中字体太大，把光标移动到 left.html 网页的右边缘之上，形成一个左右的双箭头光标，用鼠标向右拖动 left.html 的右边框，使得 leftFrame 这一块变大。

把光标移动到“赫本”两个字的后面，回车→输入“邓丽君”，回车→输入“周杰伦”，回车→输入“慕容晓晓”，回车→输入“方大同”，回车→输入“钟汉良”，回车→输入“文章”，回车→输入“唐一菲”，回车→输入“范冰冰”，回车。

（15）用鼠标选择“赫本”这几个字→点击“属性”面板→点击“HTML”按钮→里面有“链接”两个字→右边有一个文本框→右边有个一个“指向文件”图标→右边有个“浏览文件”图标。用鼠标点击“指向文件”图标，按住鼠标不放，拖动鼠标到子文件夹“IMAGE”下的图片文件“赫本.jpg”，或者点击“浏览文件”图标，在打开的“选择文件”对话框中，选择“Dreamweaver”子文件夹“IMAGE”下的图片文件“赫本.jpg”，然后点击“确定”按钮。“链接”后面的文本框中，显示的文本是“../../IMAGE/赫本.jpg”。“目标”两个字的右面，是一个下拉列表，点击下拉列表，在下拉列表中选择“mainFrame”。注意，一定要在下拉列表中选择“mainFrame”。

（16）用鼠标选择“邓丽君”这几个字→点击“属性”面板→点击“HTML”按钮→里面有“链接”两个字→右边有一个文本框→右边有个一个“指向文件”图标→右边有个“浏览文件”图标。用鼠标点击“指向文件”图标，按住鼠标不放，拖动鼠标到子文件夹“IMAGE”下的图片文件“邓丽君.jpg”，或者点击“浏览文件”图标，在打开的“选择文件”对话框中，选择“Dreamweaver”子文件夹“IMAGE”下的图片文件“邓丽君.jpg”，然后点击“确定”按钮。“链接”后面的文本框中，显示的文本是“../../IMAGE/邓丽君.jpg”。“目标”两个字的右面，是一个下拉列表，点击下拉列表，在下拉列表中选择“mainFrame”。

（17）用鼠标选择“周杰伦”这几个字→点击“属性”面板→点击“HTML”按钮→里面有“链接”两个字→右边有一个文本框→右边有个一个“指向文件”图标→右边有个“浏览文件”图标。用鼠标点击“指向文件”图标，按住鼠标不放，拖动鼠标到子文件夹“IMAGE”下的图片文件“周杰伦.jpg”，或者点击“浏览文件”图标，在打开的“选择文件”对话框中，选择“Dreamweaver”子文件夹“IMAGE”下的图片文件“周杰伦.jpg”，然后点击“确定”按钮。“链接”后面的文本框中，显示的文本是“../../IMAGE/周杰伦.jpg”。“目标”两个字的右面，是一个下拉列表，点击下拉列表，在下拉列表中选择“mainFrame”。

（18）用鼠标选择“慕容晓晓”这几个字→点击“属性”面板→点击“HTML”按钮→里面有“链接”两个字→右边有一个文本框→右边有个一个“指向文件”图标→右边有个“浏览文件”图标。用鼠标点击“指向文件”图标，按住鼠标不放，拖动鼠标到子文件夹“IMAGE”下的图片文件“慕容晓晓.jpg”，或者点击“浏览文件”图标，在打开的“选择文件”对话框中，选择“Dreamweaver”子文件夹“IMAGE”下的图片文件“慕容晓晓.jpg”，然后点击“确定”按钮。“链接”后面的文本框中，显示的文本是“../../IMAGE/慕容晓晓.jpg”。“目标”两个字的右面，是一个下拉列表，点击下拉列表，在下拉列表中选择“mainFrame”。

（19）用鼠标选择“方大同”这几个字→点击“属性”面板→点击“HTML”按钮→里面有“链接”两个字→右边有一个文本框→右边有个一个“指向文件”图标→右边有个“浏览文件”图标。用鼠标点击“指向文件”图标，按住鼠标不放，拖动鼠标到子文件夹“IMAGE”下的图片文件“方大同.jpg”，或者点击“浏览文件”图标，在打开的“选择文件”对话框中，选择“Dreamweaver”子文件夹“IMAGE”下的图片文件“方大同.jpg”，然后点击“确定”按钮。“链接”后面的文本框中，显示的文本是“../../IMAGE/方大同.jpg”。“目标”两个字的右面，是一个下拉列表，点击下拉列表，在下拉列表中选择“mainFrame”。

（20）用鼠标选择“钟汉良”这几个字→点击“属性”面板→点击“HTML”按钮→里面有“链接”两个字→右边有一个文本框→右边有个一个“指向文件”图标→右边有个“浏览文件”图标。用鼠标点击“指向文件”图标，按住鼠标不放，拖动鼠标到子文件夹“IMAGE”下的图片文件“钟汉良.jpg”，或者点击“浏览文件”图标，在打开的“选择文件”对话框中，选择“Dreamweaver”子文件夹“IMAGE”下的图片文件“钟汉良.jpg”，然后点击“确定”按钮。“链接”后面的文本框中，显示的文本是“../../IMAGE/钟汉良.jpg”。“目标”两个字的右面，是一个下拉列表，点击下拉列表，在下拉列表中选择“mainFrame”。

（21）用鼠标选择“文章”这几个字→点击“属性”面板→点击“HTML”按钮→里面有“链接”两个字→右边有一个文本框→右边有个一个“指向文件”图标→右边有个“浏览文件”图标。用鼠标点击“指向文件”图标，按住鼠标不放，拖动鼠标到子文件夹“IMAGE”下的图片文件“文章.jpg”，或者点击“浏览文件”图标，在打开的“选择文件”对话框中，选择“Dreamweaver”子文件夹“IMAGE”下的图片文件“文章.jpg”，然后点击“确定”按钮。“链接”后面的文本框中，显示的文本是“../../IMAGE/文章.jpg”。“目标”两个字的右面，是一个下拉列表，点击下拉列表，在下拉列表中选择“mainFrame”。

（22）用鼠标选择“唐一菲”这一个字→点击“属性”面板→点击“HTML”按钮→里面有“链接”两个字→右边有一个文本框→右边有个一个“指向文件”图标→右边有

个“浏览文件”图标。用鼠标点击“指向文件”图标，按住鼠标不放，拖动鼠标到子文件夹“IMAGE”下的图片文件“唐一菲.jpg”，或者点击“浏览文件”图标，在打开的“选择文件”对话框中，选择“Dreamweaver”子文件夹“IMAGE”下的图片文件“唐一菲.jpg”，然后点击“确定”按钮。“链接”后面的文本框中，显示的文本是“../../IMAGE/唐一菲.jpg”。“目标”两个字的右面，是一个下拉列表，点击下拉列表，在下拉列表中选择“mainFrame”。

（23）用鼠标选择“范冰冰”这几个字→点击“属性”面板→点击“HTML”按钮→里面有“链接”两个字→右边有一个文本框→右边有个一个“指向文件”图标→右边有个“浏览文件”图标。用鼠标点击“指向文件”图标，按住鼠标不放，拖动鼠标到子文件夹“IMAGE”下的图片文件“范冰冰.jpg”，或者点击“浏览文件”图标，在打开的“选择文件”对话框中，选择“Dreamweaver”子文件夹“IMAGE”下的图片文件“范冰冰.jpg”，然后点击“确定”按钮。“链接”后面的文本框中，显示的文本是“../../IMAGE/范冰冰.jpg”。“目标”两个字的右面，是一个下拉列表，点击下拉列表，在下拉列表中选择“mainFrame”。

（24）双击打开“main.html”网页，添加网页的背景音乐。

点击“代码”视图→找到“<body>”标签，把光标移动到“<body>”标签的后面→回车→在英文状态下输入“<bgsound”→按空格键→在弹出的标签下拉列表中双击“src”标签→点击弹出的“浏览”按钮（或者回车）→在弹出的“选择文件”对话框中，选择“SOUND”子文件夹下的“高山流水.mp3”→按空格键→在弹出的标签下拉列表中双击“loop”（或者回车）→双击弹出的“-1”标签，表示无限次的循环播放歌曲→在英文状态下输入“/>”。

对应的html代码为：“<bgsound src="../../SOUND/高山流水.mp3" loop="-1"/>”。

（25）按“文件”菜单→“保存全部”，保存所有的网页→双击打开“index.html”→按“F12”查看网页的编辑效果。

第五节　作　业　13

本作业继续做框架。点击“myWeb”站点，“TEXT”子目录下，有一个文本文件“作业13要求.txt”，双击打开“作业13要求.txt”，里面是作业13的要求。

一、作业要求

（1）做一个框架，也就是一个文件夹，里面存放网页。

（2）主题是名车风采。

（3）框架包括3块：上面一块，是一个网页；左边一块，是一个网页；右边一块，是一个网页。

（4）上面一块，是标题。

（5）左边一块，是名车的名字，每个名字都是链接。

（6）当点击一个名车名字（链接）之后，名车的照片出现在右边的网页中。

二、作业解答

（1）点击“myWeb”站点→右击“HTML”子目录→在弹出的下拉列表中，点击第二项“新建文件夹”→修改文件夹的名字为“作业 13 答案”。

（2）右击“作业 13 答案”文件夹→在弹出的下拉列表中，点击第一项“新建文件”→修改文件的名字为“main.html”→双击打开“main.html”。

（3）在网页“main.html”中→点击“标题”右边的文本框→用鼠标选择文本框中的文字“无标题文档”→输入标题“main”→回车。

（4）点击“main.html”标签→点击“设计”视图→点击网页，光标在闪烁→点击“插入”菜单→“HTML”→“框架”→“上方及左侧嵌套”。

弹出“框架标签辅助功能属性”对话框，为每一框架制定一个标题，其中，对框架“mainFrame”指定标题“mainFrame”；对框架“topFrame”指定标题“topFrame”；对框架“leftFrame”指定标题“leftFrame”。点击“确定”按钮。

（5）页面左上角的标签是“UntitledFrameset”，表示未命名的框架集合，“标题”右边文本框中的内容，是“无标题文档”。

点击“标题”右边的文本框，用鼠标选择其中的内容“无标题文档”→输入“index”，回车。

按“Ctrl+S”组合键（或者点击“文件”→“保存框架页”；或者点击“文件”→“框架集另存为”；或者点击“文件”→“保存全部”），在弹出的“另存为”对话框中，将当前网页存储在“Dreamweaver”文件夹→“HTML”子文件夹→“作业 13 答案”子文件夹，文件名为“index”→点击“保存”按钮。

（6）整个页面分成 3 块：上边一块、左边一块、右边一块。

用鼠标点击上边一块，光标闪烁，左上角的标签为“UntitledFrame”，“标题”右边文本框中的内容，是“无标题文档”。点击“标题”右边的文本框，用鼠标选择其中的内容“无标题文档”→输入“top”→回车。按“Ctrl+S”组合键，在弹出的“另存为”对话框中，将当前网页存储在“Dreamweaver”文件夹→“HTML”子文件夹→“作业 13 答案”子文件夹中，文件名为“top”→按“Ctrl+S”保存。

用鼠标点击左边一块，光标闪烁，左上角的标签为“UntitledFrame”，“标题”右边文本框中的内容，是“无标题文档”。点击“标题”右边的文本框，用鼠标选择其中的内容“无标题文档”→输入“left”→回车。按“Ctrl+S”组合键，在弹出的“另存为”对话框中，将当前网页存储在“Dreamweaver”文件夹→“HTML”子文件夹→“作业 13 答案”子文件夹中，文件名为“left”→按“Ctrl+S”保存。

到现在为止，“Dreamweaver”文件夹→“HTML”子文件夹→“作业 13 答案”子文件夹中，共有 4 个网页文件：index.html、top.html、left.html、main.html。

（7）点击“窗口”菜单→“框架”，弹出来“框架”浮动面板。“框架”浮动面板分成 3 块：topFrame、leftFrame、mainFrame。

（8）点击“框架”浮动面板中的“topFrame”左上角那个点，同时选中 topFrame、leftFrame、mainFrame 这 3 块，也就是选中整个框架。在“属性”面板中进行编辑。

点击“边框”右边的下拉列表→在弹出的下拉列表中选择“是”。

点击“边框颜色”右边的颜色面板→选择红色。

点击“边框宽度”右边的文本框→输入“3”→回车→“Ctrl+S”保存。

（9）点击“框架”浮动面板中的“topFrame”这一块，在“属性”面板中进行编辑。

点击“边框”右边的下拉列表→在弹出的下拉列表中选择“是”。

点击“边框颜色”右边的颜色面板→选择红色。

点击“滚动”右边的下拉列表→在弹出的下拉列表中选择“是”。

取消勾选“不能调整大小”前面的复选框。

点击“边界宽度”右边的文本框→输入“3”→回车。

点击“边界高度”右边的文本框→输入“3”→回车→“Ctrl+S”保存。

（10）点击“框架”浮动面板中的“leftFrame”左上角那个点，同时选中 leftFrame、mainFrame 这 2 块。在“属性”面板中进行编辑。

点击“边框”右边的下拉列表→在弹出的下拉列表中选择“是”。

点击“边框颜色”右边的颜色面板→选择红色。

点击“边框宽度”右边的文本框→输入“3”→回车→“Ctrl+S”保存。

（11）点击“框架”浮动面板中的“leftFrame”这一块，在“属性”面板中进行编辑。

点击“边框”右边的下拉列表→在弹出的下拉列表中选择“是”。

点击“边框颜色”右边的颜色面板→选择红色。

点击“滚动”右边的下拉列表→在弹出的下拉列表中选择“是”。

取消勾选“不能调整大小”前面的复选框。也就是能调整大小。

点击“边界宽度”右边的文本框→输入“3”→回车。

点击“边界高度”右边的文本框→输入“3”→回车→“Ctrl+S”保存。

（12）点击“框架”浮动面板中的“mainFrame”这一块，在“属性”面板中进行编辑。

点击“边框”右边的下拉列表→在弹出的下拉列表中选择“是”。

点击“边框颜色”右边的颜色面板→选择红色。

点击“滚动”右边的下拉列表→在弹出的下拉列表中选择“是”。

取消勾选“不能调整大小”前面的复选框。也就是能调整大小。

点击“边界宽度”右边的文本框→输入“3”→回车。

点击“边界高度”右边的文本框→输入“3”→回车→“Ctrl+S”保存。

（13）点击页面中上面这一块，也就是“top.html”。左上角的网页标签是“top.html”，“标题”右边的文本框，内容是“top”。

输入“名车风采”→点击“属性”面板中的“页面属性”按钮→在弹出的“页面属性”对话框中进行设置→在左边的“分类”栏中，点击“外观（CSS）”→在右边的“外观（CSS）”栏中，点击“页面字体”右边的可编辑下拉列表，输入“隶书”→点击“大小”右边的可编辑下拉列表，输入（或者在下拉列表中选择）“72”→点击“文本颜色”右边的文本框，输入“blue”→点击“背景颜色”右边的文本框，输入“yellow”→点击“确定”按钮。

用鼠标选择“名车风采”这几个字→点击“属性”面板中的“CSS”按钮→点击“居中对齐”图标。

top.html 中字体太大，把光标移动到 top.html 网页的下边缘之上，形成一个上下的双箭头光标，用鼠标向下拖动 top.html 的下边框，使得 topFrame 这一块变大。

（14）点击页面中上面这一块，也就是“left.html”。左上角的网页标签是“left.html”，“标题”右边的文本框，内容是“left”。

输入“宝马车”→点击“属性”面板中的“页面属性”按钮→在弹出的“页面属性”对话框中进行设置→在左边的“分类”栏中，点击“外观（CSS）”→在右边的“外观（CSS）”栏中，点击“页面字体”右边的可编辑下拉列表，输入“隶书”→点击“大小”右边的可编辑下拉列表，输入（或者在下拉列表中选择）“36”→点击“文本颜色”右边的文本框，输入“black”→点击“背景颜色”右边的文本框，输入“pink”→点击“确定”按钮。

用鼠标选择“宝马车”这几个字→点击“属性”面板中的“CSS”按钮→点击“左对齐”图标。

left.html 中字体太大，把光标移动到 left.html 网页的右边缘之上，形成一个左右的双箭头光标，用鼠标向右拖动 left.html 的右边框，使得 leftFrame 这一块变大。

把光标移动到“宝马车”几个字的后面，回车→输入“丰田车”，回车→输入“奔驰车”，回车→输入“奥迪车”，回车→输入“本田车”，回车→输入“路虎车”，回车→输入“福特车”，回车→输入“别克车”，回车→输入“捷豹车”，回车。

（15）用鼠标选择“宝马车”这几个字→点击“属性”面板→点击“HTML”按钮→里面有“链接”两个字→右边有一个文本框→右边有个一个“指向文件”图标→右边有个“浏览文件”图标。用鼠标点击“指向文件”图标，按住鼠标不放，拖动鼠标到子文件夹“IMAGE”下的图片文件“宝马车.jpg”，或者点击“浏览文件”图标，在打开的“选择文件”对话框中，选择“Dreamweaver”子文件夹“IMAGE”下的图片文件“宝马车.jpg”，然后点击“确定”按钮。“链接”后面的文本框中，显示的文本是“../../IMAGE/宝马车.jpg”。“目标”两个字的右面，是一个下拉列表，点击下拉列表，在下拉列表中选择“mainFrame”。注意，一定要在下拉列表中选择“mainFrame”。

（16）用鼠标选择“丰田车”这几个字→点击“属性”面板→点击“HTML”按钮→里面有“链接”两个字→右边有一个文本框→右边有个一个“指向文件”图标→右边有个“浏览文件”图标。用鼠标点击“指向文件”图标，按住鼠标不放，拖动鼠标到子文件夹“IMAGE”下的图片文件“丰田车.jpg”，或者点击“浏览文件”图标，在打开的“选择文件”对话框中，选择“Dreamweaver”子文件夹“IMAGE”下的图片文件“丰田车.jpg”，然后点击“确定”按钮。“链接”后面的文本框中，显示的文本是“../../IMAGE/丰田车.jpg”。“目标”两个字的右面，是一个下拉列表，点击下拉列表，在下拉列表中选择“mainFrame”。

（17）用鼠标选择“奔驰车”这几个字→点击“属性”面板→点击“HTML”按钮→里面有“链接”两个字→右边有一个文本框→右边有个一个“指向文件”图标→右边有个“浏览文件”图标。用鼠标点击“指向文件”图标，按住鼠标不放，拖动鼠标到子文件夹“IMAGE”下的图片文件“奔驰车.jpg”，或者点击“浏览文件”图标，在打开的“选择文件”对话框中，选择“Dreamweaver”子文件夹“IMAGE”下的图片文件“奔驰车.jpg”，然后点击“确定”按钮。“链接”后面的文本框中，显示的文本是“../../IMAGE/奔驰车.jpg”。“目标”两个字的右面，是一个下拉列表，点击下拉列表，在下拉列表中选择“mainFrame”。

（18）用鼠标选择“奥迪车”这几个字→点击“属性”面板→点击“HTML”按钮→里面有“链接”两个字→右边有一个文本框→右边有个一个“指向文件”图标→右边有个“浏览文件”图标。用鼠标点击“指向文件”图标，按住鼠标不放，拖动鼠标到子文件夹“IMAGE”下的图片文件“奥迪车.jpg”，或者点击“浏览文件”图标，在打开的“选择文件”对话框中，选择“Dreamweaver”子文件夹“IMAGE”下的图片文件“奥迪车.jpg”，然后点击“确定”按钮。“链接”后面的文本框中，显示的文本是“../../IMAGE/奥迪车.jpg”。“目标”两个字的右面，是一个下拉列表，点击下拉列表，在下拉列表中选择“mainFrame”。

（19）用鼠标选择“本田车”这几个字→点击“属性”面板→点击“HTML”按钮→里面有“链接”两个字→右边有一个文本框→右边有个一个“指向文件”图标→右边有个“浏览文件”图标。用鼠标点击“指向文件”图标，按住鼠标不放，拖动鼠标到子文件夹“IMAGE”下的图片文件“本田车.jpg”，或者点击“浏览文件”图标，在打开的“选择文件”对话框中，选择“Dreamweaver”子文件夹“IMAGE”下的图片文件“本田车.jpg”，然后点击“确定”按钮。“链接”后面的文本框中，显示的文本是“../../IMAGE/本田车.jpg”。“目标”两个字的右面，是一个下拉列表，点击下拉列表，在下拉列表中选择“mainFrame”。

（20）用鼠标选择“路虎车”这几个字→点击“属性”面板→点击“HTML”按钮→里面有“链接”两个字→右边有一个文本框→右边有个一个“指向文件”图标→右边有个“浏览文件”图标。用鼠标点击“指向文件”图标，按住鼠标不放，拖动鼠标到子文件夹“IMAGE”下的图片文件“路虎车.jpg”，或者点击“浏览文件”图标，在打开的“选择文件”对话框中，选择“Dreamweaver”子文件夹“IMAGE”下的图片文件“路虎车.jpg”，然后点击“确定”按钮。“链接”后面的文本框中，显示的文本是“../../IMAGE/路虎车.jpg”。“目标”两个字的右面，是一个下拉列表，点击下拉列表，在下拉列表中选择“mainFrame”。

（21）用鼠标选择“福特车”这几个字→点击“属性”面板→点击“HTML”按钮→里面有“链接”两个字→右边有一个文本框→右边有个一个“指向文件”图标→右边有个“浏览文件”图标。用鼠标点击“指向文件”图标，按住鼠标不放，拖动鼠标到子文件夹“IMAGE”下的图片文件“福特车.jpg”，或者点击“浏览文件”图标，在打开的“选择文件”对话框中，选择“Dreamweaver”子文件夹“IMAGE”下的图片文件“福特车.jpg”，然后点击“确定”按钮。“链接”后面的文本框中，显示的文本是“../../IMAGE/福特车.jpg”。“目标”两个字的右面，是一个下拉列表，点击下拉列表，在下拉列表中选择“mainFrame”。

（22）用鼠标选择“别克车”这一个字→点击“属性”面板→点击“HTML”按钮→里面有“链接”两个字→右边有一个文本框→右边有个一个“指向文件”图标→右边有个“浏览文件”图标。用鼠标点击“指向文件”图标，按住鼠标不放，拖动鼠标到子文件夹“IMAGE”下的图片文件“别克车.jpg”，或者点击“浏览文件”图标，在打开的“选择文件”对话框中，选择“Dreamweaver”子文件夹“IMAGE”下的图片文件“别克车.jpg”，然后点击“确定”按钮。“链接”后面的文本框中，显示的文本是“../../IMAGE/别克车.jpg”。“目标”两个字的右面，是一个下拉列表，点击下拉列表，在下拉列表中选择“mainFrame”。

（23）用鼠标选择“捷豹车”这几个字→点击“属性”面板→点击“HTML”按钮→里面有“链接”两个字→右边有一个文本框→右边有个一个“指向文件”图标→右边有个“浏览文件”图标。用鼠标点击“指向文件”图标，按住鼠标不放，拖动鼠标到子文件夹“IMAGE”下的图片文件“捷豹车.jpg”，或者点击“浏览文件”图标，在打开的“选择文件”对话框中，选择“Dreamweaver”子文件夹“IMAGE”下的图片文件“捷豹车.jpg”，然后点击“确定”按钮。“链接”后面的文本框中，显示的文本是“../../IMAGE/捷豹车.jpg”。“目标”两个字的右面，是一个下拉列表，点击下拉列表，在下拉列表中选择“mainFrame”。

（24）双击打开“main.html”网页，添加网页的背景音乐。点击“代码”视图→找到“<body>”标签，把光标移动到“<body>”标签的后面→回车→在英文状态下输入“<bgsound”→按空格键→在弹出的标签下拉列表中双击“src”标签→点击弹出的“浏览”按钮（或者回车）→在弹出的“选择文件”对话框中，选择“SOUND”子文件夹下的“高山流水.mp3”→按空格键→在弹出的标签下拉列表中双击“loop”（或者回车）→双击弹出的“-1”标签，表示无限次的循环播放歌曲→在英文状态下输入“/>”。

对应的 html 代码为：“<bgsound src="../../SOUND/高山流水.mp3" loop="-1"/>”。

（25）按“文件”菜单→“保存全部”，保存所有的网页→双击打开“index.html”→按“F12”查看网页的编辑效果。

第六节 作　业　14

本作业继续做框架。点击“myWeb”站点，“TEXT”子目录下，有一个文本文件“作业 14 要求.txt”，双击打开“作业 14 要求.txt”，里面是作业 14 的要求。

一、作业要求

（1）做一个框架，也就是一个文件夹，里面存放网页。

（2）主题是汶川地震。

（3）框架包括 3 块：上面一块，是一个网页；左边一块，是一个网页；右边一块，是一个网页。

（4）上面一块，是标题。

（5）左边一块，是图片的名字，每个名字都是链接。

（6）当点击一个图片名字（链接）之后，对应的照片出现在右边的网页中。

二、作业解答

（1）点击“myWeb”站点→右击“HTML”子目录→在弹出的下拉列表中，点击第二项“新建文件夹”→修改文件夹的名字为“作业 14 答案”。

（2）右击“作业 14 答案”文件夹→在弹出的下拉列表中，点击第一项“新建文件”→修改文件的名字为“main.html”→双击打开“main.html”。

（3）在网页“main.html”中→点击“标题”右边的文本框→用鼠标选择文本框中的文字“无标题文档”→输入标题“main”→回车。

（4）点击“main.html”标签→点击“设计”视图→点击网页，光标在闪烁→点击“插入”菜单→“HTML”→“框架”→“上方及左侧嵌套”。

弹出“框架标签辅助功能属性”对话框，为每一框架制定一个标题，其中，对框架“mainFrame”指定标题“mainFrame”；对框架“topFrame”指定标题“topFrame”；对框架“leftFrame”指定标题“leftFrame”。点击“确定”按钮。

（5）页面左上角的标签是“UntitledFrameset”，表示未命名的框架集合，“标题”右边文本框中的内容，是“无标题文档”。

点击“标题”右边的文本框，用鼠标选择其中的内容“无标题文档”→输入“index”，回车。

按“Ctrl+S”组合键（或者点击“文件”→“保存框架页”；或者点击“文件”→“框架集另存为”；或者点击“文件”→“保存全部”），在弹出的“另存为”对话框中，将当前网页存储在“Dreamweaver”文件夹→“HTML”子文件夹→“作业 14 答案”子文件夹，文件名为“index”→点击“保存”按钮。

（6）整个页面分成 3 块：上边一块、左边一块、右边一块。

用鼠标点击上边一块，光标闪烁，左上角的标签为“UntitledFrame”，“标题”右边文本框中的内容，是“无标题文档”。点击“标题”右边的文本框，用鼠标选择其中的内容“无标题文档”→输入“top”→回车。按“Ctrl+S”组合键，在弹出的“另存为”对话框中，将当前网页存储在“Dreamweaver”文件夹→“HTML”子文件夹→“作业 14 答案”子文件夹中，文件名为“top”→按“Ctrl+S”保存。

用鼠标点击左边一块，光标闪烁，左上角的标签为“UntitledFrame”，“标题”右边文本框中的内容，是“无标题文档”。点击“标题”右边的文本框，用鼠标选择其中的内容“无标题文档”→输入“left”→回车。按“Ctrl+S”组合键，在弹出的“另存为”对话框中，将当前网页存储在“Dreamweaver”文件夹→“HTML”子文件夹→“作业 14 答案”子文件夹中，文件名为“left”→按“Ctrl+S”保存。

到现在为止，“Dreamweaver”文件夹→“HTML”子文件夹→“作业 14 答案”子文件夹中，共有 4 个网页文件：index.html、top.html、left.html、main.html。

（7）点击“窗口”菜单→“框架”，弹出来“框架”浮动面板。“框架”浮动面板分成 3 块：topFrame、leftFrame、mainFrame。

（8）点击“框架”浮动面板中的“topFrame”左上角那个点，同时选中 topFrame、leftFrame、mainFrame 这 3 块，也就是选中整个框架。在“属性”面板中进行编辑。

点击“边框”右边的下拉列表→在弹出的下拉列表中选择“是”。

点击“边框颜色”右边的颜色面板→选择红色。

点击“边框宽度”右边的文本框→输入“3”→回车→“Ctrl+S”保存。

（9）点击“框架”浮动面板中的“topFrame”这一块，在“属性”面板中进行编辑。

点击“边框”右边的下拉列表→在弹出的下拉列表中选择“是”。

点击“边框颜色”右边的颜色面板→选择红色。

点击“滚动”右边的下拉列表→在弹出的下拉列表中选择“是”。

取消勾选“不能调整大小”前面的复选框。

点击“边界宽度”右边的文本框→输入“3”→回车。

点击“边界高度”右边的文本框→输入“3”→回车→“Ctrl+S”保存。

（10）点击“框架”浮动面板中的“leftFrame”左上角那个点，同时选中 leftFrame、mainFrame 这 2 块。在“属性”面板中进行编辑。

点击“边框”右边的下拉列表→在弹出的下拉列表中选择“是”。

点击“边框颜色”右边的颜色面板→选择红色。

点击“边框宽度”右边的文本框→输入“3”→回车→“Ctrl+S”保存。

（11）点击“框架”浮动面板中的“leftFrame”这一块，在“属性”面板中进行编辑。

点击“边框”右边的下拉列表→在弹出的下拉列表中选择“是”。

点击“边框颜色”右边的颜色面板→选择红色。

点击“滚动”右边的下拉列表→在弹出的下拉列表中选择“是”。

取消勾选“不能调整大小”前面的复选框。也就是能调整大小。

点击“边界宽度”右边的文本框→输入“3”→回车。

点击“边界高度”右边的文本框→输入“3”→回车→“Ctrl+S”保存。

（12）点击“框架”浮动面板中的“mainFrame”这一块，在“属性”面板中进行编辑。

点击“边框”右边的下拉列表→在弹出的下拉列表中选择“是”。

点击“边框颜色”右边的颜色面板→选择红色。

点击“滚动”右边的下拉列表→在弹出的下拉列表中选择“是”。

取消勾选“不能调整大小”前面的复选框。也就是能调整大小。

点击“边界宽度”右边的文本框→输入“3”→回车。

点击“边界高度”右边的文本框→输入“3”→回车→“Ctrl+S”保存。

（13）点击页面中上面这一块，也就是“top.html”。左上角的网页标签是“top.html”，“标题”右边的文本框，内容是“top”。

输入“汶川地震”→点击“属性”面板中的“页面属性”按钮→在弹出的“页面属性”对话框中进行设置→在左边的“分类”栏中，点击“外观（CSS）”→在右边的“外观（CSS）”栏中，点击“页面字体”右边的可编辑下拉列表，输入“隶书”→点击“大小”右边的可编辑下拉列表，输入（或者在下拉列表中选择）“72”→点击“文本颜色”右边的文本框，输入“blue”→点击“背景颜色”右边的文本框，输入“yellow”→点击“确定”按钮。

用鼠标选择“汶川地震”这几个字→点击“属性”面板中的“CSS”按钮→点击“居中对齐”图标。

top.html 中字体太大，把光标移动到 top.html 网页的下边缘之上，形成一个上下的双箭头光标，用鼠标向下拖动 top.html 的下边框，使得 topFrame 这一块变大。

（14）点击页面中上面这一块，也就是“left.html”。左上角的网页标签是“left.html”，“标题”右边的文本框，内容是“left”。

输入“宝宝”→点击“属性”面板中的“页面属性”按钮→在弹出的“页面属性”对话框中进行设置→在左边的“分类”栏中，点击“外观（CSS）”→在右边的“外观（CSS）”

栏中，点击“页面字体”右边的可编辑下拉列表，输入“隶书”→点击“大小”右边的可编辑下拉列表，输入（或者在下拉列表中选择）“36”→点击“文本颜色”右边的文本框，输入“black”→点击“背景颜色”右边的文本框，输入“pink”→点击“确定”按钮。

用鼠标选择“宝宝”这几个字→点击“属性”面板中的“CSS”按钮→点击“左对齐”图标。

left.html 中字体太大，把光标移动到 left.html 网页的右边缘之上，形成一个左右的双箭头光标，用鼠标向右拖动 left.html 的右边框，使得 leftFrame 这一块变大。

把光标移动到“宝宝”几个字的后面，回车→输入“哺乳”，回车→输入“惨状”，回车→输入“雕塑”，回车→输入“纪念”，回车→输入“解放军”，回车→输入“祈福”，回车→输入“抢救”，回车→输入“搜救”，回车。

（15）用鼠标选择“宝宝”这几个字→点击“属性”面板→点击“HTML”按钮→里面有“链接”两个字→右边有一个文本框→右边有个一个“指向文件”图标→右边有个“浏览文件”图标。用鼠标点击“指向文件”图标，按住鼠标不放，拖动鼠标到子文件夹“IMAGE”下的图片文件“汶川地震之宝宝.jpg”，或者点击“浏览文件”图标，在打开的“选择文件”对话框中，选择“Dreamweaver”子文件夹“IMAGE”下的图片文件“汶川地震之宝宝.jpg”，然后点击“确定”按钮。“链接”后面的文本框中，显示的文本是“../../IMAGE/汶川地震之宝宝.jpg”。“目标”两个字的右面，是一个下拉列表，点击下拉列表，在下拉列表中选择“mainFrame”。注意，一定要在下拉列表中选择“mainFrame”。

（16）用鼠标选择“哺乳”这几个字→点击“属性”面板→点击“HTML”按钮→里面有“链接”两个字→右边有一个文本框→右边有个一个“指向文件”图标→右边有个“浏览文件”图标。用鼠标点击“指向文件”图标，按住鼠标不放，拖动鼠标到子文件夹“IMAGE”下的图片文件“汶川地震之哺乳.jpg”，或者点击“浏览文件”图标，在打开的“选择文件”对话框中，选择“Dreamweaver”子文件夹“IMAGE”下的图片文件“汶川地震之哺乳.jpg”，然后点击“确定”按钮。“链接”后面的文本框中，显示的文本是“../../IMAGE/汶川地震之哺乳.jpg”。“目标”两个字的右面，是一个下拉列表，点击下拉列表，在下拉列表中选择“mainFrame”。

（17）用鼠标选择“惨状”这几个字→点击“属性”面板→点击“HTML”按钮→里面有“链接”两个字→右边有一个文本框→右边有个一个“指向文件”图标→右边有个“浏览文件”图标。用鼠标点击“指向文件”图标，按住鼠标不放，拖动鼠标到子文件夹“IMAGE”下的图片文件“汶川地震之惨状.jpg”，或者点击“浏览文件”图标，在打开的“选择文件”对话框中，选择“Dreamweaver”子文件夹“IMAGE”下的图片文件“汶川地震之惨状.jpg”，然后点击“确定”按钮。“链接”后面的文本框中，显示的文本是“../../IMAGE/汶川地震之惨状.jpg”。“目标”两个字的右面，是一个下拉列表，点击下拉列表，在下拉列表中选择“mainFrame”。

（18）用鼠标选择“雕塑”这几个字→点击“属性”面板→点击“HTML”按钮→里面有“链接”两个字→右边有一个文本框→右边有个一个“指向文件”图标→右边有个“浏览文件”图标。用鼠标点击“指向文件”图标，按住鼠标不放，拖动鼠标到子文件夹“IMAGE”下的图片文件“汶川地震之雕塑.jpg”，或者点击“浏览文件”图标，在打开的“选择文件”对话框中，选择“Dreamweaver”子文件夹“IMAGE”下的图片文件“汶川地震之雕塑.jpg”，然后点击“确定”按钮。“链接”后面的文本框中，显示的文本是“../../IMAGE/汶川地震之雕塑.jpg”。“目标”两个字的右面，是一个下拉列表，点击下拉列表，在下拉列表中选择“mainFrame”。

（19）用鼠标选择“纪念”这几个字→点击“属性”面板→点击“HTML”按钮→里面有“链接”两个字→右边有一个文本框→右边有个一个“指向文件”图标→右边有个“浏览文件”图标。用鼠标点击“指向文件”图标，按住鼠标不放，拖动鼠标到子文件夹“IMAGE”下的图片文件“汶川地震之纪念.jpg”，或者点击“浏览文件”图标，在打开的“选择文件”对话框中，选择“Dreamweaver”子文件夹“IMAGE”下的图片文件“汶川地震之纪念.jpg”，然后点击“确定”按钮。“链接”后面的文本框中，显示的文本是“../../IMAGE/汶川地震之纪念.jpg”。“目标”两个字的右面，是一个下拉列表，点击下拉列表，在下拉列表中选择“mainFrame”。

（20）用鼠标选择“解放军”这几个字→点击“属性”面板→点击“HTML”按钮→里面有“链接”两个字→右边有一个文本框→右边有个一个“指向文件”图标→右边有个“浏览文件”图标。用鼠标点击“指向文件”图标，按住鼠标不放，拖动鼠标到子文件夹“IMAGE”下的图片文件“汶川地震之解放军.jpg”，或者点击“浏览文件”图标，在打开的“选择文件”对话框中，选择“Dreamweaver”子文件夹“IMAGE”下的图片文件“汶川地震之解放军.jpg”，然后点击“确定”按钮。“链接”后面的文本框中，显示的文本是“../../IMAGE/汶川地震之解放军.jpg”。“目标”两个字的右面，是一个下拉列表，点击下拉列表，在下拉列表中选择“mainFrame”。

（21）用鼠标选择“祈福”这几个字→点击“属性”面板→点击“HTML”按钮→里面有“链接”两个字→右边有一个文本框→右边有个一个“指向文件”图标→右边有个“浏览文件”图标。用鼠标点击“指向文件”图标，按住鼠标不放，拖动鼠标到子文件夹“IMAGE”下的图片文件“汶川地震之祈福.jpg”，或者点击“浏览文件”图标，在打开的“选择文件”对话框中，选择“Dreamweaver”子文件夹“IMAGE”下的图片文件“汶川地震之祈福.jpg”，然后点击“确定”按钮。“链接”后面的文本框中，显示的文本是“../../IMAGE/汶川地震之祈福.jpg”。“目标”两个字的右面，是一个下拉列表，点击下拉列表，在下拉列表中选择“mainFrame”。

（22）用鼠标选择“抢救”这一个字→点击“属性”面板→点击“HTML”按钮→里面有“链接”两个字→右边有一个文本框→右边有个一个“指向文件”图标→右边有个“浏览文件”图标。用鼠标点击“指向文件”图标，按住鼠标不放，拖动鼠标到子文件夹“IMAGE”下的图片文件“汶川地震之抢救.jpg”，或者点击“浏览文件”图标，在打开的“选择文件”对话框中，选择“Dreamweaver”子文件夹“IMAGE”下的图片文件“汶川地震之抢救.jpg”，然后点击“确定”按钮。“链接”后面的文本框中，显示的文本是“../../IMAGE/汶川地震之抢救.jpg”。“目标”两个字的右面，是一个下拉列表，点击下拉列表，在下拉列表中选择“mainFrame”。

（23）用鼠标选择“搜救”这几个字→点击“属性”面板→点击“HTML”按钮→里面有“链接”两个字→右边有一个文本框→右边有个一个“指向文件”图标→右边有个

“浏览文件”图标。用鼠标点击“指向文件”图标，按住鼠标不放，拖动鼠标到子文件夹“IMAGE”下的图片文件“汶川地震之搜救.jpg”，或者点击“浏览文件”图标，在打开的“选择文件”对话框中，选择“Dreamweaver”子文件夹“IMAGE”下的图片文件“汶川地震之搜救.jpg”，然后点击“确定”按钮。“链接”后面的文本框中，显示的文本是“../../IMAGE/汶川地震之搜救.jpg”。“目标”两个字的右面，是一个下拉列表，点击下拉列表，在下拉列表中选择“mainFrame”。

（24）双击打开“main.html”网页，添加网页的背景音乐。点击“代码”视图→找到“<body>”标签，把光标移动到“<body>”标签的后面→回车→在英文状态下输入“<bgsound”→按空格键→在弹出的标签下拉列表中双击“src”标签→点击弹出的“浏览”按钮（或者回车）→在弹出的“选择文件”对话框中，选择“SOUND”子文件夹下的“高山流水.mp3”→按空格键→在弹出的标签下拉列表中双击“loop”（或者回车）→双击弹出的“-1”标签，表示无限次的循环播放歌曲→在英文状态下输入“/>”。

对应的 html 代码为：“<bgsound src="../../SOUND/高山流水.mp3" loop="-1"/>”。

（25）按“文件”菜单→“保存全部”，保存所有的网页→双击打开“index.html”→按“F12”查看网页的编辑效果。

第七节 作 业 15

本作业继续做框架。点击“myWeb”站点，“TEXT”子目录下，有一个文本文件“作业 15 要求.txt”，双击打开“作业 15 要求.txt”，里面是作业 15 的要求。

一、作业要求

（1）做一个框架，也就是一个文件夹，里面存放网页。

（2）主题是 flash 动画。

（3）框架包括 3 块：上面一块，是一个网页；左边一块，是一个网页；右边一块，是一个网页。

（4）上面一块，是标题。

（5）左边一块，是 flash 动画的名字，每个 flash 动画名字都是链接。

（6）当点击一个 flash 动画名字（链接）之后，对应的 flash 动画出现在右边的网页中。

二、作业解答

（1）点击“myWeb”站点→右击“HTML”子目录→在弹出的下拉列表中，点击第二项“新建文件夹”→修改文件夹的名字为“作业 15 答案”。

（2）右击“作业 15 答案”文件夹→在弹出的下拉列表中，点击第一项“新建文件”→修改文件的名字为“main.html”→双击打开“main.html”。

（3）在网页“main.html”中→点击“标题”右边的文本框→用鼠标选择文本框中的文字“无标题文档”→输入标题“main”→回车。

（4）点击“main.html”标签→点击“设计”视图→点击网页，光标在闪烁→点击“插入”菜单→“HTML”→“框架”→“上方及左侧嵌套”。

弹出“框架标签辅助功能属性”对话框，为每一框架制定一个标题，其中，对框架

“mainFrame”指定标题“mainFrame”；对框架“topFrame”指定标题“topFrame”；对框架“leftFrame”指定标题“leftFrame”。点击“确定”按钮。

（5）页面左上角的标签是“UntitledFrameset”，表示未命名的框架集合，“标题”右边文本框中的内容，是“无标题文档”。

点击“标题”右边的文本框，用鼠标选择其中的内容“无标题文档”→输入“index”，回车。

按“Ctrl+S”组合键（或者点击“文件”→“保存框架页”；或者点击“文件”→“框架集另存为”；或者点击“文件”→“保存全部”），在弹出的“另存为”对话框中，将当前网页存储在“Dreamweaver”文件夹→“HTML”子文件夹→“作业 15 答案”子文件夹，文件名为“index”→点击“保存”按钮。

（6）整个页面分成 3 块：上边一块、左边一块、右边一块。

用鼠标点击上边一块，光标闪烁，左上角的标签为“UntitledFrame”，“标题”右边文本框中的内容，是“无标题文档”。点击“标题”右边的文本框，用鼠标选择其中的内容“无标题文档”→输入“top”→回车。按“Ctrl+S”组合键，在弹出的“另存为”对话框中，将当前网页存储在“Dreamweaver”文件夹→“HTML”子文件夹→“作业 15 答案”子文件夹中，文件名为“top”→按“Ctrl+S”保存。

用鼠标点击左边一块，光标闪烁，左上角的标签为“UntitledFrame”，“标题”右边文本框中的内容，是“无标题文档”。点击“标题”右边的文本框，用鼠标选择其中的内容“无标题文档”→输入“left”→回车。按“Ctrl+S”组合键，在弹出的“另存为”对话框中，将当前网页存储在“Dreamweaver”文件夹→“HTML”子文件夹→“作业 15 答案”子文件夹中，文件名为“left”→按“Ctrl+S”保存。

到现在为止，“Dreamweaver”文件夹→“HTML”子文件夹→“作业 15 答案”子文件夹中，共有 4 个网页文件：index.html、top.html、left.html、main.html。

（7）点击“窗口”菜单→“框架”，弹出来“框架”浮动面板。“框架”浮动面板分成 3 块：topFrame、leftFrame、mainFrame。

（8）点击“框架”浮动面板中的“topFrame”左上角那个点，同时选中 topFrame、leftFrame、mainFrame 这 3 块，也就是选中整个框架。在“属性”面板中进行编辑。

点击“边框”右边的下拉列表→在弹出的下拉列表中选择“是”。

点击“边框颜色”右边的颜色面板→选择红色。

点击“边框宽度”右边的文本框→输入“3”→回车→“Ctrl+S”保存。

（9）点击“框架”浮动面板中的“topFrame”这一块，在“属性”面板中进行编辑。

点击“边框”右边的下拉列表→在弹出的下拉列表中选择“是”。

点击“边框颜色”右边的颜色面板→选择红色。

点击“滚动”右边的下拉列表→在弹出的下拉列表中选择“是”。

取消勾选“不能调整大小”前面的复选框。

点击“边界宽度”右边的文本框→输入“3”→回车。

点击“边界高度”右边的文本框→输入“3”→回车→“Ctrl+S”保存。

（10）点击“框架”浮动面板中的“leftFrame”左上角那个点，同时选中 leftFrame、

mainFrame 这 2 块。在“属性”面板中进行编辑。

点击“边框”右边的下拉列表→在弹出的下拉列表中选择“是”。

点击“边框颜色”右边的颜色面板→选择红色。

点击“边框宽度”右边的文本框→输入“3”→回车→“Ctrl+S”保存。

（11）点击“框架”浮动面板中的“leftFrame”这一块，在“属性”面板中进行编辑。

点击“边框”右边的下拉列表→在弹出的下拉列表中选择“是”。

点击“边框颜色”右边的颜色面板→选择红色。

点击“滚动”右边的下拉列表→在弹出的下拉列表中选择“是”。

取消勾选“不能调整大小”前面的复选框。也就是能调整大小。

点击“边界宽度”右边的文本框→输入“3”→回车。

点击“边界高度”右边的文本框→输入“3”→回车→“Ctrl+S”保存。

（12）点击“框架”浮动面板中的“mainFrame”这一块，在“属性”面板中进行编辑。

点击“边框”右边的下拉列表→在弹出的下拉列表中选择“是”。

点击“边框颜色”右边的颜色面板→选择红色。

点击“滚动”右边的下拉列表→在弹出的下拉列表中选择“是”。

取消勾选“不能调整大小”前面的复选框。也就是能调整大小。

点击“边界宽度”右边的文本框→输入“3”→回车。

点击“边界高度”右边的文本框→输入“3”→回车→“Ctrl+S”保存。

（13）点击页面中上面这一块，也就是“top.html”。左上角的网页标签是“top.html”，“标题”右边的文本框，内容是“top”。

输入“flash 动画”→点击“属性”面板中的“页面属性”按钮→在弹出的“页面属性”对话框中进行设置→在左边的“分类”栏中，点击“外观（CSS）”→在右边的“外观（CSS）”栏中，点击“页面字体”右边的可编辑下拉列表，输入“隶书”→点击“大小”右边的可编辑下拉列表，输入（或者在下拉列表中选择）“72”→点击“文本颜色”右边的文本框，输入“blue”→点击“背景颜色”右边的文本框，输入“yellow”→点击“确定”按钮。

用鼠标选择“flash 动画”这几个字→点击“属性”面板中的“CSS”按钮→点击“居中对齐”图标。

top.html 中字体太大，把光标移动到 top.html 网页的下边缘之上，形成一个上下的双箭头光标，用鼠标向下拖动 top.html 的下边框，使得 topFrame 这一块变大。

（14）点击页面中上面这一块，也就是“left.html”。左上角的网页标签是“left.html”，“标题”右边的文本框，内容是“left”。

输入“表”→点击“属性”面板中的“页面属性”按钮→在弹出的“页面属性”对话框中进行设置→在左边的“分类”栏中，点击“外观（CSS）”→在右边的“外观（CSS）”栏中，点击“页面字体”右边的可编辑下拉列表，输入“隶书”→点击“大小”右边的可编辑下拉列表，输入（或者在下拉列表中选择）“36”→点击“文本颜色”右边的文本框，输入“black”→点击“背景颜色”右边的文本框，输入“pink”→点击“确定”按钮。

用鼠标选择“表”这几个字→点击“属性”面板中的“CSS”按钮→点击“左对齐”

图标。

left.html 中字体太大，把光标移动到 left.html 网页的右边缘之上，形成一个左右的双箭头光标，用鼠标向右拖动 left.html 的右边框，使得 leftFrame 这一块变大。

把光标移动到“表”几个字的后面，回车→输入“光线聚焦”，回车→输入“广场朦胧”，回车→输入“描述轮廓”，回车→输入“七彩世界”，回车→输入“水中倒影”，回车→输入“跳动的心”，回车→输入“星光闪烁”，回车→输入“旋转”，回车。

（15）用鼠标选择“表”这几个字→点击“属性”面板→点击“HTML”按钮→里面有“链接”两个字→右边有一个文本框→右边有个一个“指向文件”图标→右边有个“浏览文件”图标。用鼠标点击“指向文件”图标，按住鼠标不放，拖动鼠标到子文件夹“IMAGE”下的动画文件“表.swf”，或者点击“浏览文件”图标，在打开的“选择文件”对话框中，选择“Dreamweaver”子文件夹“IMAGE”下的动画文件“表.swf”，然后点击“确定”按钮。“链接”后面的文本框中，显示的文本是“../../IMAGE/表.swf”。“目标”两个字的右面，是一个下拉列表，点击下拉列表，在下拉列表中选择“mainFrame”。注意，一定要在下拉列表中选择“mainFrame”。

（16）用鼠标选择“光线聚焦”这几个字→点击“属性”面板→点击“HTML”按钮→里面有“链接”两个字→右边有一个文本框→右边有个一个“指向文件”图标→右边有个“浏览文件”图标。用鼠标点击“指向文件”图标，按住鼠标不放，拖动鼠标到子文件夹“IMAGE”下的动画文件“光线聚焦.swf”，或者点击“浏览文件”图标，在打开的“选择文件”对话框中，选择“Dreamweaver”子文件夹“IMAGE”下的动画文件“光线聚焦.swf”，然后点击“确定”按钮。“链接”后面的文本框中，显示的文本是“../../IMAGE/光线聚焦.swf”。“目标”两个字的右面，是一个下拉列表，点击下拉列表，在下拉列表中选择“mainFrame”。

（17）用鼠标选择“广场朦胧”这几个字→点击“属性”面板→点击“HTML”按钮→里面有“链接”两个字→右边有一个文本框→右边有个一个“指向文件”图标→右边有个“浏览文件”图标。用鼠标点击“指向文件”图标，按住鼠标不放，拖动鼠标到子文件夹“IMAGE”下的动画文件“广场朦胧.swf”，或者点击“浏览文件”图标，在打开的“选择文件”对话框中，选择“Dreamweaver”子文件夹“IMAGE”下的动画文件“广场朦胧.swf”，然后点击“确定”按钮。“链接”后面的文本框中，显示的文本是“../../IMAGE/广场朦胧.swf”。“目标”两个字的右面，是一个下拉列表，点击下拉列表，在下拉列表中选择“mainFrame”。

（18）用鼠标选择“描述轮廓”这几个字→点击“属性”面板→点击“HTML”按钮→里面有“链接”两个字→右边有一个文本框→右边有个一个“指向文件”图标→右边有个“浏览文件”图标。用鼠标点击“指向文件”图标，按住鼠标不放，拖动鼠标到子文件夹“IMAGE”下的动画文件“描述轮廓.swf”，或者点击“浏览文件”图标，在打开的“选择文件”对话框中，选择“Dreamweaver”子文件夹“IMAGE”下的动画文件“描述轮廓.swf”，然后点击“确定”按钮。“链接”后面的文本框中，显示的文本是“../../IMAGE/描述轮廓.swf”。“目标”两个字的右面，是一个下拉列表，点击下拉列表，在下拉列表中选择“mainFrame”。

（19）用鼠标选择“七彩世界”这几个字→点击“属性”面板→点击“HTML”按钮→里面有“链接”两个字→右边有一个文本框→右边有个一个“指向文件”图标→右边有个“浏览文件”图标。用鼠标点击“指向文件”图标，按住鼠标不放，拖动鼠标到子文件夹“IMAGE”下的动画文件“七彩世界.swf”，或者点击“浏览文件”图标，在打开的“选择文件”对话框中，选择“Dreamweaver”子文件夹“IMAGE”下的动画文件“七彩世界.swf”，然后点击“确定”按钮。“链接”后面的文本框中，显示的文本是“../../IMAGE/七彩世界.swf”。“目标”两个字的右面，是一个下拉列表，点击下拉列表，在下拉列表中选择“mainFrame”。

（20）用鼠标选择“水中倒影”这几个字→点击“属性”面板→点击“HTML”按钮→里面有“链接”两个字→右边有一个文本框→右边有个一个“指向文件”图标→右边有个“浏览文件”图标。用鼠标点击“指向文件”图标，按住鼠标不放，拖动鼠标到子文件夹“IMAGE”下的动画文件“水中倒影.swf”，或者点击“浏览文件”图标，在打开的“选择文件”对话框中，选择“Dreamweaver”子文件夹“IMAGE”下的动画文件“水中倒影.swf”，然后点击“确定”按钮。“链接”后面的文本框中，显示的文本是“../../IMAGE/水中倒影.swf”。“目标”两个字的右面，是一个下拉列表，点击下拉列表，在下拉列表中选择“mainFrame”。

（21）用鼠标选择“跳动的心”这几个字→点击“属性”面板→点击“HTML”按钮→里面有“链接”两个字→右边有一个文本框→右边有个一个“指向文件”图标→右边有个“浏览文件”图标。用鼠标点击“指向文件”图标，按住鼠标不放，拖动鼠标到子文件夹“IMAGE”下的动画文件“跳动的心.swf”，或者点击“浏览文件”图标，在打开的“选择文件”对话框中，选择“Dreamweaver”子文件夹“IMAGE”下的动画文件“跳动的心.swf”，然后点击“确定”按钮。“链接”后面的文本框中，显示的文本是“../../IMAGE/跳动的心.swf”。“目标”两个字的右面，是一个下拉列表，点击下拉列表，在下拉列表中选择“mainFrame”。

（22）用鼠标选择“星光闪烁”这一个字→点击“属性”面板→点击“HTML”按钮→里面有“链接”两个字→右边有一个文本框→右边有个一个“指向文件”图标→右边有个“浏览文件”图标。用鼠标点击“指向文件”图标，按住鼠标不放，拖动鼠标到子文件夹“IMAGE”下的动画文件“星光闪烁.swf”，或者点击“浏览文件”图标，在打开的“选择文件”对话框中，选择“Dreamweaver”子文件夹“IMAGE”下的动画文件“星光闪烁.swf”，然后点击“确定”按钮。“链接”后面的文本框中，显示的文本是“../../IMAGE/星光闪烁.swf”。“目标”两个字的右面，是一个下拉列表，点击下拉列表，在下拉列表中选择“mainFrame”。

（23）用鼠标选择“旋转”这几个字→点击“属性”面板→点击“HTML”按钮→里面有“链接”两个字→右边有一个文本框→右边有个一个“指向文件”图标→右边有个“浏览文件”图标。用鼠标点击“指向文件”图标，按住鼠标不放，拖动鼠标到子文件夹“IMAGE”下的动画文件“旋转.swf”，或者点击“浏览文件”图标，在打开的“选择文件”对话框中，选择“Dreamweaver”子文件夹“IMAGE”下的动画文件“旋转.swf”，然后点击“确定”按钮。“链接”后面的文本框中，显示的文本是“../../IMAGE/

旋转.swf”。“目标”两个字的右面，是一个下拉列表，点击下拉列表，在下拉列表中选择“mainFrame”。

（24）双击打开“main.html”网页，添加网页的背景音乐。点击“代码”视图→找到“<body>”标签，把光标移动到“<body>”标签的后面→回车→在英文状态下输入“<bgsound”→按空格键→在弹出的标签下拉列表中双击“src”标签→点击弹出的“浏览”按钮（或者回车）→在弹出的“选择文件”对话框中，选择“SOUND”子文件夹下的“高山流水.mp3”→按空格键→在弹出的标签下拉列表中双击“loop”（或者回车）→双击弹出的“-1”标签，表示无限次的循环播放歌曲→在英文状态下输入“/>”。

对应的html代码为：“<bgsound src="../../SOUND/高山流水.mp3" loop="-1"/>”。

（25）按“文件”菜单→“保存全部”，保存所有的网页→双击打开“index.html”→按“F12”查看网页的编辑效果。

（26）在IE中运行的时候，显示浮动条“Internet Explorer 已限制此网页运行脚本或ActiveX控件”，点击右边的按钮“允许阻止的内容”（如图3.7.1所示）。

Internet Explorer 已限制此网页运行脚本或 ActiveX 控件。 允许阻止的内容(A) ×

图3.7.1 Internet Explorer浏览器中的浮动条

第八节　作　业　16

本作业继续做框架。通过这个作业说明，框架中的链接，可以链接到图片、.swf格式的flash动画，还可以链接到网页。

点击“myWeb”站点，“TEXT”子目录下，有一个文本文件“作业16要求.txt”，双击打开“作业16要求.txt”，里面是作业16的要求。

一、作业要求

（1）做一个框架，也就是一个文件夹，里面存放网页。

（2）主题是：作业大本营。

（3）框架包括3块：上面一块，是一个网页；左边一块，是一个网页；右边一块，是一个网页。

（4）上面一块，是标题。

（5）左边一块，是作业的名字，每个作业名字都是链接。

（6）当点击一个作业名字（链接）之后，对应的作业内容出现在右边的网页中。

二、作业解答

（1）点击“myWeb”站点→右击“HTML”子目录→在弹出的下拉列表中，点击第二项“新建文件夹”→修改文件夹的名字为“作业16答案”。

（2）右击“作业16答案”文件夹→在弹出的下拉列表中，点击第一项“新建文件”→修改文件的名字为“main.html”→双击打开“main.html”。

（3）在网页“main.html”中→点击“标题”右边的文本框→用鼠标选择文本框中的文

字“无标题文档”→输入标题“main”→回车。

（4）点击“main.html”标签→点击“设计”视图→点击网页，光标在闪烁→点击“插入”菜单→“HTML”→“框架”→“上方及左侧嵌套”。

弹出“框架标签辅助功能属性”对话框，为每一框架制定一个标题，其中，对框架“mainFrame”指定标题“mainFrame”；对框架“topFrame”指定标题“topFrame”；对框架“leftFrame”指定标题“leftFrame”。点击“确定”按钮。

（5）页面左上角的标签是“UntitledFrameset”，表示未命名的框架集合，“标题”右边文本框中的内容，是“无标题文档”。

点击“标题”右边的文本框，用鼠标选择其中的内容“无标题文档”→输入“index”，回车。

按“Ctrl+S”组合键（或者点击“文件”→“保存框架页”；或者点击“文件”→“框架集另存为”；或者点击“文件”→“保存全部”），在弹出的“另存为”对话框中，将当前网页存储在“Dreamweaver”文件夹→“HTML”子文件夹→“作业16答案”子文件夹，文件名为“index”→点击“保存”按钮。

（6）整个页面分成3块：上边一块、左边一块、右边一块。

用鼠标点击上边一块，光标闪烁，左上角的标签为“UntitledFrame”，“标题”右边文本框中的内容，是“无标题文档”。点击“标题”右边的文本框，用鼠标选择其中的内容“无标题文档”→输入“top”→回车。按“Ctrl+S”组合键，在弹出的“另存为”对话框中，将当前网页存储在“Dreamweaver”文件夹→“HTML”子文件夹→“作业16答案”子文件夹中，文件名为“top”→按“Ctrl+S”保存。

用鼠标点击左边一块，光标闪烁，左上角的标签为“UntitledFrame”，“标题”右边文本框中的内容，是“无标题文档”。点击“标题”右边的文本框，用鼠标选择其中的内容“无标题文档”→输入“left”→回车。按“Ctrl+S”组合键，在弹出的“另存为”对话框中，将当前网页存储在“Dreamweaver”文件夹→“HTML”子文件夹→“作业16答案”子文件夹中，文件名为“left”→按“Ctrl+S”保存。

到现在为止，“Dreamweaver”文件夹→“HTML”子文件夹→“作业16答案”子文件夹中，共有4个网页文件：index.html、top.html、left.html、main.html。

（7）点击“窗口”菜单→“框架”，弹出来“框架”浮动面板。“框架”浮动面板分成3块：topFrame、leftFrame、mainFrame。

（8）点击“框架”浮动面板中的“topFrame”左上角那个点，同时选中topFrame、leftFrame、mainFrame这3块，也就是选中整个框架。在“属性”面板中进行编辑。

点击“边框”右边的下拉列表→在弹出的下拉列表中选择“是”。

点击“边框颜色”右边的颜色面板→选择红色。

点击“边框宽度”右边的文本框→输入“3”→回车→“Ctrl+S”保存。

（9）点击“框架”浮动面板中的“topFrame”这一块，在“属性”面板中进行编辑。

点击“边框”右边的下拉列表→在弹出的下拉列表中选择“是”。

点击“边框颜色”右边的颜色面板→选择红色。

点击“滚动”右边的下拉列表→在弹出的下拉列表中选择“是”。

取消勾选“不能调整大小”前面的复选框。

点击“边界宽度”右边的文本框→输入“3”→回车。

点击“边界高度”右边的文本框→输入“3”→回车→“Ctrl+S”保存。

（10）点击“框架”浮动面板中的“leftFrame”左上角那个点，同时选中 leftFrame、mainFrame 这 2 块。在“属性”面板中进行编辑。

点击“边框”右边的下拉列表→在弹出的下拉列表中选择“是”。

点击“边框颜色”右边的颜色面板→选择红色。

点击“边框宽度”右边的文本框→输入“3”→回车→“Ctrl+S”保存。

（11）点击“框架”浮动面板中的“leftFrame”这一块，在“属性”面板中进行编辑。

点击“边框”右边的下拉列表→在弹出的下拉列表中选择“是”。

点击“边框颜色”右边的颜色面板→选择红色。

点击“滚动”右边的下拉列表→在弹出的下拉列表中选择“是”。

取消勾选“不能调整大小”前面的复选框。也就是能调整大小。

点击“边界宽度”右边的文本框→输入“3”→回车。

点击“边界高度”右边的文本框→输入“3”→回车→“Ctrl+S”保存。

（12）点击“框架”浮动面板中的“mainFrame”这一块，在“属性”面板中进行编辑。

点击“边框”右边的下拉列表→在弹出的下拉列表中选择“是”。

点击“边框颜色”右边的颜色面板→选择红色。

点击“滚动”右边的下拉列表→在弹出的下拉列表中选择“是”。

取消勾选“不能调整大小”前面的复选框。也就是能调整大小。

点击“边界宽度”右边的文本框→输入“3”→回车。

点击“边界高度”右边的文本框→输入“3”→回车→“Ctrl+S”保存。

（13）点击页面中上面这一块，也就是“top.html”。左上角的网页标签是“top.html”，“标题”右边的文本框，内容是“top”。

输入“作业大本营”→点击“属性”面板中的“页面属性”按钮→在弹出的“页面属性”对话框中进行设置→在左边的“分类”栏中，点击“外观（CSS）”→在右边的“外观（CSS）”栏中，点击“页面字体”右边的可编辑下拉列表，输入“隶书”→点击“大小”右边的可编辑下拉列表，输入（或者在下拉列表中选择）“72”→点击“文本颜色”右边的文本框，输入“blue”→点击“背景颜色”右边的文本框，输入“yellow”→点击“确定”按钮。

用鼠标选择“作业大本营”这几个字→点击“属性”面板中的“CSS”按钮→点击“居中对齐”图标。

top.html 中字体太大，把光标移动到 top.html 网页的下边缘之上，形成一个上下的双箭头光标，用鼠标向下拖动 top.html 的下边框，使得 topFrame 这一块变大。

（14）点击页面中上面这一块，也就是“left.html”。左上角的网页标签是“left.html”，“标题”右边的文本框，内容是“left”。

输入“作业 1”→点击“属性”面板中的“页面属性”按钮→在弹出的“页面属性”对话框中进行设置→在左边的“分类”栏中，点击“外观（CSS）”→在右边的“外观（CSS）”

栏中，点击“页面字体”右边的可编辑下拉列表，输入“隶书”→点击“大小”右边的可编辑下拉列表，输入（或者在下拉列表中选择）“36”→点击“文本颜色”右边的文本框，输入“black”→点击“背景颜色”右边的文本框，输入“pink”→点击“确定”按钮。

用鼠标选择“作业 1”这几个字→点击“属性”面板中的“CSS”按钮→点击“左对齐”图标。

left.html 中字体太大，把光标移动到 left.html 网页的右边缘之上，形成一个左右的双箭头光标，用鼠标向右拖动 left.html 的右边框，使得 leftFrame 这一块变大。

把光标移动到“作业 1”几个字的后面，回车→输入“作业 2”，回车→输入“作业 3”，回车→输入“作业 4”，回车→输入“作业 5”，回车→输入“作业 6”，回车→输入“作业 7”，回车→输入“作业 8”，回车。

（15）用鼠标选择“作业 1”这几个字→点击“属性”面板→点击“HTML”按钮→里面有“链接”两个字→右边有一个文本框→右边有个一个“指向文件”图标→右边有个“浏览文件”图标。用鼠标点击“指向文件”图标，按住鼠标不放，拖动鼠标到子文件夹“HTML”下的文件“作业 1 答案.html”，或者点击“浏览文件”图标，在打开的“选择文件”对话框中，选择“Dreamweaver”子文件夹“HTML”下的文件“作业 1 答案.html”，然后点击“确定”按钮。“链接”后面的文本框中，显示的文本是“../作业 1 答案.html”。“目标”两个字的右面，是一个下拉列表，点击下拉列表，在下拉列表中选择“mainFrame”。注意，一定要在下拉列表中选择“mainFrame”。

（16）用鼠标选择“作业 2”这几个字→点击“属性”面板→点击“HTML”按钮→里面有“链接”两个字→右边有一个文本框→右边有个一个“指向文件”图标→右边有个“浏览文件”图标。用鼠标点击“指向文件”图标，按住鼠标不放，拖动鼠标到子文件夹“HTML”下的文件“作业 2 答案.html”，或者点击“浏览文件”图标，在打开的“选择文件”对话框中，选择“Dreamweaver”子文件夹“HTML”下的文件“作业 2 答案.html”，然后点击“确定”按钮。“链接”后面的文本框中，显示的文本是“../作业 2 答案.html”。“目标”两个字的右面，是一个下拉列表，点击下拉列表，在下拉列表中选择“mainFrame”。

（17）用鼠标选择“作业 3”这几个字→点击“属性”面板→点击“HTML”按钮→里面有“链接”两个字→右边有一个文本框→右边有个一个“指向文件”图标→右边有个“浏览文件”图标。用鼠标点击“指向文件”图标，按住鼠标不放，拖动鼠标到子文件夹“HTML”下的文件“作业 3 答案.html”，或者点击“浏览文件”图标，在打开的“选择文件”对话框中，选择“Dreamweaver”子文件夹“HTML”下的文件“作业 3 答案.html”，然后点击“确定”按钮。“链接”后面的文本框中，显示的文本是“../作业 3 答案.html”。“目标”两个字的右面，是一个下拉列表，点击下拉列表，在下拉列表中选择“mainFrame”。

（18）用鼠标选择“作业 4”这几个字→点击“属性”面板→点击“HTML”按钮→里面有“链接”两个字→右边有一个文本框→右边有个一个“指向文件”图标→右边有个“浏览文件”图标。用鼠标点击“指向文件”图标，按住鼠标不放，拖动鼠标到子文件夹“HTML”下的文件“作业 4 答案.html”，或者点击“浏览文件”图标，在打开的

“选择文件”对话框中，选择“Dreamweaver”子文件夹“HTML”下的动画文件“作业4答案.html”，然后点击“确定”按钮。“链接”后面的文本框中，显示的文本是“../作业4答案.html”。“目标”两个字的右面，是一个下拉列表，点击下拉列表，在下拉列表中选择“mainFrame”。

（19）用鼠标选择“作业5”这几个字→点击“属性”面板→点击“HTML”按钮→里面有“链接”两个字→右边有一个文本框→右边有个一个“指向文件”图标→右边有个“浏览文件”图标。用鼠标点击“指向文件”图标，按住鼠标不放，拖动鼠标到子文件夹“HTML”下的动画文件“作业5答案.html”，或者点击“浏览文件”图标，在打开的“选择文件”对话框中，选择“Dreamweaver”子文件夹“HTML”下的文件“作业5答案.html”，然后点击“确定”按钮。“链接”后面的文本框中，显示的文本是“../作业5答案.html”。“目标”两个字的右面，是一个下拉列表，点击下拉列表，在下拉列表中选择“mainFrame”。

（20）用鼠标选择“作业6”这几个字→点击“属性”面板→点击“HTML”按钮→里面有“链接”两个字→右边有一个文本框→右边有个一个“指向文件”图标→右边有个“浏览文件”图标。用鼠标点击“指向文件”图标，按住鼠标不放，拖动鼠标到子文件夹“HTML”下的动画文件“作业6答案.html”，或者点击“浏览文件”图标，在打开的“选择文件”对话框中，选择“Dreamweaver”子文件夹“HTML”下的文件“作业6答案.html”，然后点击“确定”按钮。“链接”后面的文本框中，显示的文本是“../作业6答案.html”。“目标”两个字的右面，是一个下拉列表，点击下拉列表，在下拉列表中选择“mainFrame”。

（21）用鼠标选择“作业7”这几个字→点击“属性”面板→点击“HTML”按钮→里面有“链接”两个字→右边有一个文本框→右边有个一个“指向文件”图标→右边有个“浏览文件”图标。用鼠标点击“指向文件”图标，按住鼠标不放，拖动鼠标到子文件夹“HTML”下的文件“作业7答案.html”，或者点击“浏览文件”图标，在打开的“选择文件”对话框中，选择“Dreamweaver”子文件夹“HTML”下的文件“作业7答案.html”，然后点击“确定”按钮。“链接”后面的文本框中，显示的文本是“../作业7答案.html”。“目标”两个字的右面，是一个下拉列表，点击下拉列表，在下拉列表中选择“mainFrame”。

（22）用鼠标选择“作业8”这几个字→点击“属性”面板→点击“HTML”按钮→里面有“链接”两个字→右边有一个文本框→右边有个一个“指向文件”图标→右边有个“浏览文件”图标。用鼠标点击“指向文件”图标，按住鼠标不放，拖动鼠标到子文件夹“HTML”下的动画文件“作业8答案.html”，或者点击“浏览文件”图标，在打开的“选择文件”对话框中，选择“Dreamweaver”子文件夹“HTML”下的文件“作业8答案.html”，然后点击“确定”按钮。“链接”后面的文本框中，显示的文本是“../作业8答案.html”。“目标”两个字的右面，是一个下拉列表，点击下拉列表，在下拉列表中选择“mainFrame”。

（23）双击打开“main.html”网页，添加网页的背景音乐。点击“代码”视图→找到“<body>”标签，把光标移动到“<body>”标签的后面→回车→在英文状态下输入

“<bgsound”→按空格键→在弹出的标签下拉列表中双击“src”标签→点击弹出的“浏览”按钮（或者回车）→在弹出的“选择文件”对话框中，选择“SOUND”子文件夹下的“高山流水.mp3”→按空格键→在弹出的标签下拉列表中双击“loop”（或者回车）→双击弹出的“-1”标签，表示无限次的循环播放歌曲→在英文状态下输入“/>”。

对应的html代码为：“<bgsound src="../../SOUND/高山流水.mp3" loop="-1"/>”。

（24）按“文件”菜单→“保存全部”，保存所有的网页→双击打开“index.html”→按“F12”查看网页的编辑效果。

第九节　作　业　17

本作业通过热点工具，对图片的局部做外部链接。热点工具还是很有用的，例如：一张中国地图，其中有北京、上海、湖南、四川等行政区域，每个行政区域的边界线，肯定是不规则的。我们希望当点击一个行政区域的时候，弹出来一个网页，里面有这个行政区域的介绍。例如，当用鼠标点击中国地图中北京这一区域的时候，弹出一个网页，里面介绍北京的一些情况。这种情况下，就需要图形的热点工具。

点击“myWeb”站点，“TEXT”子目录下，有一个文本文件“作业17要求.txt”，双击打开“作业17要求.txt”，里面是作业17的要求。

一、作业要求

插入一个图片，通过热点工具，做外部链接。

二、作业解答

（1）点击“myWeb”站点→右击“HTML”子目录→在弹出的下拉列表中，点击第一项“新建文件”→修改文件的名字为“作业17答案”→双击打开“作业17答案.html”。

（2）点击“设计”视图→点击“标题”右边的文本框→选择其中原有的文本“无标题文档”→输入“作业17答案”→回车→按“Ctrl+S”保存。

（3）打开“文件”浮动面板（可以点击“窗口”菜单→“文件”选项）→点击“myWeb”站点→点击“IMAGE”子目录→点击文件“漫画人物.jpg”→用鼠标把文件“漫画人物.jpg”拖到“作业17答案.html”的“设计”视图中→弹出“图像标签辅助功能属性”对话框→点击“确定”按钮。这是一个漫画人物，一个人躺着，吃爆米花。

（4）用鼠标点击这个图片（必须点击这个图片）→查看对应的“属性”面板。在“属性”面板中，“地图”两个字的下面，有4个图标：“指针热点工具”；“矩形热点工具”；“圆形热点工具”；“多边形热点工具”。

（5）点击“矩形热点工具”→把光标移动到漫画人物这个图片的上方，光标变成“+”形状→用鼠标选择漫画人物的头部，选择区域变成淡蓝色的矩形区域→弹出来一个“Dreamweaver”对话框：“请在属性检查器“alt”字段中描述图像映射。此描述可以为那些借助工具阅读网页的有视觉障碍的用户提供帮助。”，点击“Dreamweaver”对话框中的“确定”按钮。

（6）点击“属性”面板→点击“地图”两个字下面的“指针热点工具”图标→用鼠标点击刚刚选择的蓝色矩形区域→点击“属性”面板→里面有“链接”两个字→右边有一

个文本框→文本框的右边有个一个“指向文件”图标→右边有个“浏览文件”图标。

用鼠标点击“指向文件”图标，按住鼠标不放，拖动鼠标到子文件夹“IMAGE”下的文件“奥迪车.jpg”。或者点击“浏览文件”图标，在打开的“选择文件”对话框中，选择“Dreamweaver”文件夹→“IMAGE”子文件夹→文件“奥迪车.jpg”，然后点击“确定”按钮。“链接”右边的文本框中，内容为“../IMAGE/奥迪车.jpg”。

“目标”两个字右边，有一个下拉列表→点击这个下拉列表，在弹出的下拉列表选项中选择“new”（如图 3.9.1 所示）。

图 3.9.1 “矩形热点工具”对应的链接

（7）点击“圆形热点工具”→把光标移动到漫画人物这个图片的上方，光标变成“+”形状→用鼠标选择漫画人物胸部的爆米花，选择区域变成淡蓝色的圆形区域→在弹出来的“Dreamweaver”对话框中，点击“确定”按钮。

（8）点击“属性”面板→点击“地图”两个字下面的“指针热点工具”图标→用鼠标点击刚刚选择的淡蓝色圆形区域，可以通过“指针热点工具”，编辑这个淡蓝色圆形区域，包括这个圆形热点区域的大小和位置。

点击“属性”面板→里面有“链接”两个字→右边有一个文本框→文本框的右边有个一个“指向文件”图标→右边有个“浏览文件”图标。

用鼠标点击“指向文件”图标，按住鼠标不放，拖动鼠标到子文件夹“IMAGE”下的文件“宝马车.jpg”。或者点击“浏览文件”图标，在打开的“选择文件”对话框中，选择“Dreamweaver”文件夹→“IMAGE”子文件夹→其中的文件“宝马车.jpg”，然后点击“确定”按钮。“链接”右边的文本框中，内容为“../IMAGE/宝马车.jpg”。

“目标”两个字右边，有一个下拉列表→点击这个下拉列表，在弹出的下拉列表选项中选择“new”（如图 3.9.2 所示）。

图 3.9.2 “圆形热点工具”对应的链接

（9）点击“多边形热点工具”→把光标移动到漫画人物这个图片的上方，光标变成“+”形状→用鼠标选择漫画人物胸部的两条裤腿→选择的时候，首先点击裤腿的一点，在弹出来的“Dreamweaver”对话框中，点击“确定”按钮→绕着两条裤腿的边缘（包括内边缘和外边缘），顺序点击，直到选择两条裤腿，选择区域（两条裤腿）变成淡蓝色的多边形不规则区域。

（10）点击“属性”面板→点击“地图”两个字下面的“指针热点工具”图标→用鼠标点击刚刚选择的淡蓝色多边形区域。

点击“属性”面板→里面有“链接”两个字→右边有一个文本框→文本框的右边有个一个“指向文件”图标→右边有个“浏览文件”图标。

用鼠标点击“指向文件”图标，按住鼠标不放，拖动鼠标到子文件夹“IMAGE”下的文件“捷豹车.jpg”。或者点击“浏览文件”图标，在打开的“选择文件”对话框中，选择“Dreamweaver”文件夹→“IMAGE”子文件夹→其中的文件“捷豹车.jpg”，然后点击“确定”按钮。“链接”右边的文本框中，内容为“../IMAGE/捷豹车.jpg”。

“目标”两个字右边，有一个下拉列表→点击这个下拉列表，在弹出的下拉列表选项中选择“new”（如图 3.9.3 所示）。

图 3.9.3 “多边形热点工具”对应的链接

（11）3 种热点工具选择热点区域之后，漫画人物有个 3 个热点区域（如图 3.9.4 所示）。

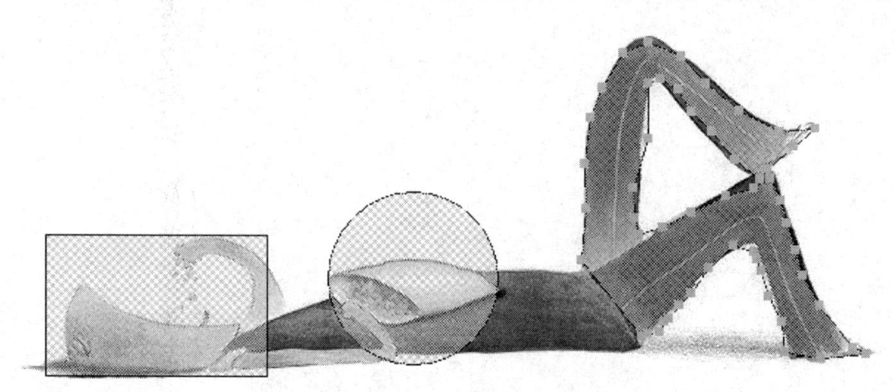

图 3.9.4 漫画人物的 3 个热点区域

（12）按“Ctrl+S”保存→按“F12”在 IE 浏览器中查看网页编辑的效果。

在 IE 浏览器中，当点击头部区域（链接）的时候，弹出来一个新的网页，其中是一辆奥迪车的图片。

当点击爆米花热点区域（链接）的时候，弹出来一个新的网页，其中是一辆宝马车的图片。

当点击裤腿区域（链接）的时候，弹出来一个新的网页，其中是一辆捷豹车的图片。

表格、横幅、鼠标经过图像、表单

本章主要讲解表格（Table）、横幅（Marquee）、鼠标经过图像、表单（Form）。

表格包括行和列，表格对应的 HTML 标签对是“<table>…</table>”。表格的行对应的 HTML 标签对是“<tr>…</tr>”，其中，“t”表示“table”，“r”表示“row”。表格的单元格对应的 HTML 标签对是“<td>…</td>”，其中，“t”表示“table”，“d”表示“data”。

横幅对应的 HTML 标签对是“<marquee>…</marquee>”。

表单对应的 HTML 标签对是“<form>…</form>”。

“鼠标经过图像”比较简单，属于 Dreamweaver 自带的一个功能。

Dreamweaver 编辑器中，如果打开多个文件，那么每个文件分别有一个标签。如果要关闭所有文件，那么点击某一个文件的标签，在弹出的下拉列表中点击“全部关闭”。如果要保留一个文件，其余文件全都关闭，那么右击这个文件的标签，在弹出的下拉列表中点击“关闭其他文件”。

第一节　作　业　18

本作业进行表格操作，也就是做一个表格。点击“myWeb”站点，“TEXT”子目录下，有一个文本文件“作业 18 要求.txt”，双击打开“作业 18 要求.txt”，里面是作业 18 的要求，我们通过做一个学生作息表，来理解制作表格的相关技巧。

一、作业要求

做一个表格，格式不限，例如：学生作息表。

二、作业解答

（1）点击“myWeb”站点→右击“HTML”子目录→在弹出的下拉列表中，点击第一项“新建文件”→修改文件的名字为“作业 18 答案”。

（2）点击“设计”视图→点击“标题”右边的文本框→选择其中原有的文本“无标题文档”→输入“作业 18 答案”→回车→按“Ctrl+S”保存。

（3）点击“插入”菜单→“表格”→在弹出的“表格”对话框中进行设置。

点击“行数”右边的文本框→输入“10”→点击“列”右边的文本框→输入“10”→点击“表格宽度”右边的文本框→输入“90”→点击右边的下拉列表，在下拉列表中选择“百分比”→点击“边框粗细”右边的文本框→输入“1”→点击“单元格边距”右边的文本框→输入“0”→点击“单元格间距”右边的文本框→输入“0”（如图 4.1.1 所示）。

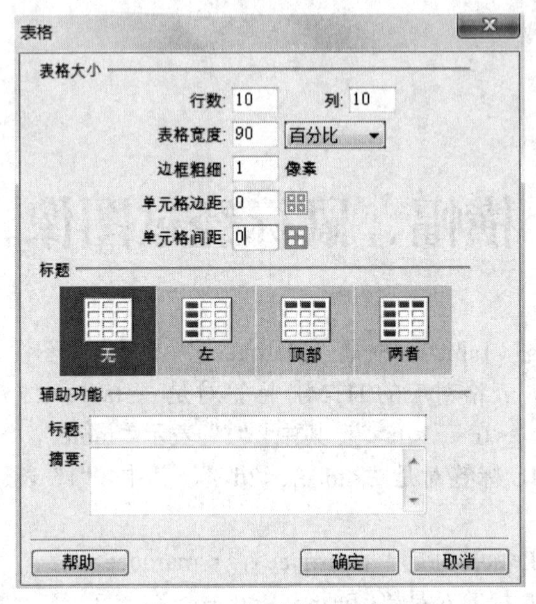

图 4.1.1 “表格”对话框

（4）用鼠标选择这个表格。

选择方法有多种，可以这样选择表格：点击表格的右方空白的地方，光标在表格的右方闪烁。然后按住鼠标不放，向左拖动鼠标，这样就可以选中整个表格了。选中表格之后，表格的右侧有一个黑色的控制点，表格右下角有一个黑色的控制点，表格下方有一个黑色的控制点。

（5）选择表格之后，查看“属性”面板，在“属性”面板中进行设置。点击“对齐”右边的下拉列表，在弹出的下拉列表中选择“居中对齐”（如图 4.1.2 所示）。

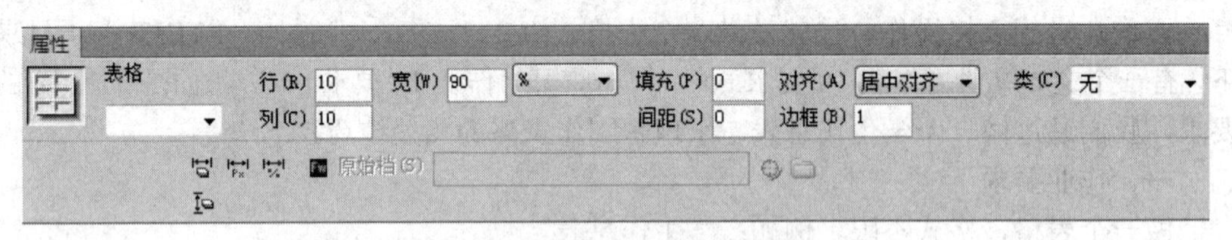

图 4.1.2 表格对应的“属性”面板

（6）用鼠标选中表格第一行所有的单元格。在“属性”面板中进行设置。

选择第一行所有的单元格有多种方式，可以这样选择：点击第一行最左边那个单元格，然后按住鼠标左键不放，向右拖动，一直到第一行最右边那个单元格。

选择第一行所有的单元格之后，点击“属性”面板，在“属性”面板中进行设置。点击“属性”面板中的“合并所选单元格，使用跨度”图标，将第一行的所有单元格合并。

点击“水平”右边的下拉列表，在下拉列表中选择“居中对齐”。

点击“垂直”右边的下拉列表，在下拉列表中选择“居中”。

点击“背景颜色”右边的颜色面板，选择黄色（如图 4.1.3 所示）。

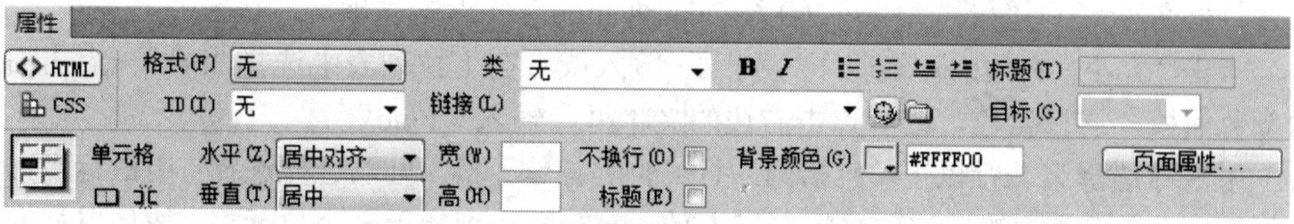

图 4.1.3　合并单元格对应的“属性”面板

（7）点击第一行，输入“高三学生作息表”。

用鼠标选择“高三学生作息表”→点击“属性”面板中的“CSS”按钮→点击“字体”两个字右边的可编辑下拉列表→用鼠标选择原有的文本“默认字体”→输入“隶书”，回车→在弹出的“新建 CSS 规则”对话框中，点击“选择或输入选择器名称。”下面的文本框，输入“biaoti”→点击“确定”按钮（如图 4.1.4 所示）。

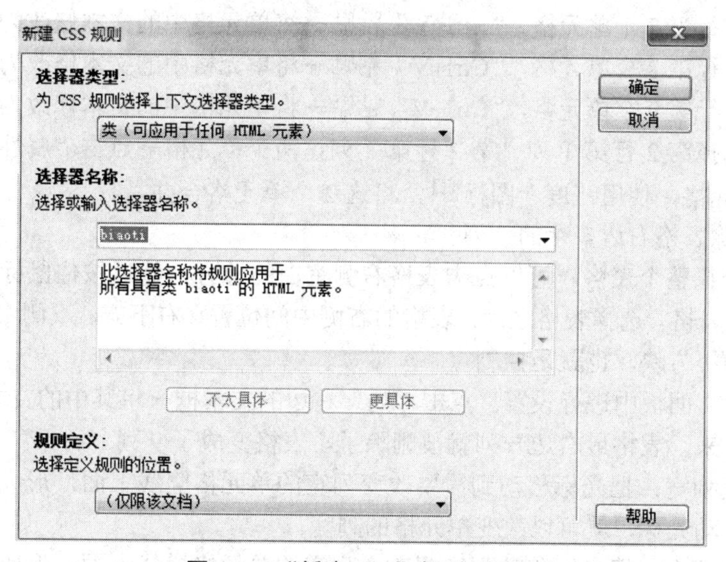

图 4.1.4　“新建 CSS”规则对话框

（8）点击“大小”右边的可编辑下拉列表→输入“72”→点击右边的颜色面板，选择蓝色，或者点击右边的文本框，输入“blue”（如图 4.1.5 所示）。

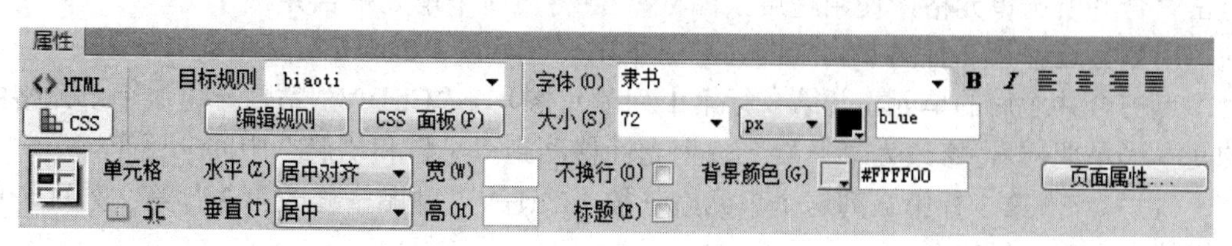

图 4.1.5　在“属性”面板中设置标题文字

（9）点击第 2 行第 2 个单元格→输入“星期一”。

用鼠标选择“星期一”这几个字，在“属性”面板中进行设置→点击“属性”面板中的“CSS”按钮→点击“字体”两个字右边的可编辑下拉列表→用鼠标选择原有的文本“默认字体”→输入“隶书”，回车→在弹出的“新建 CSS 规则”对话框中，点击“选择或输入选择器名称。”下面的文本框，输入“danyuange”→点击“确定”按钮。

点击“大小”右边的可编辑下拉列表→输入或者在下拉列表中选择“36”→点击右边的颜色面板，选择蓝色，或者点击右边的文本框，输入“blue”。

用鼠标选择第二行以下（包括第二行）的所有单元格，可以这样选择：用鼠标点击第二行第一个单元格，然后按住鼠标左键不放，向右拖动到最后一个单元格，按住鼠标左键不放，向下拖动到最后一行。在“属性”面板中进行设置，点击“背景颜色”这几个字右边的颜色面板，选择粉红色，或者点击右边的文本框，输入“pink”。

（10）用鼠标选择第 2 行第 2 个单元格中的“星期一”这几个字→“Ctrl+C”复制。

点击第 2 行第 4 个单元格，“Ctrl+V”粘贴→将单元格中的文本修改为“星期二”。

点击第 2 行第 5 个单元格，“Ctrl+V”粘贴→将单元格中的文本修改为“星期三”。

点击第 2 行第 6 个单元格，“Ctrl+V”粘贴→将单元格中的文本修改为“星期四”。

点击第 2 行第 7 个单元格，“Ctrl+V”粘贴→将单元格中的文本修改为“星期五”。

点击第 2 行第 8 个单元格，“Ctrl+V”粘贴→将单元格中的文本修改为“星期六”。

点击第 2 行第 9 个单元格，“Ctrl+V”粘贴→将单元格中的文本修改为“星期日”。

用鼠标选择第 2 行第 1 列、第 2 行第 2 列这两个单元格→点击“属性”面板→点击“合并所选单元格，使用跨度”图标，将这 2 个单元格合并。

（11）删除表格右边多余的一列。

用鼠标选择整个表格。可以点击表格右侧空白的地方，然后按住鼠标不放，向左拖动，选择整个表格。选择表格之后，表格的右侧中间位置、右下方、下侧中间位置，分别有一个黑色的小方块，也就是控制点。

在“属性”面板中进行设置。点击“列”右边的文本框→将其中的文本改为“9”→回车。这样一来，表格最右边一列就被删除了，表格变成了 9 列。

可以改变列宽：把光标移动到需要改变列宽的单元格竖线上面，形成一个左右的双箭头，左右拖动光标，就可以改变单元格的列宽。

可以改变行高：把光标移动到需要改变列宽的单元格横线上面，形成一个上下的双箭头，上下拖动光标，就可以改变单元格的行高。

（12）用鼠标选择第 3 行第 1 列、第 4 行第 1 列这 2 个单元格→点击“属性”面板→点击“合并所选单元格，使用跨度”图标，将这 2 个单元格合并。

用鼠标选择第 2 行第 2 列中的文本“星期一”→按“Ctrl+C”复制。

点击合并之后的单元格（第 3 行第 1 列单元格）→“Ctrl+V”粘贴→将这个单元格中的文本“星期一”，修改为“早晨”→把光标移动到“早”和“晨”中间→回车。

（13）点击第 3 行第 2 列这个单元格→按“Ctrl+V”粘贴→修改第 3 行第 2 列这个单元格的文本为“晨练”。

点击第 4 行第 2 列这个单元格→按“Ctrl+V”粘贴→修改第 4 行第 2 列这个单元格的文本为“晨读”。

（14）用鼠标选择第 5 行中的所有单元格。可以首先点击第 5 行第 1 列这个单元格，然后按住鼠标不放，向右拖动到第 5 行最后一个单元格。点击“属性”面板→点击“合并所选单元格，使用跨度”图标，将第 5 行的单元格合并。

（15）点击合并之后的第 5 行。

按“Ctrl+V”粘贴→修改第 5 行的文本为“早饭”。

点击这个合并之后的单元格，在“属性”面板中进行设置→点击“水平”这两个字右边的下拉列表，在下拉列表中选择“居中对齐”。

点击“垂直”这两个字右边的下拉列表，在下拉列表中选择“居中”。

点击“背景颜色”这几个字右边的颜色面板，选择绿色；或者点击右边的文本框，输入“green”。

（16）用鼠标选择第 6 行第 1 列、第 7 行第 1 列、第 8 行第 1 列、第 9 行第 1 列这 4 个单元格→点击“属性”面板→点击“合并所选单元格，使用跨度”图标，将第这 4 个单元格合并。

用鼠标选择第 2 行第 2 列中的文本“星期一”→按“Ctrl+C”复制。

点击合并之后的单元格（第 6 行第 1 列单元格）→“Ctrl+V”粘贴→将这个单元格中的文本“星期一”，修改为“上午”→把光标移动到“上”和“午”中间→回车。

（17）点击第 6 行第 2 列单元格→“Ctrl+V”粘贴→将这个单元格中的文本“星期一”，修改为“第一节”。

点击第 7 行第 2 列单元格→“Ctrl+V”粘贴→将这个单元格中的文本“星期一”，修改为“第二节”。

点击第 8 行第 2 列单元格→“Ctrl+V”粘贴→将这个单元格中的文本“星期一”，修改为“第三节”。

点击第 9 行第 2 列单元格→“Ctrl+V”粘贴→将这个单元格中的文本“星期一”，修改为“第四节”。

（18）用鼠标选择第五行→“Ctrl+C”复制。

把光标移动到第五行的左边边框的位置，光标变成一个向右的黑箭头，点击鼠标左键。

（19）点击第 10 行第 1 列单元格→“Ctrl+V”粘贴→修改第 10 行的文本为“午饭”。

（20）用鼠标选择第 6 行、第 7 行、第 8 行、第 9 行、第 10 行。“Ctrl+C”复制。

把光标移动到第 6 行左边边框的位置，光标变成一个向右的黑箭头，点击鼠标左键，按住鼠标左键不放，向下拖动到第 10 行。

也可以用鼠标选择第 6 行、第 7 行、第 8 行、第 9 行、第 10 行所有的单元格。

（21）点击第 11 行第 1 列单元格→“Ctrl+V”粘贴。

修改第 11 行第 1 列的文本为“下午”→修改第 15 行的文本为“晚饭”。

（22）用鼠标选择第 3 行、第 4 行、第 5 行。“Ctrl+C”复制。

可以用鼠标选择第 3 行、第 4 行、第 5 行所有的单元格。

（23）点击第 16 行第 1 列单元格→“Ctrl+V”粘贴。

修改第 16 行第 1 列的文本为“晚上”→修改第 16 行第 2 列的文本为“第一节”→修改第 17 行第 2 列的文本为“第二节”→修改第 18 行的文本为“休息”。

（24）删除多余的最后一行，有下面三种方法：

① 可以用鼠标选择多余的最后一行，然后点击“Delete”键。

② 可以用鼠标选择多余的最后一行，然后按“Ctrl+X”键。

③ 可以选择整个表格→点击“属性”面板→点击“行”右边的文本框，调整里面的数字，将原有的数字减去1。

（25）调整一下行高和列宽。

每列的最下面，有一个数字，表示这列的列宽所占的比例。点击这个数字，在弹出的下拉列表中点击“清除列宽”。

在Dreamweaver中的编辑效果（如图4.1.6所示）。

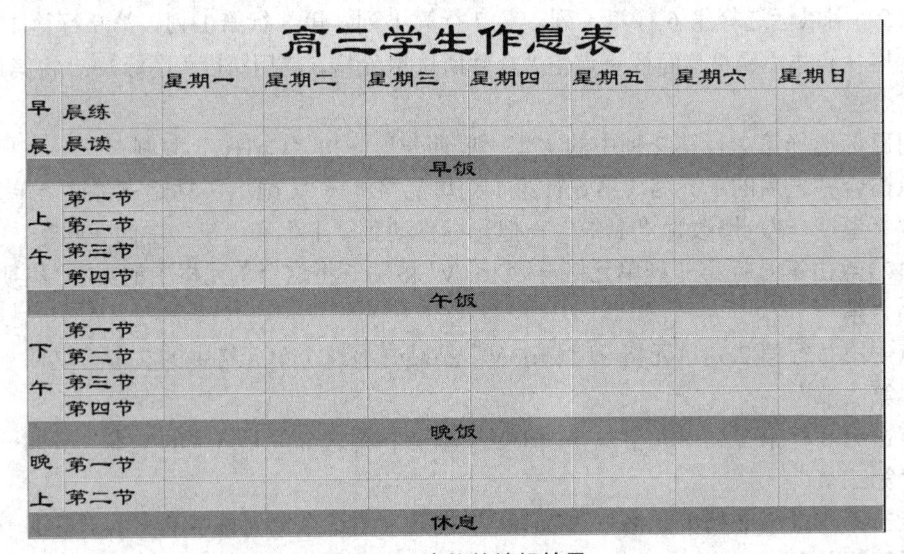

高三学生作息表								
		星期一	星期二	星期三	星期四	星期五	星期六	星期日
早	晨练							
晨	晨读							
早饭								
上午	第一节							
	第二节							
	第三节							
	第四节							
午饭								
下午	第一节							
	第二节							
	第三节							
	第四节							
晚饭								
晚上	第一节							
	第二节							
休息								

图4.1.6 表格的编辑效果

（26）按“Ctrl+S”保存→按“F12”在IE浏览器中查看网页编辑的效果。

第二节 作 业 19

本作业进行横幅操作（Marquee）。具体就是歌词从下向上移动，通过鼠标的移动控制歌词的移动。点击“myWeb”站点，“TEXT”子目录下，有一个文本文件“作业19要求.txt”，双击打开“作业19要求.txt”，里面是作业19的要求。我们通过做这个作业，来理解横幅的HTML语法。

一、作业要求

（1）编辑下面的歌词，形成一个网页。

（2）有背景音乐。

（3）歌词从下向上移动，循环的移动。当鼠标经过歌词所在行的时候，歌词停止移动。当鼠标离开歌词所在行的时候，歌词又开始移动。

小嘛小儿郎，

背着那书包上学堂，

不怕太阳晒，
也不怕那风雨狂，
只怕先生骂我懒哪，
没有学问（啰）无颜见爹娘，
（朗里格朗里呀朗格里格朗），
没有学问（啰）无颜见爹娘。
小嘛小儿郎，
背着那书包上学堂，
不是为做官，
也不是为面子光，
只为做人要争气呀，
不受人欺负（呀）不做牛和羊，
（朗里格朗里呀朗格里格朗），
不受人欺负（呀）不做牛和羊。
小嘛小儿郎，
背起那书包上学堂，
不怕太阳晒，
也不怕那风雨狂，
只怕先生骂我懒哪，
没有学问（啰）无颜见爹娘，
（朗里格朗里呀朗格里格朗），
没有学问（啰）无颜见爹娘。

二、作业解答

（1）点击“myWeb”站点→右击“HTML”子目录→在弹出的下拉列表中点击第一项“新建文件”→修改文件的名字为“作业 19 答案.html”→双击打开作业“作业 19 答案.html”。

（2）点击“myWeb”站点→点击“TEXT”子目录前面的⊞，展开“TEXT”子目录→双击打开“TEXT”子目录下的文本文件“作业 19 要求.txt”，里面是作业 19 的要求。

（3）点击“作业 19 要求.txt”编辑页面→“Ctrl+A”全选→“Ctrl+C”复制。

（4）点击“作业 19 答案.html”标签→点击“设计”视图→“Ctrl+V”粘贴。

（5）点击“标题”右边的文本框→用鼠标选择文本框中的文字“无标题文档”→输入标题“作业 19 答案”→回车→“Ctrl+S”保存。

（6）点击“作业 19 要求.txt”标签中右侧的“关闭”图标×，关闭“作业 19 要求.txt”。

（7）用鼠标选择“作业要求：（1）编辑下面的歌词，形成一个网页。（2）有背景音乐。（3）歌词从下向上移动，循环的移动。当鼠标经过歌词所在行的时候，歌词停止移动。当鼠标离开歌词所在行的时候，歌词又开始移动。”这几行→按“Delete”键删除。

（8）点击“代码”视图→找到“<body>”标签，把光标移动到“<body>”标签的后面→回车→在英文状态下输入“<bgsound”→按空格键→在弹出的标签下拉列表中双击“src”标签→点击弹出的“浏览”按钮→在弹出的“选择文件”对话框中，选择“SOUND”

子文件夹下的“读书郎.mp3”→按空格键→在弹出的标签下拉列表中双击“loop”→双击弹出的“-1”标签（或者直接回车），表示无限次的循环播放歌曲→在英文状态下输入“/>”。

对应的html代码为：“<bgsound src="../SOUND/读书郎.mp3" loop="-1"/>”。

（9）点击“设计”视图→用鼠标选中所有的歌词（可以按“Ctrl+A”全选歌词）。

（10）点击“代码”视图，在“代码”视图中，歌词也被选中。

把光标移动到这些歌词的前面→输入“<marquee>”标签→把光标移动到这些歌词的后面→输入“</marquee>”标签（实际上，输入“</”之后，Dreamweaver 自动加上“marquee>”）。

把光标移动到“</marquee>”标签中“>”的前面→点击空格键→在弹出的标签下拉列表中双击“direction”标签选项→弹出来一个标签下拉列表，其中有“down”、“left”、“right”、“up”→在标签下拉列表中双击“up”标签选项。

按空格键→在弹出的标签下拉列表中，双击“bgcolor”标签选项→在弹出来的颜色面板中，选择黄色。

按空格键→在弹出的标签下拉列表中，双击“onmouseover”标签选项→光标在""中间闪烁，输入指令“this.stop()”→把光标移动到"this.stop()"的后面、“>”的前面。

按空格键→在弹出的标签下拉列表中，双击“onmouseout”标签选项→光标在""中间闪烁，输入指令“this.start()”。

对应的 html 代码为：<marquee direction="up" bgcolor="#FFFF00" onmouseover="this.stop()" onmouseout="this.start()">…歌词…</marquee>

（11）点击“设计”视图→“Ctrl+A”全选→点击“属性”面板→点击“CSS”按钮→点击“居中对齐”标签☰→在弹出的“新建 CSS 规则”对话框中，“选择或输入选择器名称”下面的文本框中时“body p”→点击“确定”按钮。

（12）点击“属性”面板→点击“页面属性”按钮→在弹出的“页面属性”对话框中进行设置→在“页面属性”对话框左侧的“分类中”，点击“外观（CSS）”→在“页面属性”对话框右侧的“外观 CSS”中进行设置→点击“页面字体”右边的可编辑文本框（下拉列表框），输入“隶书”→点击“大小”右边的可编辑文本框（下拉列表框），输入或者选择“36”→“文本颜色”右边有个颜色面板，再右边有个文本框，点击文本框，输入“blue”→“背景颜色”右边有颜色面板，再右边有一个可编辑文本框，点击文本框，输入“yellow”→点击“确定”按钮。

（13）按“Ctrl+S”保存→按“F12”键查看网页编辑效果。

（14）在 IE 中运行的时候，显示浮动条“Internet Explorer 已限制此网页运行脚本或 ActiveX 控件”，点击右边的按钮“允许阻止的内容”。

第三节 作 业 20

本作业进行“鼠标经过图像”的操作。具体就是网页中有一个图片，当鼠标经过这个图片的时候，这个图片变成另外一个图片；当鼠标离开的时候，这个图片得以恢复。应该指出，这两个图片尺寸应该差不多。

点击“myWeb”站点，“TEXT”子目录下，有一个文本文件“作业 20 要求.txt”，双击打开“作业 20 要求.txt”，里面是作业 20 的要求。我们通过做这个作业，来掌握鼠标经过图像的具体操作方法。本作业相对简单。

一、作业要求

当鼠标经过一个图片的时候，图片改变，变成另外一个图片，鼠标离开之后，恢复到原来的图片。

二、作业解答

（1）点击“myWeb”站点→右击“HTML”子目录→在弹出的下拉列表中点击第一项“新建文件”→修改文件的名字为“作业 20 答案.html”→双击打开作业“作业 20 答案.html”。

（2）点击“标题”右边的文本框→用鼠标选择文本框中的文字“无标题文档”→输入标题“作业 20 答案”→回车→“Ctrl+S”保存。

（3）点击“插入”菜单→“图像对象”→“鼠标经过图像”。在弹出的“插入鼠标经过图像”对话框中进行设置（如图 4.3.1 所示）。

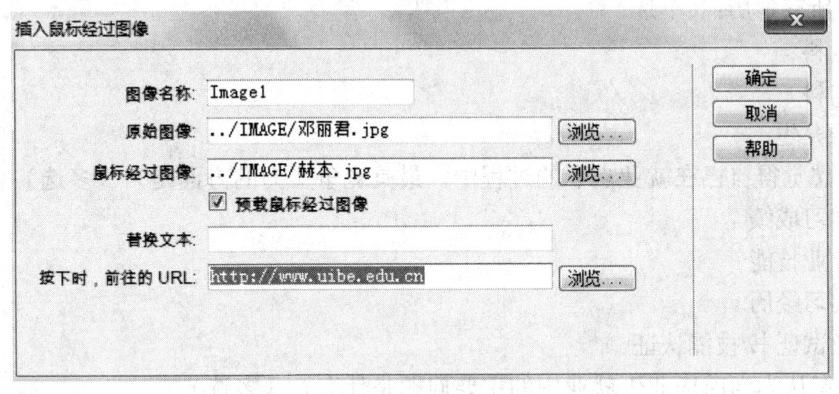

图 4.3.1　“插入鼠标经过图像”对话框

（4）“原始图像”右边有个文本框，再右边有个“浏览按钮”。

点击“浏览”按钮→在“IMAGE”子文件夹下面，选择文件“邓丽君.jpg”→“原始图像”右边的文本框中，出现文本“../IMAGE/邓丽君.jpg”。

（5）“鼠标经过图像”右边有个文本框，再右边有个“浏览按钮”。

点击“浏览”按钮→在“IMAGE”子文件夹下面，选择文件“赫本.jpg”→“原始图像”右边的文本框中，出现文本“../IMAGE/赫本.jpg”。

（6）“按下时，前往的 URL”右边有个文本框，点击文本框，输入“http://www.uibe.edu.cn”。

（7）点击“确定”按钮。

（8）按“Ctrl+S”保存→按“F12”键查看网页编辑效果。

（9）在 IE 中运行的时候，显示浮动条“Internet Explorer 已限制此网页运行脚本或 ActiveX 控件”，点击右边的按钮“允许阻止的内容”。

（10）运行的时候，网页显示邓丽君的图片；鼠标经过的时候，图片变为赫本的图片；点击图片的时候，网页跳转到“http://www.uibe.edu.cn”。

第四节　作　业　21

本作业进行表单操作。通过做这个作业，让学生理解表单（Form）的 HTML 语法。

一、作业要求

请将下面的内容，通过表单的形式，利用合理的表单元素，在网上发布。

大学生就业情况调查问卷

一、性别（单选）

男

女

二、所学专业名称（单行文本框）

三、所获学历：（单选）

1. 专科
2. 本科
3. 研究生

四、您觉得自己在就业求职的过程中，最具竞争实力的方面是？（多选）

1. 学习成绩
2. 专业技能
3. 实习经历
4. 考试证书/技能认证

五、您认为当前毕业生就业中的主要问题是什么？（多选）

1. 企业需要具备较高职业能力或者专业技术人才，对应届毕业生的需求总量减少；
2. 毕业生的就业定位不合理，期望值过高，择业过于挑剔；
3. 应届毕业生不具备符合企业要求的职业能力，缺乏工作经验，没有竞争力；
4. 就业信息机制不健全，信息渠道不畅通，信息不充分；
5. 政府、学校、用人单位及学生之间互相沟通和了解不够；
6. 大学传统教育模式弊端太多，不注重提高学生的综合能力。

六、当你选择工作时，你最想进入的行业是：（多选）

1. IT 与通信业
2. 金融、证券、保险业
3. 商贸业
4. 电力、石化等能源业
5. 新闻出版业
6. 医药食品业

7. 旅游交通民航业
8. 制造业
9. 政府机关
10. 其他

七、你对这个行业的选择主要是基于：（多选）
1. 属于朝阳行业，前途远大
2. 该行业收入较高
3. 与自己的专业对口
4. 创业机会大
5. 稳定
6. 其他

八、如果进入这个企业，您最希望从企业中得到什么（多选）
1. 企业的从业经验
2. 良好的专业技术
3. 先进的管理模式
4. 前沿知识信息
5. 广泛的人际关系
6. 团队合作技巧
7. 良好的薪酬福利
8. 到海外工作的机会
9. 自我价值的实现
10. 稳定的工作岗位
11. 其他

九、您对就业地区的选择是（多选）
1. 北京
2. 上海
3. 广州、深圳
4. 东部沿海经济发达地区
5. 中部大中城市
6. 西部大中城市
7. 其他

十、如求职较为困难，您对去小城镇及乡镇单位就业能否接受
1. 乐于接受
2. 实在没有其他机会时可以接受
3. 坚决不接受

十一、您对求职薪酬（试用期后的工资）的考虑：（列表/菜单）
1. 1500—2000 元
2. 2001—2500 元

3. 2501—3000 元

4. 3001—4000 元

5. 4001—5000 元

6. 5000 元以上

十二、您对以上薪酬标准的考虑是根据以下哪种情况确定的（多选）

1. 人才市场的行情

2. 对自身价值的评价

3. 用人单位的实力

4. 老师、父母或同学的建议

5. 其他

二、作业解答

（1）点击“myWeb”站点→右击“HTML”子目录→在弹出的下拉列表中点击第一项“新建文件”→修改文件的名字为“作业 21 答案.html”→双击打开作业“作业 21 答案.html”。

（2）点击“标题”右边的文本框→用鼠标选择文本框中的文字“无标题文档”→输入标题“作业 21 答案”→回车→“Ctrl+S”保存。

（3）点击“作业 21 答案.html”标签→点击“设计”视图→点击“插入”菜单→“表单”→“表单”。“设计”视图下，出现了一个红色的虚线框，里面光标在闪烁。

（4）点击“myWeb”站点→点击“TEXT”子目录前面的⊞，展开“TEXT”子目录→双击打开“TEXT”子目录下的文本文件“作业 21 要求.txt”，里面是作业 21 的要求。

点击“作业 21 要求.txt”编辑页面→“Ctrl+A”全选→“Ctrl+C”复制。

（5）点击“作业 21 答案.html”标签→点击“设计”视图→用鼠标点击红色虚线框里面，光标在闪烁→“Ctrl+V”粘贴。

（6）点击“作业 21 要求.txt”标签中右侧的“关闭”图标×，关闭“作业 21 要求.txt”。

（7）点击“作业 21 答案.html”标签→点击“设计”视图→选择红色虚线框中的第一行“请将下面的内容，通过表单的形式，利用合理的表单元素，在网上发布。”→按“Delete”键删除。

（8）点击“属性”面板→点击“页面属性”按钮→在弹出的“页面属性”对话框中进行设置→在“页面属性”对话框左侧的“分类中”，点击“外观（CSS）”→在“页面属性”对话框右侧的“外观 CSS”中进行设置→点击“页面字体”右边的可编辑文本框（下拉列表框），输入“隶书”→点击“大小”右边的可编辑文本框（下拉列表框），输入或者选择“36”→“文本颜色”右边有个颜色面板，再右边有个文本框，点击文本框，输入“blue”→“背景颜色”右边有颜色面板，再右边有一个可编辑文本框，点击文本框，输入“yellow”→点击“确定”按钮。

（9）对“一、性别”设置单选按钮。

把光标移动到“男”的前面→“插入”→“表单”→“单选按钮”→弹出“输入标签辅助功能属性”对话框→点击“确定”按钮。

“男”的前面出现一个单选按钮◎→用鼠标点击这个按钮→按“Ctrl+C”复制→把光

标移动到“女”的前面→按“Ctrl+V”粘贴。“女”的前面出现一个单选按钮。

点击“男”前面的那个单选按钮，在“属性”面板中进行设置→点击“单选按钮”下面的文本框，输入“male”→点击“选定值”右边的文本框，输入“1”→点击“初始状态”右边的单选按钮“已勾选”（如图 4.4.1 所示）。

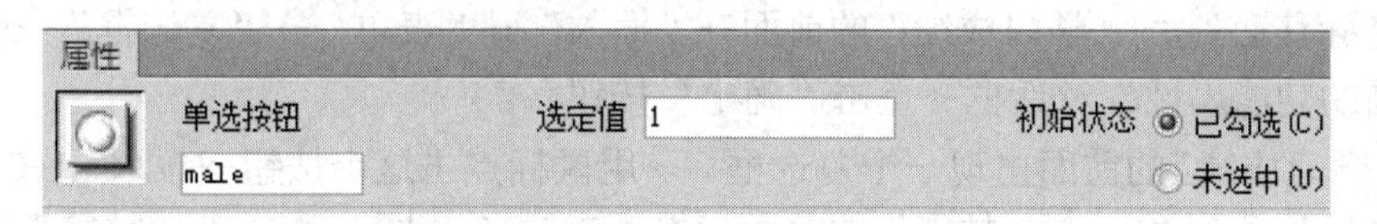

图 4.4.1　设置单选按钮

点击“女”前面的那个单选按钮，在“属性”面板中进行设置→点击“单选按钮”下面的文本框，输入“male”→点击“选定值”右边的文本框，输入“2”→点击“初始状态”右边的单选按钮“未勾选”。

“男”前面的单选按钮，和“女”前面的单选按钮，属于同一组，所以这两个单选按钮的名字是一样的，都是“male”，这两个单选按钮的区分方式，在于“选定值”的不同。

（10）点击“二、所学专业名称（单行文本框）”的右边→点击“插入”菜单→“表单”→“文本域”→弹出“输入标签辅助功能属性”对话框→点击“确定”按钮。

右边出现一个文本框，用鼠标点击这个文本框，在“属性”面板中进行设置→点击“文本域”下面的文本框，输入“Specialty”，回车→点击“字符宽度”右边的文本框，输入“80”，回车（如图 4.4.2 所示）。

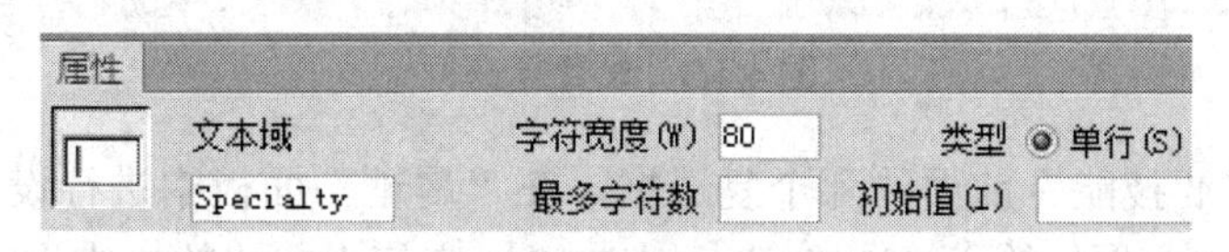

图 4.4.2　设置文本框

（11）对“三、所获学历：”设置单选按钮。

把光标移动到“1. 专科”的前面→“插入”→“表单”→“单选按钮”→弹出“输入标签辅助功能属性”对话框→点击“确定”按钮→“1. 专科”的前面出现一个单选按钮→用鼠标点击这个按钮→按“Ctrl+C”复制。

把光标移动到“2. 本科”的前面→按“Ctrl+V”粘贴，“2. 本科”的前面出现一个单选按钮→把光标移动到“3. 研究生”的前面→按“Ctrl+V”粘贴，“3. 研究生”的前面出现一个单选按钮。

点击“1. 专科”前面的那个单选按钮，在“属性”面板中进行设置→点击“单选按钮”下面的文本框，输入“degree”→点击“选定值”右边的文本框，输入“1”→点击“初始状态”右边的单选按钮“未选中”。

点击“2. 本科”前面的那个单选按钮，在“属性”面板中进行设置→点击“单选按钮”下面的文本框，输入“degree”→点击“选定值”右边的文本框，输入“2”→点击“初始状态”右边的单选按钮“已勾选”。

点击“3. 研究生”前面的那个单选按钮，在“属性”面板中进行设置→点击“单选按钮”下面的文本框，输入“degree”→点击“选定值”右边的文本框，输入“3”→点击“初始状态”右边的单选按钮“未选中”。

（12）对“四、您觉得自己在就业求职的过程中，最具竞争实力的方面是？”设置复选框。

把光标移动到“1. 学习成绩”的前面→“插入”→“表单”→“复选框”→弹出“输入标签辅助功能属性”对话框→点击“确定”按钮。

“1. 学习成绩”的前面出现一个复选框□→用鼠标点击这个按钮→按“Ctrl+C”复制。

把光标移动到“2. 专业技能”的前面→按“Ctrl+V”粘贴。“2. 专业技能”的前面出现一个复选框。

把光标移动到“3. 实习经历”的前面→按“Ctrl+V”粘贴。“3. 实习经历”的前面出现一个复选框。

把光标移动到“4. 考试证书/技能认证”的前面→按“Ctrl+V”粘贴。“4. 考试证书/技能认证”的前面出现一个复选框。

点击“1. 学习成绩”前面的那个复选框，在“属性”面板中进行设置→点击“复选框名称”下面的文本框，输入“ability”→点击“选定值”右边的文本框，输入“1”→点击“初始状态”右边的单选按钮“未选中”（如图 4.4.3 所示）。

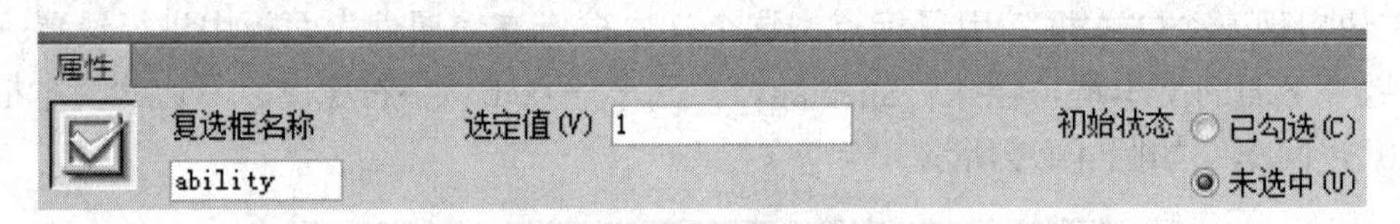

图 4.4.3 设置复选框

点击“2. 专业技能”前面的那个复选框，在“属性”面板中进行设置→点击“复选框名称”下面的文本框，输入“ability”→点击“选定值”右边的文本框，输入“2”→点击“初始状态”右边的单选按钮“未选中”。

点击“3. 实习经历”前面的那个复选框，在“属性”面板中进行设置→点击“复选框名称”下面的文本框，输入“ability”→点击“选定值”右边的文本框，输入“3”→点击“初始状态”右边的单选按钮“未选中”。

点击“4. 考试证书/技能认证”前面的那个复选框，在“属性”面板中进行设置→点击“复选框名称”下面的文本框，输入“ability”→点击“选定值”右边的文本框，输入“4”→点击“初始状态”右边的单选按钮“未选中”。

上述 4 个复选框，属于同一组，所以这 4 个复选框的名字是一样的，都是“ability”，这 4 个复选框的区分方式，在于“选定值”的不同。

（13）对“五、您认为当前毕业生就业中的主要问题是什么？”设置复选框。

把光标移动到“1. 企业需要具备较高职业能力或者专业技术人才，对应届毕业生的需求总量减少；”的前面→“插入”→“表单”→“复选框”→弹出“输入标签辅助功能属性”对话框→点击“确定”按钮。

“1. 企业需要具备较高职业能力或者专业技术人才，对应届毕业生的需求总量减少；”的前面出现一个复选框→用鼠标点击这个按钮→按“Ctrl+C”复制。

把光标移动到“2. 毕业生的就业定位不合理，期望值过高，择业过于挑剔；”的前面→按“Ctrl+V”粘贴。“2. 毕业生的就业定位不合理，期望值过高，择业过于挑剔；”的前面出现一个复选框。

把光标移动到“3. 应届毕业生不具备符合企业要求的职业能力，缺乏工作经验，没有竞争力；”的前面→按“Ctrl+V”粘贴。“3. 应届毕业生不具备符合企业要求的职业能力，缺乏工作经验，没有竞争力；”的前面出现一个复选框。

把光标移动到“4. 就业信息机制不健全，信息渠道不畅通，信息不充分；”的前面→按“Ctrl+V”粘贴。“4. 就业信息机制不健全，信息渠道不畅通，信息不充分；”的前面出现一个复选框。

把光标移动到“5. 政府、学校、用人单位及学生之间互相沟通和了解不够；”的前面→按“Ctrl+V”粘贴。“5. 政府、学校、用人单位及学生之间互相沟通和了解不够；”的前面出现一个复选框。

把光标移动到“6. 大学传统教育模式弊端太多，不注重提高学生的综合能力。”的前面→按“Ctrl+V”粘贴。“6. 大学传统教育模式弊端太多，不注重提高学生的综合能力。”的前面出现一个复选框。

点击“1. 企业需要具备较高职业能力或者专业技术人才，对应届毕业生的需求总量减少；”前面的那个复选框，在“属性”面板中进行设置→点击“复选框名称”下面的文本框，输入“problem”→点击“选定值”右边的文本框，输入“1”→点击“初始状态”右边的单选按钮“未选中”。

点击“2. 毕业生的就业定位不合理，期望值过高，择业过于挑剔；”前面的那个复选框，在“属性”面板中进行设置→点击“复选框名称”下面的文本框，输入“problem”→点击“选定值”右边的文本框，输入“2”→点击“初始状态”右边的单选按钮“未选中”。

点击“3. 应届毕业生不具备符合企业要求的职业能力，缺乏工作经验，没有竞争力；”前面的那个复选框，在“属性”面板中进行设置→点击“复选框名称”下面的文本框，输入“problem”→点击“选定值”右边的文本框，输入“3”→点击“初始状态”右边的单选按钮“未选中”。

点击“4. 就业信息机制不健全，信息渠道不畅通，信息不充分；”前面的那个复选框，在“属性”面板中进行设置→点击“复选框名称”下面的文本框，输入“problem”→点击“选定值”右边的文本框，输入“4”→点击“初始状态”右边的单选按钮“未选中”。

点击“5. 政府、学校、用人单位及学生之间互相沟通和了解不够；”前面的那个复选框，在“属性”面板中进行设置→点击“复选框名称”下面的文本框，输入“problem”→点击“选定值”右边的文本框，输入“5”→点击“初始状态”右边的单选按钮“未选中”。

点击“6. 大学传统教育模式弊端太多，不注重提高学生的综合能力。”前面的那个复选框，在“属性”面板中进行设置→点击“复选框名称”下面的文本框，输入“problem”→点击“选定值”右边的文本框，输入“6”→点击“初始状态”右边的单选按钮“未选中”。

（14）对“六、当你选择工作时，你最想进入的行业是：”设置复选框。

把光标移动到“1. IT与通信业”的前面→“插入”→“表单”→“复选框”→弹出“输入标签辅助功能属性”对话框→点击“确定”按钮。

"1. IT 与通信业"的前面出现一个复选框→用鼠标点击这个按钮→按"Ctrl+C"复制。

把光标移动到"2. 金融、证券、保险业"的前面→按"Ctrl+V"粘贴。"2. 金融、证券、保险业"的前面出现一个复选框。

把光标移动到"3. 商贸业"的前面→按"Ctrl+V"粘贴。"3. 商贸业"的前面出现一个复选框。

把光标移动到"4. 电力、石化等能源业"的前面→按"Ctrl+V"粘贴。"4. 电力、石化等能源业"的前面出现一个复选框。

把光标移动到"5. 新闻出版业"的前面→按"Ctrl+V"粘贴。"5. 新闻出版业"的前面出现一个复选框。

把光标移动到"6. 医药食品业"的前面→按"Ctrl+V"粘贴。"6. 医药食品业"的前面出现一个复选框。

把光标移动到"7. 旅游交通民航业"的前面→按"Ctrl+V"粘贴。"7. 旅游交通民航业"的前面出现一个复选框。

把光标移动到"8. 制造业"的前面→按"Ctrl+V"粘贴。"8. 制造业"的前面出现一个复选框。

把光标移动到"9. 政府机关"的前面→按"Ctrl+V"粘贴。"9. 政府机关"的前面出现一个复选框。

把光标移动到"10. 其他"的前面→按"Ctrl+V"粘贴。"10. 其他"的前面出现一个复选框。

点击"1. IT 与通信业"前面的那个复选框，在"属性"面板中进行设置→点击"复选框名称"下面的文本框，输入"choice"→点击"选定值"右边的文本框，输入"1"→点击"初始状态"右边的单选按钮"未选中"。

点击"2. 金融、证券、保险业"前面的那个复选框，在"属性"面板中进行设置→点击"复选框名称"下面的文本框，输入"choice"→点击"选定值"右边的文本框，输入"2"→点击"初始状态"右边的单选按钮"未选中"。

点击"3. 商贸业"前面的那个复选框，在"属性"面板中进行设置→点击"复选框名称"下面的文本框，输入"choice"→点击"选定值"右边的文本框，输入"3"→点击"初始状态"右边的单选按钮"未选中"。

点击"4. 电力、石化等能源业"前面的那个复选框，在"属性"面板中进行设置→点击"复选框名称"下面的文本框，输入"choice"→点击"选定值"右边的文本框，输入"4"→点击"初始状态"右边的单选按钮"未选中"。

点击"5. 新闻出版业"前面的那个复选框，在"属性"面板中进行设置→点击"复选框名称"下面的文本框，输入"choice"→点击"选定值"右边的文本框，输入"5"→点击"初始状态"右边的单选按钮"未选中"。

点击"6. 医药食品业"前面的那个复选框，在"属性"面板中进行设置→点击"复选框名称"下面的文本框，输入"choice"→点击"选定值"右边的文本框，输入"6"→点击"初始状态"右边的单选按钮"未选中"。

点击"7. 旅游交通民航业"前面的那个复选框，在"属性"面板中进行设置→点击

“复选框名称”下面的文本框，输入“choice”→点击“选定值”右边的文本框，输入“7”→点击“初始状态”右边的单选按钮“未选中”。

点击“8. 制造业”前面的那个复选框，在“属性”面板中进行设置→点击“复选框名称”下面的文本框，输入“choice”→点击“选定值”右边的文本框，输入“8”→点击“初始状态”右边的单选按钮“未选中”。

点击“9. 政府机关”前面的那个复选框，在“属性”面板中进行设置→点击“复选框名称”下面的文本框，输入“choice”→点击“选定值”右边的文本框，输入“9”→点击“初始状态”右边的单选按钮“未选中”。

点击“10. 其他”前面的那个复选框，在“属性”面板中进行设置→点击“复选框名称”下面的文本框，输入“choice”→点击“选定值”右边的文本框，输入“10”→点击“初始状态”右边的单选按钮“未选中”。

（15）对“七、你对这个行业的选择主要是基于:”设置复选框。

把光标移动到“1. 属于朝阳行业，前途远大”的前面→“插入”→“表单”→“复选框”→弹出“输入标签辅助功能属性”对话框→点击“确定”按钮。

“1. 属于朝阳行业，前途远大”的前面出现一个复选框→用鼠标点击这个按钮→按“Ctrl+C”复制。

把光标移动到“2. 该行业收入较高”的前面→按“Ctrl+V”粘贴。“2. 该行业收入较高”的前面出现一个复选框。

把光标移动到“3. 与自己的专业对口”的前面→按“Ctrl+V”粘贴。“3. 与自己的专业对口”的前面出现一个复选框。

把光标移动到“4. 创业机会大”的前面→按“Ctrl+V”粘贴。“4. 创业机会大”的前面出现一个复选框。

把光标移动到“5. 稳定”的前面→按“Ctrl+V”粘贴。“5. 稳定”的前面出现一个复选框。

把光标移动到“6. 其他”的前面→按“Ctrl+V”粘贴。“6. 其他”的前面出现一个复选框。

点击“1. 属于朝阳行业，前途远大”前面的那个复选框，在“属性”面板中进行设置→点击“复选框名称”下面的文本框，输入“reason”→点击“选定值”右边的文本框，输入“1”→点击“初始状态”右边的单选按钮“未选中”。

点击“2. 该行业收入较高”前面的那个复选框，在“属性”面板中进行设置→点击“复选框名称”下面的文本框，输入“reason”→点击“选定值”右边的文本框，输入“2”→点击“初始状态”右边的单选按钮“未选中”。

点击“3. 与自己的专业对口”前面的那个复选框，在“属性”面板中进行设置→点击“复选框名称”下面的文本框，输入“reason”→点击“选定值”右边的文本框，输入“3”→点击“初始状态”右边的单选按钮“未选中”。

点击“4. 创业机会大”前面的那个复选框，在“属性”面板中进行设置→点击“复选框名称”下面的文本框，输入“reason”→点击“选定值”右边的文本框，输入“4”→点击“初始状态”右边的单选按钮“未选中”。

点击“5. 稳定”前面的那个复选框，在“属性”面板中进行设置→点击“复选框名称”下面的文本框，输入“reason”→点击“选定值”右边的文本框，输入“5”→点击“初始状态”右边的单选按钮“未选中”。

点击“6. 其他”前面的那个复选框，在“属性”面板中进行设置→点击“复选框名称”下面的文本框，输入“reason”→点击“选定值”右边的文本框，输入“6”→点击“初始状态”右边的单选按钮“未选中”。

（16）对“八、如果进入这个企业，您最希望从企业中得到什么”设置复选框。

把光标移动到“1. 企业的从业经验”的前面→“插入”→“表单”→“复选框”→弹出“输入标签辅助功能属性”对话框→点击“确定”按钮。

“1. 企业的从业经验”的前面出现一个复选框→用鼠标点击这个按钮→按“Ctrl+C”复制。

把光标移动到“2. 良好的专业技术”的前面→按“Ctrl+V”粘贴。“2. 良好的专业技术”的前面出现一个复选框。

把光标移动到“3. 先进的管理模式”的前面→按“Ctrl+V”粘贴。“3. 先进的管理模式”的前面出现一个复选框。

把光标移动到“4. 前沿知识信息”的前面→按“Ctrl+V”粘贴。“4. 前沿知识信息”的前面出现一个复选框。

把光标移动到“5. 广泛的人际关系”的前面→按“Ctrl+V”粘贴。“5. 广泛的人际关系”的前面出现一个复选框。

把光标移动到“6. 团队合作技巧”的前面→按“Ctrl+V”粘贴。“6. 团队合作技巧”的前面出现一个复选框。

把光标移动到“7. 良好的薪酬福利”的前面→按“Ctrl+V”粘贴。“7. 良好的薪酬福利”的前面出现一个复选框。

把光标移动到“8. 到海外工作的机会”的前面→按“Ctrl+V”粘贴。“8. 到海外工作的机会”的前面出现一个复选框。

把光标移动到“9. 自我价值的实现”的前面→按“Ctrl+V”粘贴。“9. 自我价值的实现”的前面出现一个复选框。

把光标移动到“10. 稳定的工作岗位”的前面→按“Ctrl+V”粘贴。“10. 稳定的工作岗位”的前面出现一个复选框。

把光标移动到“11. 其他”的前面→按“Ctrl+V”粘贴。“11. 其他”的前面出现一个复选框。

点击“1. 企业的从业经验”前面的那个复选框，在“属性”面板中进行设置→点击“复选框名称”下面的文本框，输入“gain”→点击“选定值”右边的文本框，输入“1”→点击“初始状态”右边的单选按钮“未选中”。

点击“2. 良好的专业技术”前面的那个复选框，在“属性”面板中进行设置→点击“复选框名称”下面的文本框，输入“gain”→点击“选定值”右边的文本框，输入“2”→点击“初始状态”右边的单选按钮“未选中”。

点击“3. 先进的管理模式”前面的那个复选框，在“属性”面板中进行设置→点击

“复选框名称”下面的文本框，输入“gain”→点击“选定值”右边的文本框，输入“3”→点击“初始状态”右边的单选按钮“未选中”。

点击“4. 前沿知识信息”前面的那个复选框，在“属性”面板中进行设置→点击“复选框名称”下面的文本框，输入“gain”→点击“选定值”右边的文本框，输入“4”→点击“初始状态”右边的单选按钮“未选中”。

点击“5. 广泛的人际关系”前面的那个复选框，在“属性”面板中进行设置→点击“复选框名称”下面的文本框，输入“gain”→点击“选定值”右边的文本框，输入“5”→点击“初始状态”右边的单选按钮“未选中”。

点击“6. 团队合作技巧”前面的那个复选框，在“属性”面板中进行设置→点击“复选框名称”下面的文本框，输入“gain”→点击“选定值”右边的文本框，输入“6”→点击“初始状态”右边的单选按钮“未选中”。

点击“7. 良好的薪酬福利”前面的那个复选框，在“属性”面板中进行设置→点击“复选框名称”下面的文本框，输入“gain”→点击“选定值”右边的文本框，输入“7”→点击“初始状态”右边的单选按钮“未选中”。

点击“8. 到海外工作的机会”前面的那个复选框，在“属性”面板中进行设置→点击“复选框名称”下面的文本框，输入“gain”→点击“选定值”右边的文本框，输入“8”→点击“初始状态”右边的单选按钮“未选中”。

点击“9. 自我价值的实现”前面的那个复选框，在“属性”面板中进行设置→点击“复选框名称”下面的文本框，输入“gain”→点击“选定值”右边的文本框，输入“9”→点击“初始状态”右边的单选按钮“未选中”。

点击“10. 稳定的工作岗位”前面的那个复选框，在“属性”面板中进行设置→点击“复选框名称”下面的文本框，输入“gain”→点击“选定值”右边的文本框，输入“10”→点击“初始状态”右边的单选按钮“未选中”。

点击“11. 其他”前面的那个复选框，在“属性”面板中进行设置→点击“复选框名称”下面的文本框，输入“gain”→点击“选定值”右边的文本框，输入“11”→点击“初始状态”右边的单选按钮“未选中”。

（17）对“九、您对就业地区的选择是”设置复选框。

把光标移动到“1. 北京”的前面→“插入”→“表单”→“复选框”→弹出“输入标签辅助功能属性”对话框→点击“确定”按钮。

“1. 北京”的前面出现一个复选框→用鼠标点击这个按钮→按“Ctrl+C”复制。

把光标移动到“2. 上海”的前面→按“Ctrl+V”粘贴。“2. 上海”的前面出现一个复选框。

把光标移动到“3. 广州、深圳”的前面→按“Ctrl+V”粘贴。“3. 广州、深圳”的前面出现一个复选框。

把光标移动到“4. 东部沿海经济发达地区”的前面→按“Ctrl+V”粘贴。“4. 东部沿海经济发达地区”的前面出现一个复选框。

把光标移动到“5. 中部大中城市”的前面→按“Ctrl+V”粘贴。“5. 中部大中城市”的前面出现一个复选框。

把光标移动到“6. 西部大中城市”的前面→按“Ctrl+V”粘贴。“6. 西部大中城市”的前面出现一个复选框。

把光标移动到“7. 其他”的前面→按“Ctrl+V”粘贴。“7. 其他”的前面出现一个复选框。

点击“1. 北京”前面的那个复选框，在“属性”面板中进行设置→点击“复选框名称”下面的文本框，输入“area”→点击“选定值”右边的文本框，输入“1”→点击“初始状态”右边的单选按钮“未选中”。

点击“2. 上海”前面的那个复选框，在“属性”面板中进行设置→点击“复选框名称”下面的文本框，输入“area”→点击“选定值”右边的文本框，输入“2”→点击“初始状态”右边的单选按钮“未选中”。

点击“3. 广州、深圳”前面的那个复选框，在“属性”面板中进行设置→点击“复选框名称”下面的文本框，输入“area”→点击“选定值”右边的文本框，输入“3”→点击“初始状态”右边的单选按钮“未选中”。

点击“4. 东部沿海经济发达地区”前面的那个复选框，在“属性”面板中进行设置→点击“复选框名称”下面的文本框，输入“area”→点击“选定值”右边的文本框，输入“4”→点击“初始状态”右边的单选按钮“未选中”。

点击“5. 中部大中城市”前面的那个复选框，在“属性”面板中进行设置→点击“复选框名称”下面的文本框，输入“area”→点击“选定值”右边的文本框，输入“5”→点击“初始状态”右边的单选按钮“未选中”。

点击“6. 西部大中城市”前面的那个复选框，在“属性”面板中进行设置→点击“复选框名称”下面的文本框，输入“area”→点击“选定值”右边的文本框，输入“6”→点击“初始状态”右边的单选按钮“未选中”。

点击“7. 其他”前面的那个复选框，在“属性”面板中进行设置→点击“复选框名称”下面的文本框，输入“area”→点击“选定值”右边的文本框，输入“7”→点击“初始状态”右边的单选按钮“未选中”。

（18）对“十、如求职较为困难，您对去小城镇及乡镇单位就业能否接受”设置单选按钮。

把光标移动到“1. 乐于接受”的前面→“插入”→“表单”→“单选按钮”→弹出“输入标签辅助功能属性”对话框→点击“确定”按钮。

“1. 乐于接受”的前面出现一个单选按钮→用鼠标点击这个按钮→按“Ctrl+C”复制。

把光标移动到“2. 实在没有其他机会时可以接受”的前面→按“Ctrl+V”粘贴。“2. 实在没有其他机会时可以接受”的前面出现一个单选按钮。

把光标移动到“3. 坚决不接受”的前面→按“Ctrl+V”粘贴。“3. 坚决不接受”的前面出现一个单选按钮。

点击“1. 乐于接受”前面的那个单选按钮，在“属性”面板中进行设置→点击“单选按钮”下面的文本框，输入“town”→点击“选定值”右边的文本框，输入“1”→点击“初始状态”右边的单选按钮“未选中”。

点击“2. 实在没有其他机会时可以接受”前面的那个单选按钮，在“属性”面板中进行设置→点击“单选按钮”下面的文本框，输入“town”→点击“选定值”右边的文本框，输入“2”→点击“初始状态”右边的单选按钮“已勾选”。

点击“3. 坚决不接受”前面的那个单选按钮，在“属性”面板中进行设置→点击“单选按钮”下面的文本框，输入“town”→点击“选定值”右边的文本框，输入“3”→点击“初始状态”右边的单选按钮“未选中”。

（19）对“十一、您对求职薪酬（试用期后的工资）的考虑：”设置列表/菜单。

把光标移动到“11. 您对求职薪酬（试用期后的工资）的考虑：（列表/菜单）”的后面→“插入”→“表单”→“选择（列表/菜单）”→在弹出的“输入标签辅助功能属性”对话框中，点击“确定”按钮→出现一个下拉列表。

点击这个下拉列表→在“属性”面板中进行设置→点击“选择”下面的文本框，输入“salary”→在“类型”右边，勾选单选按钮“菜单”（如图 4.4.4 所示）。

图 4.4.4　在属性面板中设置“列表/菜单”

在“属性”面板中，点击按钮“列表值”，在弹出的“列表值”对话框中进行设置→点击“项目标签”的下面，输入“1500—2000 元”→点击“值”的下面，输入“1”。

点击“+”按钮，“1500—2000 元”的下面，光标闪烁→输入“2001—2500 元”→点击“1”的下面，光标闪烁，输入“2”。

点击“+”按钮，“2001—2500 元”的下面，光标闪烁→输入“2501—3000 元”→点击“2”的下面，光标闪烁，输入“3”。

点击“+”按钮，“2501—3000 元”的下面，光标闪烁→输入“3001—4000 元”→点击“3”的下面，光标闪烁，输入“4”。

点击“+”按钮，“3001—4000 元”的下面，光标闪烁→输入“4001—5000 元”→点击“4”的下面，光标闪烁，输入“5”。

点击“+”按钮，“4001—5000 元”的下面，光标闪烁→输入“5000 元以上”→点击“5”的下面，光标闪烁，输入“6”→点击“确定”按钮（如图 4.4.5 所示）。

列表值

项目标签	值
1500-2000元	1
2001-2500元	2
2501-3000元	3
3001-4000元	4
4001-5000元	5

确定　取消　帮助(H)

图 4.4.5　设置“列表值”对话框

点击一项之后，按▲按钮向上移动，按▼向下移动，按−按钮删除。

（20）对“十二、您对以上薪酬标准的考虑是根据以下哪种情况确定的”设置复选框。

把光标移动到“1. 人才市场的行情”的前面→“插入”→“表单”→“复选框”→弹出“输入标签辅助功能属性”对话框→点击“确定”按钮。

“1. 人才市场的行情”的前面出现一个复选框→用鼠标点击这个按钮→按“Ctrl+C”复制。

把光标移动到“2. 对自身价值的评价”的前面→按“Ctrl+V”粘贴。“2. 对自身价值的评价”的前面出现一个复选框。

把光标移动到“3. 用人单位的实力”的前面→按“Ctrl+V”粘贴。“3. 用人单位的实力”的前面出现一个复选框。

把光标移动到“4. 老师、父母或同学的建议”的前面→按“Ctrl+V”粘贴。“4. 老师、父母或同学的建议”的前面出现一个复选框。

把光标移动到“5. 其他”的前面→按“Ctrl+V”粘贴。“5. 其他”的前面出现一个复选框。

点击“1. 人才市场的行情”前面的那个复选框，在“属性”面板中进行设置→点击“复选框名称”下面的文本框，输入“base”→点击“选定值”右边的文本框，输入“1”→点击“初始状态”右边的单选按钮“未选中”。

点击“2. 对自身价值的评价”前面的那个复选框，在“属性”面板中进行设置→点击“复选框名称”下面的文本框，输入“base”→点击“选定值”右边的文本框，输入“2”→点击“初始状态”右边的单选按钮“未选中”。

点击“3. 用人单位的实力”前面的那个复选框，在“属性”面板中进行设置→点击“复选框名称”下面的文本框，输入“base”→点击“选定值”右边的文本框，输入“3”→点击“初始状态”右边的单选按钮“未选中”。

点击“4. 老师、父母或同学的建议”前面的那个复选框，在“属性”面板中进行设置→点击“复选框名称”下面的文本框，输入“base”→点击“选定值”右边的文本框，输入“4”→点击“初始状态”右边的单选按钮“未选中”。

点击“5. 其他”前面的那个复选框，在“属性”面板中进行设置→点击“复选框名称”下面的文本框，输入“base”→点击“选定值”右边的文本框，输入“5”→点击“初始状态”右边的单选按钮“未选中”。

层与行为

本章主要讲解层、行为，这是本书的重点之一。行为和层往往联系在一起。行为有很多，这里只是择要讲解。

如果网页中采用了行为，那么在IE中浏览网页编辑效果的时候，显示浮动条"Internet Explorer已限制此网页运行脚本或ActiveX控件"，点击右边的按钮"允许阻止的内容"。

第一节 作 业 22

点击"myWeb"站点，"TEXT"子目录下，有一个文本文件"作业22要求.txt"，双击打开"作业22要求.txt"，里面是作业22的要求。通过这个作业，初步了解行为的做法。

一、作业要求

做一个网页，显示行为。

当打开网页的时候，弹出一个问候的对话框。

二、作业解答

（1）点击"myWeb"站点→右击"HTML"子目录→在弹出的下拉列表中点击第一项"新建文件"→修改文件的名字为"作业22答案.html"→双击打开作业"作业22答案.html"。

（2）点击"myWeb"站点→点击"TEXT"子目录前面的⊞，展开"TEXT"子目录→双击打开"TEXT"子目录下的文本文件"作业22要求.txt"，里面是作业22的要求。

（3）点击"作业22要求.txt"编辑页面→"Ctrl+A"全选→"Ctrl+C"复制。

（4）点击"作业22答案.html"标签→点击"设计"视图→"Ctrl+V"粘贴。

（5）点击"标题"右边的文本框→用鼠标选择文本框中的文字"无标题文档"→输入标题"作业22答案"→回车→"Ctrl+S"保存。

（6）点击"作业22要求.txt"标签中右侧的"关闭"图标×，关闭"作业22要求.txt"。

（7）点击"窗口"→"行为"，弹出"标签检查器"浮动面板，其中"行为"按钮行为处于被点击状态。

（8）点击"添加行为"图标+→在弹出的下拉列表中点击第2项"弹出信息"。

（9）在弹出的"弹出信息"对话框中，在"消息"右边的文本框中，输入文本"当打开网页的时候，弹出来这个对话框。"→点击"确定"按钮（如图5.1.1所示）。

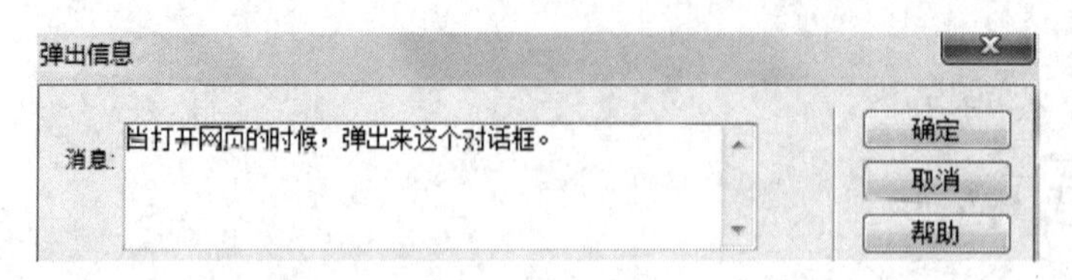

图 5.1.1 设置“弹出信息”对话框

（10）浮动面板“标签检查器”的下面，出现了一个新的行为：“onLoad 弹出信息”。“on”是“当...的时候”，“Load”是“载入”，“onLoad”是“当载入网页的时候”（如图 5.1.2 所示）。

（11）按“Ctrl+S”保存→按“F12”键查看网页编辑效果。

（12）在 IE 中运行的时候，显示浮动条“Internet Explorer 已限制此网页运行脚本或 ActiveX 控件”，点击右边的按钮“允许阻止的内容”→弹出一个对话框（如图 5.1.3 所示）。

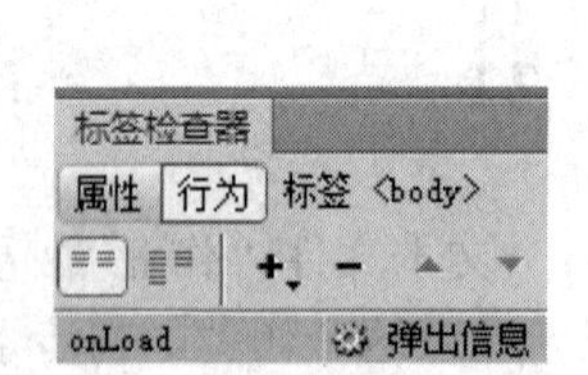

图 5.1.2 添加行为之后的“标签检查器”浮动面板

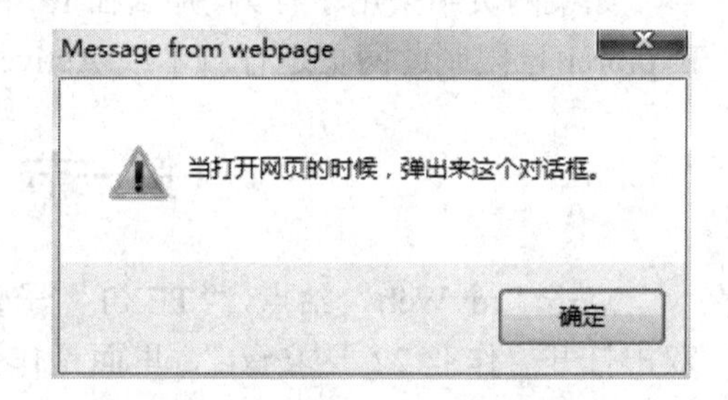

图 5.1.3 “Message from webpage”对话框

第二节 作 业 23

点击“myWeb”站点，“TEXT”子目录下，有一个文本文件“作业 23 要求.txt”，双击打开“作业 23 要求.txt”，里面是作业 23 的要求。

一、作业要求

做一个网页，显示行为。

当打开网页的时候，打开浏览器窗口。

二、作业解答

（1）点击“myWeb”站点→右击“HTML”子目录→在弹出的下拉列表中点击第一项“新建文件”→修改文件的名字为“作业 23 答案.html”→双击打开作业“作业 23 答案.html”。

（2）点击“myWeb”站点→点击“TEXT”子目录前面的⊞，展开“TEXT”子目录→双击打开“TEXT”子目录下的文本文件“作业 23 要求.txt”，里面是作业 23 的要求。

（3）点击“作业 23 要求.txt”编辑页面→“Ctrl+A”全选→“Ctrl+C”复制。

（4）点击“作业 23 答案.html”标签→点击“设计”视图→“Ctrl+V”粘贴。

（5）点击“标题”右边的文本框→用鼠标选择文本框中的文字“无标题文档”→输入标题“作业 23 答案”→回车→“Ctrl+S”保存。

（6）点击“作业 23 要求.txt”标签中右侧的“关闭”图标×，关闭“作业 23 要求.txt”。

（7）点击“窗口”→“行为”，弹出“标签检查器”浮动面板，其中“行为”按钮，处于已经被点击状态。

（8）点击“添加行为”图标→在弹出的下拉列表中点击第 4 项“打开浏览器窗口”。

（9）在弹出的“打开浏览器窗口”对话框中进行设置。

点击“要显示的 URL”右边的文本框，输入一个网址（如：http://www.uibe.edu.cn）。或者点击右边的“浏览”按钮→选择“IMAGE”子文件夹下的“china.gif”图片文件。“要显示的 URL”右边的文本框中，文本为“../IMAGE/china.gif”。

点击“窗口宽度”右边的文本框，输入“300”→点击“窗口高度”右边的文本框，输入“300”。

分别勾选：“导航工具栏”前面的复选框；“菜单条”前面的复选框；“地址工具栏”前面的复选框；“需要时使用滚动条”前面的复选框；“状态栏”前面的复选框；“调整大小手柄”前面的复选框。

点击“窗口名称”右边的文本框，输入文本“china 图片”。

点击“确定”按钮（如图 5.2.1 所示）。

（10）“标签检查器”浮动面板中，出现一个新的行为“onLoad 打开浏览器窗口”，也就是打开网页的时候，打开一个浏览器窗口（如图 5.2.2 所示）。

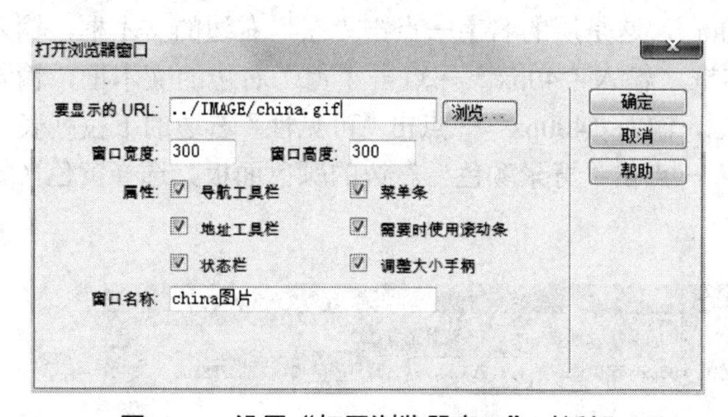

图 5.2.1　设置“打开浏览器窗口”对话框

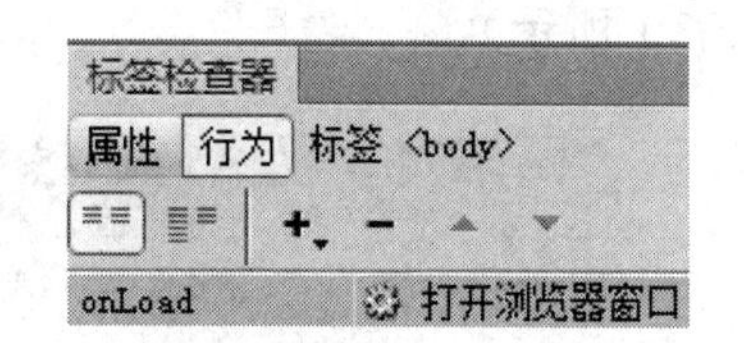

图 5.2.2　添加行为之后的“标签检查器”浮动面板

（11）按“Ctrl+S”保存→按“F12”键，在 IE 浏览器中查看网页编辑效果。

（12）在 IE 中运行的时候，显示浮动条“Internet Explorer 已限制此网页运行脚本或 ActiveX 控件”，点击右边的按钮“允许阻止的内容”。

第三节　作　业　24

点击“myWeb”站点，“TEXT”子目录下，有一个文本文件“作业 24 要求.txt”，双击打开“作业 24 要求.txt”，里面是作业 24 的要求。通过这个作业，了解层与行为结合的做法。层与行为往往是结合在一起的。

一、作业要求

做一个网页，里面有一个层，层可见。层中有颜色，层旁边有几个按钮，点击不同的按钮，层的颜色发生变化。

二、作业解答

（1）点击“myWeb”站点→点击“TEXT”子目录前面的⊞，展开“TEXT”子目录→双击打开“TEXT”子目录下的文本文件“作业 24 要求.txt”，里面是作业 24 的要求。

（2）点击“作业 24 要求.txt”标签中右侧的“关闭”图标×，关闭“作业 24 要求.txt”。

（3）点击“myWeb”站点→右击“HTML”子目录→在弹出的下拉列表中点击第一项“新建文件”→修改文件的名字为“作业 24 答案.html”→双击打开作业“作业 24 答案.html”。

点击“标题”右边的文本框→用鼠标选择文本框中的文字“无标题文档”→输入标题“作业 24 答案”→回车→“Ctrl+S”保存。

点击“设计”视图→点击网页空白处→“插入”菜单→“布局对象”→“AP Div”→在“设计”视图中，出现一个层，层表现为一个矩形。

如果用鼠标点击矩形里面，那么层的左上角出现一个蓝色的小方框，矩形的四条边都变成蓝色，光标在层中（矩形）闪烁。

如果用鼠标点击矩形的边，那么层的左上角出现一个蓝色的小方框，矩形的四条边都变成蓝色，而且层的周围出现 8 个控制点。可以用鼠标拖动层，进行移动。

（4）点击层（矩形）的边，选中层→在“属性”面板中进行设置→点击“CSS-P 元素”下面的可编辑下拉列表，输入“color”，这是层的名字→点击“左”右边的文本框，输入“400px”→点击“上”右边的文本框，输入“40px”→点击“宽”右边的文本框，输入“400px”→点击“高”右边的文本框，输入“400px”→点击“可见性”右边的下拉列表，在弹出的下拉列表中选择“visible”→点击“背景颜色”右边的颜色面板，选择黄色（如图 5.3.1 所示）。

图 5.3.1 在“属性”面板中设置层的参数

属性面板中，“左”是指层的左边缘距离网页左边的距离，“上”是指层的上边缘距离网页上边的距离，“宽”是指层的宽，“高”是指层的高度，“px”是“pixel”的缩写，“背景颜色”是指层的颜色。

（5）点击“作业 24 答案.html”标签→点击“设计”视图→点击“插入”菜单→“表单”→“表单”。“设计”视图下，出现了一个红色的虚线框，里面光标在页面左上角闪烁。

（6）点击“插入”菜单→“表单”→“按钮”。红色虚线框左上角，出现了一个按钮。

（7）点击这个按钮，在“属性”面板中进行设置→点击“按钮名称”下面的文本框，输入“red”→点击“值”右边的文本框，输入“红色”→点击“动作”右边“无”前面的单选按钮（注意，“动作”一定要选择“无”，否则无法采用行为，如图 5.3.2 所示）。

图 5.3.2　在“属性”面板中设置按钮的参数

“值”右边文本框中的文本，显示在按钮上。

（8）用鼠标点击按钮→按“Ctrl+C”复制。

（9）按“Ctrl+V”粘贴，“红色”按钮右边多了一个按钮→点击这个按钮，在“属性”面板中进行设置→点击“按钮名称”下面的文本框，输入“green”→点击“值”右边的文本框，输入“绿色”→点击“动作”右边“无”前面的单选按钮。

（10）按“Ctrl+V”粘贴，“绿色”按钮右边多了一个按钮→点击这个按钮，在“属性”面板中进行设置→点击“按钮名称”下面的文本框，输入“blue”→点击“值”右边的文本框，输入“蓝色”→点击“动作”右边“无”前面的单选按钮。

（11）按“Ctrl+V”粘贴，“蓝色”按钮右边多了一个按钮→点击这个按钮，在“属性”面板中进行设置→点击“按钮名称”下面的文本框，输入“yellow”→点击“值”右边的文本框，输入“黄色”→点击“动作”右边“无”前面的单选按钮。

（12）回车→按“Ctrl+V”粘贴，下面一行多了一个按钮→点击这个按钮，在“属性”面板中进行设置→点击“按钮名称”下面的文本框，输入“pink”→点击“值”右边的文本框，输入“粉红色”→点击“动作”右边“无”前面的单选按钮。

（13）按“Ctrl+V”粘贴，“粉红色”按钮右边多了一个按钮→点击这个按钮，在“属性”面板中进行设置→点击“按钮名称”下面的文本框，输入“purple”→点击“值”右边的文本框，输入“紫色”→点击“动作”右边“无”前面的单选按钮。

（14）按“Ctrl+V”粘贴，“紫色”按钮右边多了一个按钮→点击这个按钮，在“属性”面板中进行设置→点击“按钮名称”下面的文本框，输入“orange”→点击“值”右边的文本框，输入“橙色”→点击“动作”右边“无”前面的单选按钮。

（15）按“Ctrl+V”粘贴，“橙色”按钮右边多了一个按钮→点击这个按钮，在“属性”面板中进行设置→点击“按钮名称”下面的文本框，输入“black”→点击“值”右边的文本框，输入“黑色”→点击“动作”右边“无”前面的单选按钮。

（16）回车→按“Ctrl+V”粘贴，下面一行多了一个按钮→点击这个按钮，在“属性”面板中进行设置→点击“按钮名称”下面的文本框，输入“white”→点击“值”右边的文本框，输入“白色”→点击“动作”右边“无”前面的单选按钮。

（17）按“Ctrl+V”粘贴，“白色”按钮右边多了一个按钮→点击这个按钮，在“属性”面板中进行设置→点击“按钮名称”下面的文本框，输入“brown”→点击“值”右边的文本框，输入“棕色”→点击“动作”右边“无”前面的单选按钮。

（18）按“Ctrl+V”粘贴，“棕色”按钮右边多了一个按钮→点击这个按钮，在“属性”面板中进行设置→点击“按钮名称”下面的文本框，输入“gold”→点击“值”右边的文本框，输入“金色”→点击“动作”右边“无”前面的单选按钮。

（19）按“Ctrl+V”粘贴，“金色”按钮右边多了一个按钮→点击这个按钮，在“属性”面板中进行设置→点击“按钮名称”下面的文本框，输入“silver”→点击“值”右边的文本框，输入“银色”→点击“动作”右边“无”前面的单选按钮。

（20）点击“红色”按钮→点击“窗口”→“行为”→弹出“标签检查器”浮动面板，其中“行为”按钮处于被点击状态→点击“添加行为”图标→在弹出的下拉列表中，点击第6项“改变属性”→在弹出的“改变属性”对话框中进行设置。

点击“元素类型”右边的下拉列表，选择“DIV”→点击“元素ID”右边的下拉列表，选择“DIV "color"”→点击“属性”右边、“选择”前面的单选按钮→点击“选择”右边的下拉列表，选择“backgroundColor”→点击“新的值”右边的文本框，输入“red”→点击“确定”按钮（如图5.3.3所示）。浮动面板“标签检查器”的下面，出现了一个新的行为：“onClick 改变属性”，也就是当点击这个按钮的时候，color这个层的属性将发生改变。

图5.3.3 在“改变属性”面板中设置参数

（21）点击“绿色”按钮→点击“窗口”→“行为”→弹出“标签检查器”浮动面板，其中“行为”按钮处于被点击状态→点击“添加行为”图标→在弹出的下拉列表中，点击第6项“改变属性”→在弹出的“改变属性”对话框中进行设置。

点击“元素类型”右边的下拉列表，选择“DIV”→点击“元素ID”右边的下拉列表，选择“DIV "color"”→点击“属性”右边、“选择”前面的单选按钮→点击“选择”右边的下拉列表，选择“backgroundColor”→点击“新的值”右边的文本框，输入“green”→点击“确定”按钮。浮动面板“标签检查器”的下面，出现了一个新的行为：“onClick 改变属性”。

（22）点击“蓝色”按钮→点击“窗口”→“行为”→弹出“标签检查器”浮动面板，其中“行为”按钮处于被点击状态→点击“添加行为”图标→在弹出的下拉列表中，点击第6项“改变属性”→在弹出的“改变属性”对话框中进行设置。

点击“元素类型”右边的下拉列表，选择“DIV”→点击“元素ID”右边的下拉列表，选择“DIV "color"”→点击“属性”右边、“选择”前面的单选按钮→点击“选择”右边的下拉列表，选择“backgroundColor”→点击“新的值”右边的文本框，输入“blue”→点击“确定”按钮。浮动面板“标签检查器”的下面，出现了一个新的行为：“onClick 改变属性”。

（23）点击“黄色”按钮→点击“窗口”→“行为”→弹出“标签检查器”浮动面板，其中“行为”按钮处于被点击状态→点击“添加行为”图标→在弹出的下拉列表中，点击第6项“改变属性”→在弹出的“改变属性”对话框中进行设置。

点击“元素类型”右边的下拉列表，选择“DIV”→点击“元素ID”右边的下拉列表，选择“DIV "color"”→点击“属性”右边、“选择”前面的单选按钮→点击“选择”右边的下拉列表，选择“backgroundColor”→点击“新的值”右边的文本框，输入“yellow”→点击“确定”按钮。浮动面板“标签检查器”的下面，出现了一个新的行为：“onClick 改变属性”。

（24）点击“粉红色”按钮→点击“窗口”→“行为”→弹出“标签检查器”浮动面板，其中“行为”按钮处于被点击状态→点击“添加行为”图标→在弹出的下拉列表中，点击第 6 项“改变属性”→在弹出的“改变属性”对话框中进行设置。

点击“元素类型”右边的下拉列表，选择“DIV”→点击“元素 ID”右边的下拉列表，选择“DIV "color"”→点击“属性”右边、“选择”前面的单选按钮→点击“选择”右边的下拉列表，选择“backgroundColor”→点击“新的值”右边的文本框，输入“pink”→点击“确定”按钮。浮动面板“标签检查器”的下面，出现了一个新的行为：“onClick 改变属性”。

（25）点击“紫色”按钮→点击“窗口”→“行为”→弹出“标签检查器”浮动面板，其中“行为”按钮处于被点击状态→点击“添加行为”图标→在弹出的下拉列表中，点击第 6 项“改变属性”→在弹出的“改变属性”对话框中进行设置。

点击“元素类型”右边的下拉列表，选择“DIV”→点击“元素 ID”右边的下拉列表，选择“DIV "color"”→点击“属性”右边、“选择”前面的单选按钮→点击“选择”右边的下拉列表，选择“backgroundColor”→点击“新的值”右边的文本框，输入“purple”→点击“确定”按钮。浮动面板“标签检查器”的下面，出现了一个新的行为：“onClick 改变属性”。

（26）点击“橙色”按钮→点击“窗口”→“行为”→弹出“标签检查器”浮动面板，其中“行为”按钮处于被点击状态→点击“添加行为”图标→在弹出的下拉列表中，点击第 6 项“改变属性”→在弹出的“改变属性”对话框中进行设置。

点击“元素类型”右边的下拉列表，选择“DIV”→点击“元素 ID”右边的下拉列表，选择“DIV "color"”→点击“属性”右边、“选择”前面的单选按钮→点击“选择”右边的下拉列表，选择“backgroundColor”→点击“新的值”右边的文本框，输入“orange”→点击“确定”按钮。浮动面板“标签检查器”的下面，出现了一个新的行为：“onClick 改变属性”。

（27）点击“黑色”按钮→点击“窗口”→“行为”→弹出“标签检查器”浮动面板，其中“行为”按钮处于被点击状态→点击“添加行为”图标→在弹出的下拉列表中，点击第 6 项“改变属性”→在弹出的“改变属性”对话框中进行设置。

点击“元素类型”右边的下拉列表，选择“DIV”→点击“元素 ID”右边的下拉列表，选择“DIV "color"”→点击“属性”右边、“选择”前面的单选按钮→点击“选择”右边的下拉列表，选择“backgroundColor”→点击“新的值”右边的文本框，输入“black”→点击“确定”按钮。浮动面板“标签检查器”的下面，出现了一个新的行为：“onClick 改变属性”。

（28）点击“白色”按钮→点击“窗口”→“行为”→弹出“标签检查器”浮动面板，其中“行为”按钮处于被点击状态→点击“添加行为”图标→在弹出的下拉列表中，点击第 6 项“改变属性”→在弹出的“改变属性”对话框中进行设置。

点击“元素类型”右边的下拉列表，选择“DIV”→点击“元素 ID”右边的下拉列表，选择“DIV "color"”→点击“属性”右边、“选择”前面的单选按钮→点击“选择”右边的下拉列表，选择“backgroundColor”→点击“新的值”右边的文本框，输入“white”→点击“确定”按钮。浮动面板“标签检查器”的下面，出现了一个新的行为：“onClick 改变属性”。

（29）点击“棕色”按钮→点击“窗口”→“行为”→弹出“标签检查器”浮动面板，其中“行为”按钮处于被点击状态→点击“添加行为”图标→在弹出的下拉列表中，点击第6项“改变属性”→在弹出的“改变属性”对话框中进行设置。

点击“元素类型”右边的下拉列表，选择“DIV”→点击“元素ID”右边的下拉列表，选择“DIV "color"”→点击“属性”右边、“选择”前面的单选按钮→点击“选择”右边的下拉列表，选择“backgroundColor”→点击“新的值”右边的文本框，输入“brown”→点击“确定”按钮。浮动面板“标签检查器”的下面，出现了一个新的行为：“onClick 改变属性”。

（30）点击“金色”按钮→点击“窗口”→“行为”→弹出“标签检查器”浮动面板，其中“行为”按钮处于被点击状态→点击“添加行为”图标→在弹出的下拉列表中，点击第6项“改变属性”→在弹出的“改变属性”对话框中进行设置。

点击“元素类型”右边的下拉列表，选择“DIV”→点击“元素 ID”右边的下拉列表，选择“DIV "color"”→点击“属性”右边、“选择”前面的单选按钮→点击“选择”右边的下拉列表，选择“backgroundColor”→点击“新的值”右边的文本框，输入“gold”→点击“确定”按钮。浮动面板“标签检查器”的下面，出现了一个新的行为：“onClick 改变属性”。

（31）点击“银色”按钮→点击“窗口”→“行为”→弹出“标签检查器”浮动面板，其中“行为”按钮处于被点击状态→点击“添加行为”图标→在弹出的下拉列表中，点击第6项“改变属性”→在弹出的“改变属性”对话框中进行设置。

点击“元素类型”右边的下拉列表，选择“DIV”→点击“元素 ID”右边的下拉列表，选择“DIV "color"”→点击“属性”右边、“选择”前面的单选按钮→点击“选择”右边的下拉列表，选择“backgroundColor”→点击“新的值”右边的文本框，输入“silver”→点击“确定”按钮。浮动面板“标签检查器”的下面，出现了一个新的行为：“onClick 改变属性”。

（32）按“Ctrl+S”保存→按“F12”键，在IE浏览器中查看网页编辑效果。

（33）在IE中运行的时候，显示浮动条“Internet Explorer 已限制此网页运行脚本或ActiveX控件”，点击右边的“允许阻止的内容”按钮。

第四节 作 业 25

点击“myWeb”站点，“TEXT”子目录下，有一个文本文件“作业25要求.txt”，双击打开“作业25要求.txt”，里面是作业25的要求。

通过这个作业，掌握如何通过按钮检查表单的正确性，以及表单和表格如何结合起来。表单（Form）不同于表格（Table）。在本作业中，通过表格，把表单元素（如：按钮、文本框、单选按钮、复选框等）对齐，从而显得整齐，也就是表单里面有表格。

本作业主要是表单操作，不涉及层的操作。

一、作业要求

做一个网页，检查表单，表单中的表单元素，通过表格对齐格式，也就是表单里面有表格。点击提交表单按钮，如果表单中的表单项内容不符合要求，就弹出对话框提醒。

二、作业解答

（1）点击“myWeb”站点→点击“TEXT”子目录前面的⊞，展开“TEXT”子目录→双击打开“TEXT”子目录下的文本文件“作业 25 要求.txt”，里面是作业 25 的要求。

（2）点击“作业 25 要求.txt”标签中右侧的“关闭”图标×，关闭“作业 25 要求.txt”。

（3）点击“myWeb”站点→右击“HTML”子目录→在弹出的下拉列表中点击第一项“新建文件”→修改文件的名字为“作业 25 答案.html”→双击打开作业“作业 25 答案.html”。

（4）点击“标题”右边的文本框→用鼠标选择文本框中的文字“无标题文档”→输入标题“作业 25 答案”→回车→“Ctrl+S”保存。

（5）点击“作业 25 答案.html”标签→点击“设计”视图→点击“插入”菜单→“表单”→“表单”。“设计”视图下，出现了一个红色的虚线框，里面光标在页面左上角闪烁（为了让红色的虚线框变大，可以回车几次，但是回车之后，应该用鼠标点击红色虚线框里面的左上角，使得光标在红色虚线框的左上角闪烁）。

（6）光标在红色的虚线框里面闪烁→点击“插入”菜单→表格→在弹出的“表格”对话框中进行设置。

点击“行数”右边的文本框，输入“10”→点击“列”右边的文本框，输入“2”→点击“表格宽度”右边的文本框，输入“60”→点击右边的下拉列表，选择“百分百”→点击“边框粗细”右边的文本框，输入“1”→点击“单元格边距”右边的文本框，输入“0”→点击“单元格间距”右边的文本框，输入“0”→点击“确定”按钮（如图 5.4.1 所示）。

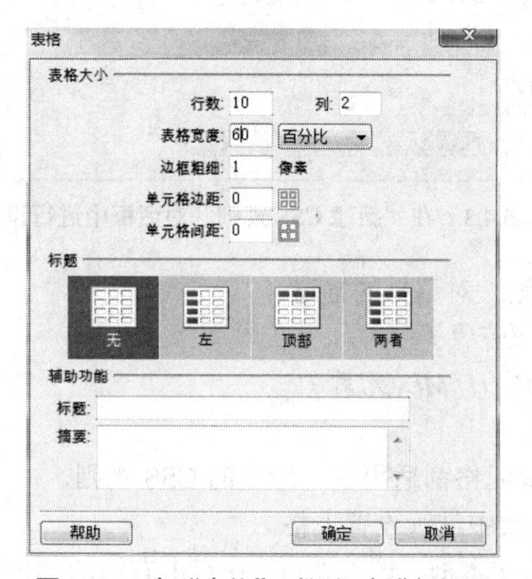

图 5.4.1 在“表格”对话框中进行设置

（7）红色虚线框中出现一个表格→用鼠标选择这个表格，在“属性”面板中进行设置→点击“对齐”右边的下拉列表，选择“居中对齐”（如图 5.4.2 所示）。

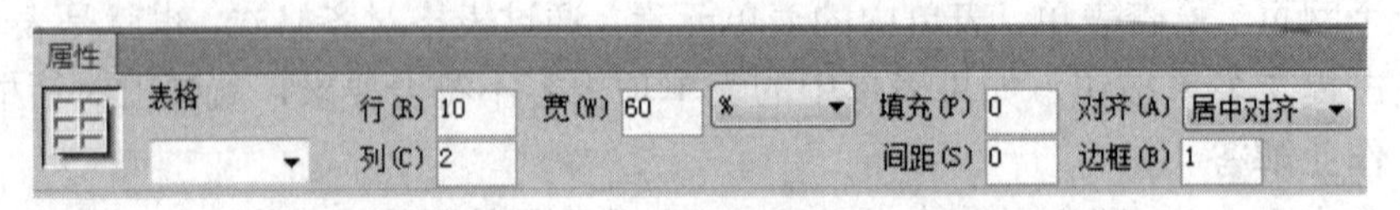

图 5.4.2　在“属性”面板中设置表格

（8）选择第一行的 2 个单元格，点击“属性”面板，在“属性”面板中进行设置。

点击“合并所选单元格，使用跨度”图标，将第一行的 2 个单元格合并。

（9）点击第一行，输入“大学生调查表”。

用鼠标选择所有的单元格（注意，是所有单元格，而不是整个表格。可以点击左上角的单元格，然后用鼠标向右、向下拖动，直到选择表格中所有的单元格）→点击“属性”面板中的“CSS”按钮→点击“字体”两个字右边的可编辑下拉列表→用鼠标选择原有的文本“默认字体”→输入“隶书”，回车。

在弹出的“新建 CSS 规则”对话框中进行设置→“选择或输入选择器名称。”下面的文本框中，自动出现文本“#form1 table”→点击“确定”按钮（如图 5.4.3 所示）。

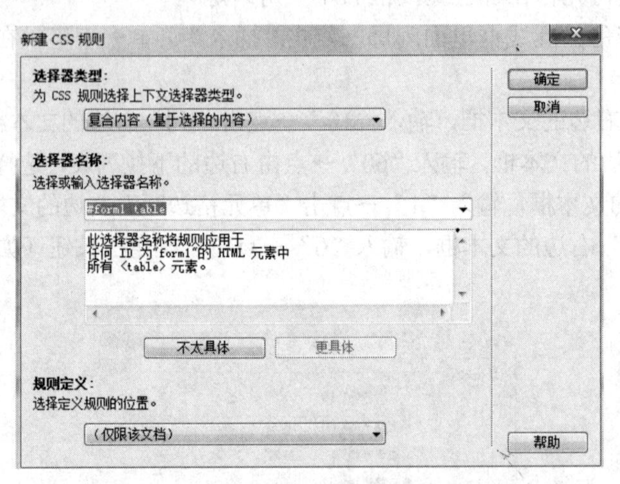

图 5.4.3　在“新建 CSS 规则”对话框中进行设置

根据“新建 CSS 规则”对话框的描述：

此选择器名称将规则应用于

任何 ID 为"form1"的 HTML 元素中

所有 <table> 元素。

也就是说，所有的单元格都适用这个新建的 CSS 规则。

（10）在“属性”面板中继续设置表格。

点击“大小”右边的文本框，输入“36”→点击右边的颜色面板，选择蓝色，或者在颜色面板右边的文本框中输入“blue”。

点击“水平”右边的下拉列表，在下拉列表中选择“居中对齐”。

点击“垂直”右边的下拉列表，在下拉列表中选择“居中”。

点击“背景颜色”右边的颜色面板，选择黄色，或者在颜色面板右边的文本框中输入“yellow”（如图 5.4.4 所示）。

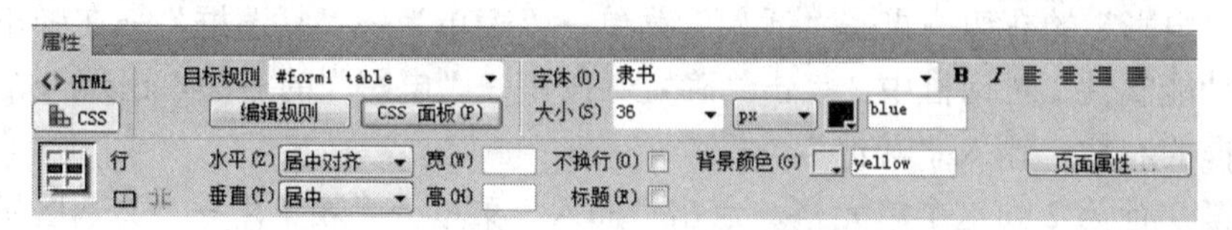

图 5.4.4 在“属性”面板中设置表格的单元格

（11）点击第 2 行第 1 列单元格，输入“学号”→点击第 3 行第 1 列单元格，输入“姓名”→点击第 4 行第 1 列单元格，输入“年龄”→点击第 5 行第 1 列单元格，输入“性别”→点击第 6 行第 1 列单元格，输入“年级”→点击第 7 行第 1 列单元格，输入“电子邮箱”→点击第 8 行第 1 列单元格，输入“兴趣爱好”→点击第 9 行第 1 列单元格，输入“个人建议”。

（12）用鼠标选择第 2 行、第 3 行、第 4 行、第 5 行、第 6 行、第 7 行、第 8 行、第 9 行→在“属性”面板中进行设置→点击“水平”右边的下拉列表，选择“左对齐”。

（13）点击第 2 行第 2 列这个单元格→点击“插入”菜单→“表单”→“文本域”→在弹出的“输入标签辅助功能属性”对话框中，点击“确定”按钮。

点击第 3 行第 2 列这个单元格→点击“插入”菜单→“表单”→“文本域”→在弹出的“输入标签辅助功能属性”对话框中，点击“确定”按钮。

点击第 4 行第 2 列这个单元格→点击“插入”菜单→“表单”→“文本域”→在弹出的“输入标签辅助功能属性”对话框中，点击“确定”按钮。

点击第 5 行第 2 列这个单元格→点击“插入”菜单→“表单”→“单选按钮”→在弹出的“输入标签辅助功能属性”对话框中，点击“确定”按钮→出现一个单选按钮→点击单选按钮的右边，输入“女”。

点击“女”的右边→点击“插入”菜单→“表单”→“单选按钮”→在弹出的“输入标签辅助功能属性”对话框中，点击“确定”按钮→“女”的右边，出现一个单选按钮→点击单选按钮的右边，输入“男”。

点击第 6 行第 2 列这个单元格→点击“插入”菜单→“表单”→“选择（列表/菜单）”→在弹出的“输入标签辅助功能属性”对话框中，点击“确定”按钮。

点击第 7 行第 2 列这个单元格→点击“插入”菜单→“表单”→“文本域”→在弹出的“输入标签辅助功能属性”对话框中，点击“确定”按钮。

点击第 8 行第 2 列这个单元格→点击“插入”菜单→“表单”→“复选框”→在弹出的“输入标签辅助功能属性”对话框中，点击“确定”按钮→出现一个复选框→点击复选框的右边，输入“游泳”。

点击“游泳”的右边→点击“插入”菜单→“表单”→“复选框”→在弹出的“输入标签辅助功能属性”对话框中，点击“确定”按钮→“游泳”的右边，出现一个复选框，点击复选框的右边，输入“音乐”。

点击“音乐”的右边→点击“插入”菜单→“表单”→“复选框”→在弹出的“输入标签辅助功能属性”对话框中，点击“确定”按钮→“音乐”的右边，出现一个复选框，点击复选框的右边，输入“电影”。

点击“电影”的右边→点击“插入”菜单→“表单”→“复选框”→在弹出的“输入标签辅助功能属性”对话框中，点击“确定”按钮→“电影”的右边，出现一个复选框，点击复选框的右边，输入“其他”。

点击第 9 行第 2 列这个单元格→点击“插入”菜单→“表单”→“文本区域”→在弹出的“输入标签辅助功能属性”对话框中，点击“确定”按钮。

点击第 10 行第 1 列这个单元格→点击“插入”菜单→“表单”→“按钮”→在弹出的“输入标签辅助功能属性”对话框中，点击“确定”按钮。

点击第 10 行第 2 列这个单元格→点击“插入”菜单→“表单”→“按钮”→在弹出的“输入标签辅助功能属性”对话框中，点击“确定”按钮。

（14）点击第 2 行第 2 列这个单元格→点击“文本域”这个表单元素，在“属性”面板中进行设置→点击“文本域”下面的文本框，在英文状态下输入文本“xuehao”→点击“字符宽度”右边的文本框→输入“80”。

点击第 3 行第 2 列这个单元格→点击“文本域”这个表单元素，在“属性”面板中进行设置→点击“文本域”下面的文本框，在英文状态下输入文本“xingming”→点击“字符宽度”右边的文本框→输入“80”。

点击第 4 行第 2 列这个单元格→点击“文本域”这个表单元素，在“属性”面板中进行设置→点击“文本域”下面的文本框，在英文状态下输入文本“nianling”→点击“字符宽度”右边的文本框→输入“80”。

点击第 5 行第 2 列这个单元格→点击“女”前面的那个单选按钮→在“属性”面板中进行设置→点击“单选按钮”下面的文本框，输入“xingbie”→点击“选定值”右边的文本框，输入“1”→勾选“初始状态”右边、“已勾选”前面的单选按钮。

点击“男”前面的那个单选按钮→在“属性”面板中进行设置→点击“单选按钮”下面的文本框，输入“xingbie”→点击“选定值”右边的文本框，输入“2”→勾选“初始状态”右边、“未选中”前面的单选按钮。

点击第 6 行第 2 列这个单元格→点击“选择（列表/菜单）”这个表单元素，在“属性”面板中进行设置→点击“选择”下面的文本框，输入“nianji”→在“类型”右边，勾选单选按钮“菜单”→点击按钮“列表值”→在弹出的“列表值”对话框中进行设置。

点击“项目标签”的下面，输入“本科一年级→回车→点击“值”的下面，输入“1”。

点击“+”按钮，“本科一年级”的下面，光标闪烁→输入“本科二年级”→点击“1”的下面，光标闪烁，输入“2”。

点击“+”按钮，“本科二年级”的下面，光标闪烁→输入“本科三年级”→点击“2”的下面，光标闪烁，输入“3”。

点击“+”按钮，“本科三年级”的下面，光标闪烁→输入“本科四年级”→点击“3”的下面，光标闪烁，输入“4”。

点击“+”按钮，“本科四年级”的下面，光标闪烁→输入“硕士”→点击“4”的下面，光标闪烁，输入“5”。

点击“+”按钮，“硕士”的下面，光标闪烁→输入“博士”→点击“5”的下面，光标闪烁，输入“6”→点击“确定”按钮（如图 5.4.5 所示）。

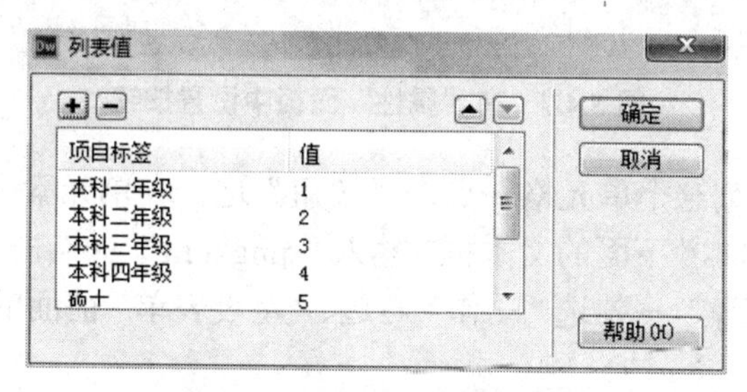

图 5.4.5 设置“列表值”对话框

点击第 7 行第 2 列这个单元格→点击“文本域”这个表单元素→在“属性”面板中进行设置→点击“文本域”下面的文本框，在英文状态下输入文本“dianziyouxiang”→点击“字符宽度”右边的文本框→输入“80”。

点击第 8 行第 2 列这个单元格→点击“游泳”前面的那个复选框→在“属性”面板中进行设置→点击“复选框名称”下面的文本框，输入“aihao”→点击“选定值”右边的文本框，输入“1”→勾选“初始状态”右边、“未选中”前面的单选按钮。

点击“音乐”前面的那个复选框→在“属性”面板中进行设置→点击“复选框名称”下面的文本框，输入“aihao”→点击“选定值”右边的文本框，输入“2”→勾选“初始状态”右边、“未选中”前面的单选按钮。

点击“电影”前面的那个复选框→在“属性”面板中进行设置→点击“复选框名称”下面的文本框，输入“aihao”→点击“选定值”右边的文本框，输入“3”→勾选“初始状态”右边、“未选中”前面的单选按钮。

点击“其他”前面的那个复选框→在“属性”面板中进行设置→点击“复选框名称”下面的文本框，输入“aihao”→点击“选定值”右边的文本框，输入“4”→勾选“初始状态”右边、“未选中”前面的单选按钮。

点击第 9 行第 2 列这个单元格→点击“文本区域”这个表单元素→在“属性”面板中进行设置→点击“文本域”下面的文本框，在英文状态下输入文本“jianyi”→点击“字符宽度”右边的文本框→输入“80”（如图 5.4.6 所示）。

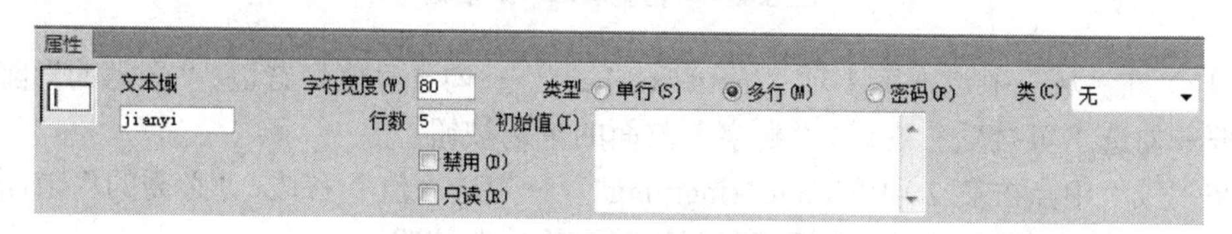

图 5.4.6 设置“列表值”对话框

点击第 10 行第 1 列这个单元格→点击“按钮”这个表单元素→在“属性”面板中进行设置→点击“按钮名称”下面的文本框，输入“jiancha”→点击“值”右边的文本框，输入“检查表单是否正确”→勾选“动作”右边、“无”前面的单选按钮（注意，“动作”

一定要选择“无”，否则无法采用行为（如图 5.4.7 所示）。

图 5.4.7 在“属性”面板中设置按钮

点击第 10 行第 2 列这个单元格→点击“按钮”这个表单元素→在“属性”面板中进行设置→点击“按钮名称”下面的文本框，输入“qingkong”→点击“值”右边的文本框，输入“清空所有表单元素”→勾选“动作”右边、“重设表单”前面的单选按钮（如图 5.4.8 所示）。

图 5.4.8 在“属性”面板中设置按钮

（15）点击“窗口”菜单→“行为”→弹出“标签检查器”浮动面板，其中“行为”按钮处于被点击状态。

（16）点击“检查表单是否正确”按钮→在“标签检查器”浮动面板中，点击“添加行为”图标→在弹出的下拉列表中点击第 10 项“检查表单”。在弹出的“检查表单”对话框中进行设置（如图 5.4.9 所示）。

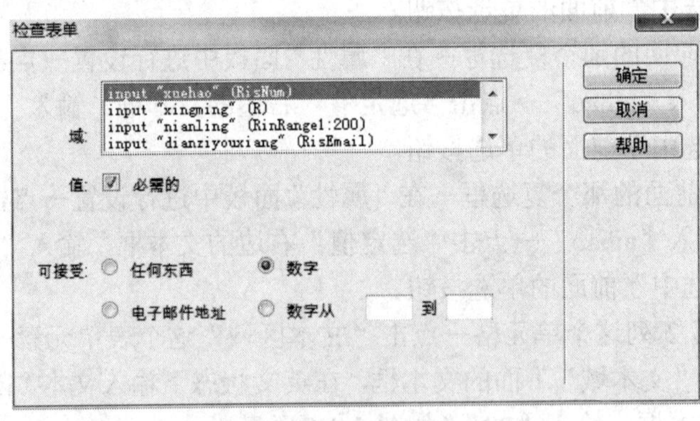

图 5.4.9 “检查表单”对话框

（17）在“域”中点击第 1 项“input "xuehao"”→勾选“值”右边、“必需的”前面的复选框→勾选“可接受”右边、“数字”前面的单选按钮。

在“域”中点击第 2 项“input "xingming"”→勾选“值”右边、“必需的”前面的复选框→勾选“可接受”右边、“任何东西”前面的单选按钮。

在“域”中点击第 3 项“input "nianling "”→勾选“值”右边、“必需的”前面的复选框→勾选“数字从”前面的单选按钮→点击右边的两个文本框，分别输入“1”和“200”。

在“域”中点击第 4 项“input "dianziyouxiang"”→勾选“值”右边、“必需的”前面的复选框→勾选“可接受”右边、“电子邮箱”前面的单选按钮。

在“域”中点击第 5 项“textarea "jianyi"”→勾选“可接受”右边、“任何东西”前面的单选按钮。

（18）点击“确定”按钮→“标签检查器”浮动面板中，出现一个新的行为“onClick 检查表单”，也就是点击“检查表单是否正确”按钮的时候，检查表单元素的正确性（如图 5.4.10 所示）。

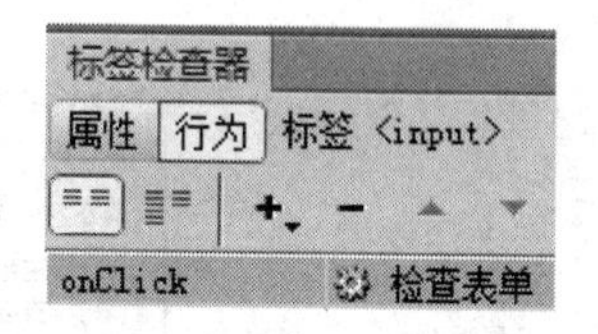

图 5.4.10 添加行为之后的“标签检查器”浮动面板

（19）按“Ctrl+S”保存→按“F12”键，在 IE 浏览器中查看网页编辑效果。

（20）在 IE 中运行的时候，显示浮动条“Internet Explorer 已限制此网页运行脚本或 ActiveX 控件”，点击浮动条右边的按钮“允许阻止的内容”。

如果应该输入内容的表单元素（主要是文本框）没有输入内容，或者表单元素输入的内容不符合要求，那么点击“检查表单是否正确”这个按钮的时候，就会显示错误。

第五节 作 业 26

点击“myWeb”站点，“TEXT”子目录下，有一个文本文件“作业 26 要求.txt”，双击打开“作业 26 要求.txt”，里面是作业 26 的要求。通过行为，设置状态栏文本。

一、作业要求

做一个网页，显示行为。

当打开网页，网页状态栏出现一段文字，也就是通过行为，设置状态栏文本。

二、作业解答

（1）点击“myWeb”站点→右击“HTML”子目录→在弹出的下拉列表中点击第一项“新建文件”→修改文件的名字为“作业 26 答案.html”→双击打开作业“作业 26 答案.html”。

（2）点击“myWeb”站点→点击“TEXT”子目录前面的⊞，展开“TEXT”子目录→双击打开“TEXT”子目录下的文本文件“作业 26 要求.txt”，里面是作业 26 的要求。

（3）点击“作业 26 要求.txt”编辑页面→“Ctrl+A”全选→“Ctrl+C”复制。

（4）点击“作业 26 答案.html”标签→点击“设计”视图→“Ctrl+V”粘贴。

（5）点击“作业 26 答案.html”标签→点击“标题”右边的文本框→用鼠标选择文本框中的文字“无标题文档”→输入标题“作业 26 答案”→回车→“Ctrl+S”保存。

（6）点击“作业 26 要求.txt”标签中右侧的“关闭”图标×，关闭“作业 26 要求.txt”。

（7）点击“窗口”→“行为”，弹出“标签检查器”浮动面板，其中“行为”按钮处于被点击状态。

（8）点击“添加行为”图标→在弹出的下拉列表中，点击“设置文本”→点击“设置状态栏文本”。

（9）在弹出的“设置状态栏文本”对话框中进行设置→点击“消息”右边的文本框→输入“这是状态栏文本，通过行为做的。”→点击“确定”按钮（如图 5.5.1 所示）。

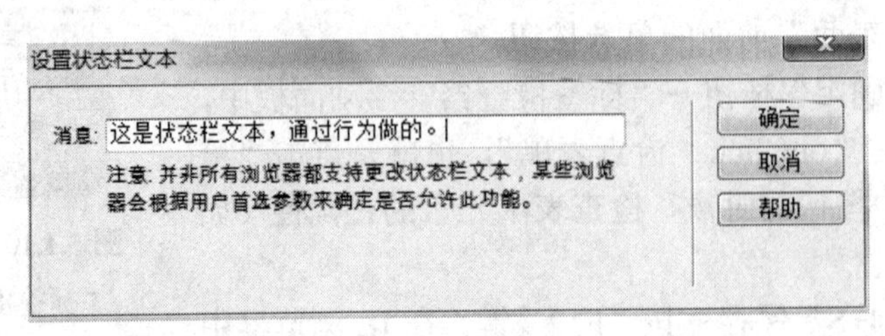

图 5.5.1 “设置状态栏文本”对话框

（10）浮动面板“标签检查器”的下面，出现了一个新的行为：“onMouseOver 设置状态栏文本”。也就是当鼠标在这些文字上面的时候，设置状态栏文本（如图 5.5.2 所示）。

（11）用鼠标点击“onMouseOver”→出现一个下拉列表→选择“onClick”。出现了一个新的行为：“onClick 设置状态栏文本”。也就是当鼠标点击的时候，设置状态栏文本（如图 5.5.3 所示）。

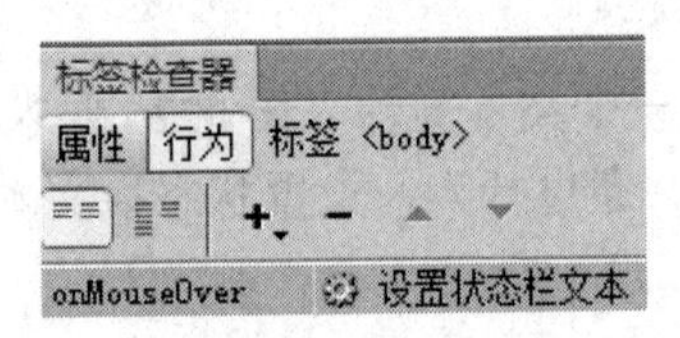

图 5.5.2 “onMouseOver 设置状态栏文本”行为

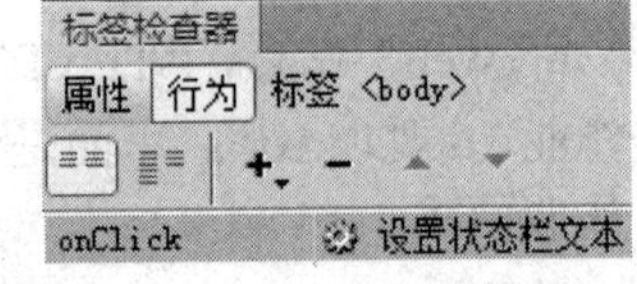

图 5.5.3 “onClick 设置状态栏文本”行为

（12）按“Ctrl+S”保存→按“F12”键查看网页编辑效果。

通过 IE 浏览的时候，显示浮动条“Internet Explorer 已限制此网页运行脚本或 ActiveX 控件”，点击右边的按钮“允许阻止的内容”。

（13）在 IE 浏览器中→右击工具栏空白处→在弹出的下拉列表中点击“Status bar”。或者点击“View”菜单→“Toolbars”→“Status bar”。可以显示出 IE 浏览器的状态栏。

第六节 作 业 27

点击“myWeb”站点，“TEXT”子目录下，有一个文本文件“作业 27 要求.txt”，双击打开“作业 27 要求.txt”，里面是作业 27 的要求。通过行为，做一个菜单。这是层与行为结合的一个非常经典的例子。

一、作业要求

按要求完成显示/隐藏层的练习。

要求：

（1）插入 1 个层；在层中插入 1 行 4 列的表格，分别在单元格中输入 4 个主菜单项。

（2）插入 1 个层；在层中插入 4 行 1 列的表格，分别在单元格中输入 4 个子菜单项。

（3）通过给主菜单项内容添加“显示/隐藏层”的行为，控制子菜单的显示/隐藏层。

（4）插入 4 个独立的图层，分别插入 4 幅图片。

（5）通过给子菜单项内容添加“显示/隐藏层”的行为，控制相应的层中的图片的显示或隐藏。

二、作业解答

（1）点击“myWeb”站点→点击“TEXT”子目录前面的⊞，展开“TEXT”子目录→双击打开“TEXT”子目录下的文本文件“作业 27 要求.txt”，里面是作业 27 的要求。

（2）点击“作业 27 要求.txt”标签中右侧的“关闭”图标×，关闭“作业 27 要求.txt”。

（3）点击“myWeb”站点→右击“HTML”子目录→在弹出的下拉列表中点击第一项“新建文件”→修改文件的名字为“作业 27 答案.html”→双击打开作业“作业 27 答案.html”。

（4）点击“作业 27 答案.html”标签→点击“标题”右边的文本框→用鼠标选择文本框中的文字“无标题文档”→输入标题“作业 27 答案”→回车→“Ctrl+S”保存。

（5）点击“设计”视图→“插入”菜单→“布局对象”→“AP Div”→在“设计”视图中，出现一个层，层表现为一个矩形。

（6）点击层的边，或者点击层左上角蓝色的小方框，选择层→在“属性”面板中对层进行设置→点击“CSS-P 元素”下面的可编辑下拉列表，输入“menu”→点击“左”右边的文本框，输入“0px”，回车→点击“上”右边的文本框，输入“0px”，回车→点击“宽”右边的文本框，输入“800px”，回车→点击“高”右边的文本框，输入“50px”，回车→点击“可见性”右边的下拉列表，选择“visible”→点击“背景颜色”右边的颜色面板，选择黄色（如图 5.6.1 所示）。

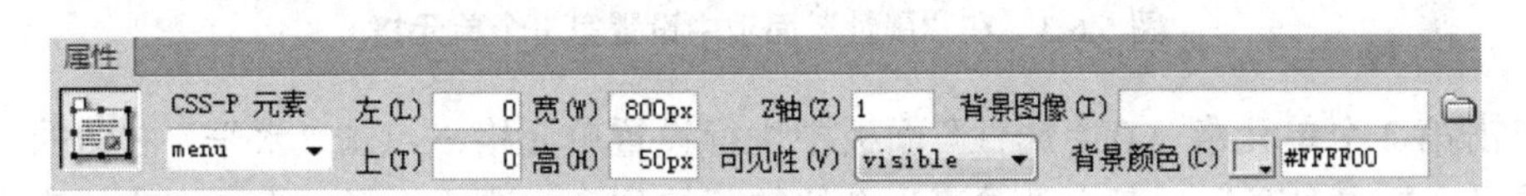

图 5.6.1　在“属性”面板中设置层

（7）用鼠标点击层里面，光标在层中闪烁→点击“插入”菜单→“表格”→在弹出的“表格”对话框中进行设置→点击“行数”右边的文本框，输入“1”→点击“列”右边的文本框，输入“4”→点击“表格宽度”右边的文本框，输入“800”→点击右边的下拉列表，选择“像素”→点击“边框粗细”右边的文本框，输入“0”→点击“单元格边距”右边的文本框，输入“0”→点击“单元格间距”右边的文本框，输入“0”→点击“确定”按钮（如图 5.6.2 所示）。

（8）层中出现 4 个单元格。对这 4 个单元格分别进行设置。

点击第 1 个单元格→在“属性”面板中进行设置单元格→点击字体右边的可编辑下拉列表，输入“隶书”→点击加粗按钮“B”→点击“大小”右边的可编辑下拉列表，输入“36”→点击右边的颜色面板，选择蓝色→点击“水平”右边的下拉列表，选择“居中对齐”→点击“垂直”右边的下拉列表，选择“居中”→点击“宽”右边的文本框，输入“200”，回车→点击“高”右边的文本框，输入“50”，回车→勾选“不换行”右边的复选框→点击“背景颜色”右边的颜色面板，选择绿色（如图 5.6.3 所示）。

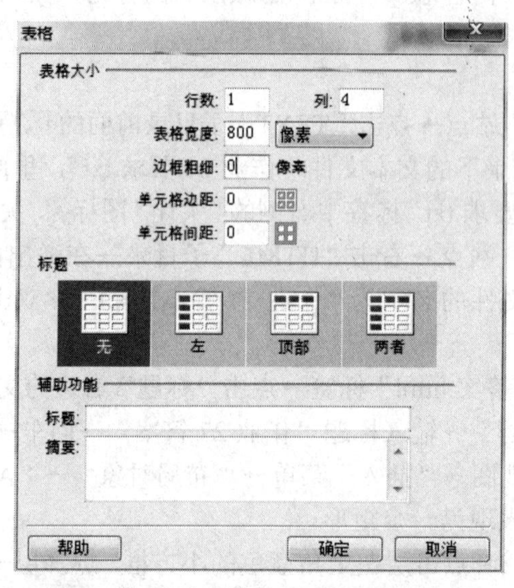

图 5.6.2 在“表格”对话框中进行设置

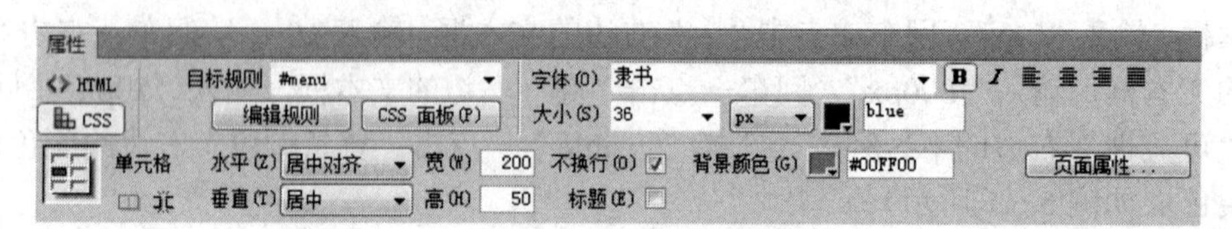

图 5.6.3 在“属性”面板中设置第 1 个单元格

点击第 2 个单元格→在“属性”面板中进行设置单元格→点击“水平”右边的下拉列表，选择“居中对齐”→点击“垂直”右边的下拉列表，选择“居中”→点击“宽”右边的文本框，输入“200”，回车→点击“高”右边的文本框，输入“50”，回车→勾选“不换行”右边的复选框→点击“背景颜色”右边的颜色面板，选择粉红色。

点击第 3 个单元格→在“属性”面板中进行设置单元格→点击“水平”右边的下拉列表，选择“居中对齐”→点击“垂直”右边的下拉列表，选择“居中”→点击“宽”右边的文本框，输入“200”，回车→点击“高”右边的文本框，输入“50”，回车→勾选“不换行”右边的复选框→单元格颜色保持不变。

点击第 4 个单元格→在“属性”面板中进行设置单元格→点击“水平”右边的下拉列表，选择“居中对齐”→点击“垂直”右边的下拉列表，选择“居中”→点击“宽”右边的文本框，输入“200”，回车→点击“高”右边的文本框，输入“50”，回车→勾选“不换行”右边的复选框→点击“背景颜色”右边的颜色面板，选择淡蓝色。

（9）点击第 1 个单元格，输入“古代诗人”→点击第 2 个单元格，输入“现代演员”→点击第 3 个单元格，输入“动物世界”→点击第 4 个单元格，输入“名车风采”。

每个单元格都是宽 200，高 500。每个单元格下面一条边的中间，都有宽度的标示（200），标示宽度为 200px（如图 5.6.4 所示）。

图 5.6.4 层中的表格

（10）用鼠标点击页面空白的地方（必须点击页面空白的地方）→点击“插入”菜单→“布局对象”→“AP Div”→在“设计”视图中，出现一个层（矩形），层中光标在闪烁。

点击这个层的边，或者点击层左上角蓝色的小方框，选择这个层→在“属性”面板中对层进行设置→点击“CSS-P 元素”下面的可编辑下拉列表，输入“gudaishiren”→点击“左”右边的文本框，输入“0px”，回车→点击“上”右边的文本框，输入“50px”，回车→点击“宽”右边的文本框，输入“200px”，回车→点击“高”右边的文本框，输入“200px”，回车→点击“可见性”右边的下拉列表，选择“visible”→点击“背景颜色”右边的颜色面板，选择淡蓝色（如图 5.6.5 所示）。

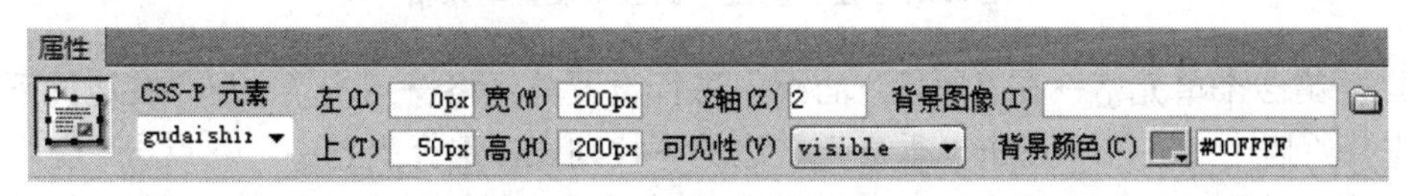

图 5.6.5 在“属性”面板中设置层

点击“gudaishiren”这个层里面，光标在层中闪烁→点击“插入”菜单→“表格”→在弹出的“表格”对话框中进行设置→点击“行数”右边的文本框，输入“4”→点击“列”右边的文本框，输入“1”→点击“表格宽度”右边的文本框，输入“200”→点击右边的下拉列表，选择“像素”→点击“边框粗细”右边的文本框，输入“0”→点击“单元格边距”右边的文本框，输入“0”→点击“单元格间距”右边的文本框，输入“0”→点击“确定”按钮（如图 5.6.6 所示）。

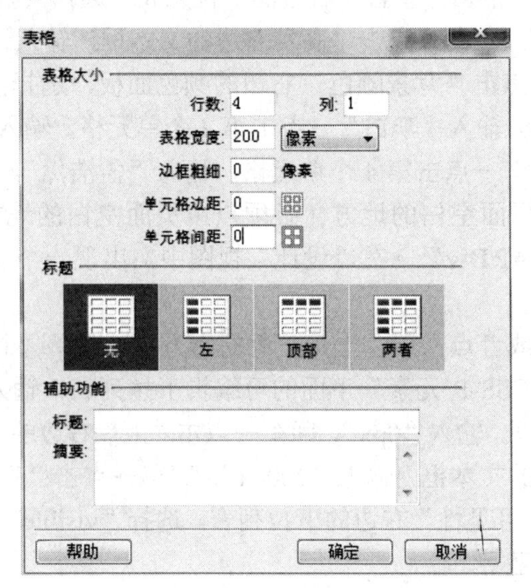

图 5.6.6 在“表格”对话框中进行设置

层中出现 4 个单元格。对这 4 个单元格分别进行设置。

点击第 1 个单元格→在“属性”面板中进行设置单元格→点击字体右边的可编辑下拉列表，输入“隶书”→点击加粗按钮“B”→点击“大小”右边的可编辑下拉列表，输入“36”→点击右边的颜色面板，选择蓝色→点击“水平”右边的下拉列表，选择“居中对齐”→点击“垂直”右边的下拉列表，选择“居中”→点击“宽”右边的文本框，输入“200”，回车→点击“高”右边的文本框，输入“50”，回车→勾选“不换行”右边的复选框→点击“背景颜色”右边的颜色面板，选择黄色（如图 5.6.7 所示）。

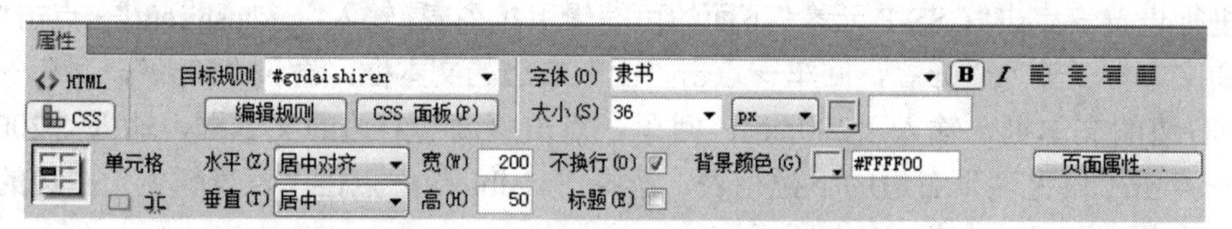

图 5.6.7 在“属性”面板中设置单元格

点击第 2 个单元格→在“属性”面板中进行设置单元格→点击“水平”右边的下拉列表，选择“居中对齐”→点击“垂直”右边的下拉列表，选择“居中”→点击“宽”右边的文本框，输入“200”，回车→点击“高”右边的文本框，输入“50”，回车→勾选“不换行”右边的复选框→点击“背景颜色”右边的颜色面板，选择绿色。

点击第 3 个单元格→在“属性”面板中进行设置单元格→点击“水平”右边的下拉列表，选择“居中对齐”→点击“垂直”右边的下拉列表，选择“居中”→点击“宽”右边的文本框，输入“200”，回车→点击“高”右边的文本框，输入“50”，回车→勾选“不换行”右边的复选框→点击“背景颜色”右边的颜色面板，选择粉红色。

点击第 4 个单元格→在“属性”面板中进行设置单元格→点击“水平”右边的下拉列表，选择“居中对齐”→点击“垂直”右边的下拉列表，选择“居中”→点击“宽”右边的文本框，输入“200”，回车→点击“高”右边的文本框，输入“50”，回车→勾选“不换行”右边的复选框→点击“背景颜色”右边的颜色面板，选择淡蓝色。

点击第 1 个单元格，输入“李白”→点击第 2 个单元格，输入“杜甫”→点击第 3 个单元格，输入“白居易”→点击第 4 个单元格，输入“孟浩然”。

（11）用鼠标点击页面空白的地方（必须点击页面空白的地方）→点击“插入”菜单→“布局对象”→“AP Div”→在“设计”视图中，出现一个层（矩形），层中光标在闪烁。

点击这个层的边，或者点击层左上角蓝色的小方框，选择这个层→在“属性”面板中对层进行设置→点击“CSS-P 元素”下面的可编辑下拉列表，输入“xiandaiyanyuan”→点击“左”右边的文本框，输入“0px”，回车→点击“上”右边的文本框，输入“50px”，回车→点击“宽”右边的文本框，输入“200px”，回车→点击“高”右边的文本框，输入“200px”，回车→点击“可见性”右边的下拉列表，选择“visible”→点击“背景颜色”右边的颜色面板，选择淡蓝色。

点击“xiandaiyanyuan”这个层里面，光标在层中闪烁→点击“插入”菜单→“表格”→在弹出的“表格”对话框中进行设置→点击“行数”右边的文本框，输入“4”→点击“列”

右边的文本框，输入“1”→点击“表格宽度”右边的文本框，输入“200”→点击右边的下拉列表，选择“像素”→点击“边框粗细”右边的文本框，输入“0”→点击“单元格边距”右边的文本框，输入“0”→点击“单元格间距”右边的文本框，输入“0”→点击“确定”按钮。

层中出现4个单元格。对这4个单元格分别进行设置。

点击第1个单元格→在“属性”面板中进行设置单元格→点击字体右边的可编辑下拉列表，输入“隶书”→点击加粗按钮“B”→点击“大小”右边的可编辑下拉列表，输入“36”→点击右边的颜色面板，选择蓝色→点击“水平”右边的下拉列表，选择“居中对齐”→点击“垂直”右边的下拉列表，选择“居中”→点击“宽”右边的文本框，输入“200”，回车→点击“高”右边的文本框，输入“50”，回车→勾选“不换行”右边的复选框→点击“背景颜色”右边的颜色面板，选择绿色。

点击第2个单元格→在“属性”面板中进行设置单元格→点击“水平”右边的下拉列表，选择“居中对齐”→点击“垂直”右边的下拉列表，选择“居中”→点击“宽”右边的文本框，输入“200”，回车→点击“高”右边的文本框，输入“50”，回车→勾选“不换行”右边的复选框→点击“背景颜色”右边的颜色面板，选择黄色。

点击第3个单元格→在“属性”面板中进行设置单元格→点击“水平”右边的下拉列表，选择“居中对齐”→点击“垂直”右边的下拉列表，选择“居中”→点击“宽”右边的文本框，输入“200”，回车→点击“高”右边的文本框，输入“50”，回车→勾选“不换行”右边的复选框→点击“背景颜色”右边的颜色面板，选择淡蓝色。

点击第4个单元格→在“属性”面板中进行设置单元格→点击“水平”右边的下拉列表，选择“居中对齐”→点击“垂直”右边的下拉列表，选择“居中”→点击“宽”右边的文本框，输入“200”，回车→点击“高”右边的文本框，输入“50”，回车→勾选“不换行”右边的复选框→点击“背景颜色”右边的颜色面板，选择粉红色。

点击第1个单元格，输入“邓丽君”→点击第2个单元格，输入“赫本”→点击第3个单元格，输入“周杰伦”→点击第4个单元格，输入“慕容晓晓”。

（12）用鼠标点击页面空白的地方（必须点击页面空白的地方）→点击“插入”菜单→“布局对象”→“AP Div”→在“设计”视图中，出现一个层（矩形），层中光标在闪烁。

点击这个层的边，或者点击层左上角蓝色的小方框，选择这个层→在“属性”面板中对层进行设置→点击“CSS-P 元素”下面的可编辑下拉列表，输入“dongwushijie”→点击“左”右边的文本框，输入“0px”，回车→点击“上”右边的文本框，输入“50px”，回车→点击“宽”右边的文本框，输入“200px”，回车→点击“高”右边的文本框，输入“200px”，回车→点击“可见性”右边的下拉列表，选择“visible”→点击“背景颜色”右边的颜色面板，选择淡蓝色。

点击“dongwushijie”这个层里面，光标在层中闪烁→点击“插入”菜单→“表格”→在弹出的“表格”对话框中进行设置→点击“行数”右边的文本框，输入“4”→点击“列”右边的文本框，输入“1”→点击“表格宽度”右边的文本框，输入“200”→点击右边的下拉列表，选择“像素”→点击“边框粗细”右边的文本框，输入“0”→点击“单元格边距”右边的文本框，输入“0”→点击“单元格间距”右边的文本框，输入“0”→点击“确定”按钮。

层中出现4个单元格。对这4个单元格分别进行设置。

点击第1个单元格→在“属性”面板中进行设置单元格→点击字体右边的可编辑下拉列表，输入“隶书”→点击加粗按钮“B”→点击“大小”右边的可编辑下拉列表，输入“36”→点击右边的颜色面板，选择蓝色→点击“水平”右边的下拉列表，选择“居中对齐”→点击“垂直”右边的下拉列表，选择“居中”→点击“宽”右边的文本框，输入“200”，回车→点击“高”右边的文本框，输入“50”，回车→勾选“不换行”右边的复选框→点击“背景颜色”右边的颜色面板，选择粉红色。

点击第2个单元格→在“属性”面板中进行设置单元格→点击“水平”右边的下拉列表，选择“居中对齐”→点击“垂直”右边的下拉列表，选择“居中”→点击“宽”右边的文本框，输入“200”，回车→点击“高”右边的文本框，输入“50”，回车→勾选“不换行”右边的复选框→点击“背景颜色”右边的颜色面板，选择绿色。

点击第3个单元格→在“属性”面板中进行设置单元格→点击“水平”右边的下拉列表，选择“居中对齐”→点击“垂直”右边的下拉列表，选择“居中”→点击“宽”右边的文本框，输入“200”，回车→点击“高”右边的文本框，输入“50”，回车→勾选“不换行”右边的复选框→点击“背景颜色”右边的颜色面板，选择黄色。

点击第4个单元格→在“属性”面板中进行设置单元格→点击“水平”右边的下拉列表，选择“居中对齐”→点击“垂直”右边的下拉列表，选择“居中”→点击“宽”右边的文本框，输入“200”，回车→点击“高”右边的文本框，输入“50”，回车→勾选“不换行”右边的复选框→点击“背景颜色”右边的颜色面板，选择淡蓝色。

点击第1个单元格，输入“大象”→点击第2个单元格，输入“豹子”→点击第3个单元格，输入“蜻蜓”→点击第4个单元格，输入“蝴蝶”。

（13）用鼠标点击页面空白的地方（必须点击页面空白的地方）→点击“插入”菜单→“布局对象”→“AP Div”→在“设计”视图中，出现一个层（矩形），层中光标在闪烁。

点击这个层的边，或者点击层左上角蓝色的小方框，选择这个层→在“属性”面板中对层进行设置→点击“CSS-P元素”下面的可编辑下拉列表，输入“mingchefengcai”→点击“左”右边的文本框，输入“0px”，回车→点击“上”右边的文本框，输入“50px”，回车→点击“宽”右边的文本框，输入“200px”，回车→点击“高”右边的文本框，输入“200px”，回车→点击“可见性”右边的下拉列表，选择“visible”→点击“背景颜色”右边的颜色面板，选择淡蓝色。

点击“mingchefengcai”这个层里面，光标在层中闪烁→点击“插入”菜单→“表格”→在弹出的“表格”对话框中进行设置→点击“行数”右边的文本框，输入“4”→点击“列”右边的文本框，输入“1”→点击“表格宽度”右边的文本框，输入“200”→点击右边的下拉列表，选择“像素”→点击“边框粗细”右边的文本框，输入“0”→点击“单元格边距”右边的文本框，输入“0”→点击“单元格间距”右边的文本框，输入“0”→点击“确定”按钮。

层中出现4个单元格。对这4个单元格分别进行设置。

点击第1个单元格→在“属性”面板中进行设置单元格→点击字体右边的可编辑下拉列表，输入“隶书”→点击加粗按钮“B”→点击“大小”右边的可编辑下拉列表，输入“36”→点击右边的颜色面板，选择蓝色→点击“水平”右边的下拉列表，选择“居中对齐”→点击“垂直”右边的下拉列表，选择“居中”→点击“宽”右边的文本框，输入“200”，回车→点击“高”右边的文本框，输入“50”，回车→勾选“不换行”右边的复选框→点击“背景颜色”右边的颜色面板，选择黄色。

点击第2个单元格→在“属性”面板中进行设置单元格→点击“水平”右边的下拉列表，选择“居中对齐”→点击“垂直”右边的下拉列表，选择“居中”→点击“宽”右边的文本框，输入“200”，回车→点击“高”右边的文本框，输入“50”，回车→勾选“不换行”右边的复选框→点击“背景颜色”右边的颜色面板，选择粉红色。

点击第3个单元格→在“属性”面板中进行设置单元格→点击“水平”右边的下拉列表，选择“居中对齐”→点击“垂直”右边的下拉列表，选择“居中”→点击“宽”右边的文本框，输入“200”，回车→点击“高”右边的文本框，输入“50”，回车→勾选“不换行”右边的复选框→点击“背景颜色”右边的颜色面板，选择淡蓝色。

点击第4个单元格→在“属性”面板中进行设置单元格→点击“水平”右边的下拉列表，选择“居中对齐”→点击“垂直”右边的下拉列表，选择“居中”→点击“宽”右边的文本框，输入“200”，回车→点击“高”右边的文本框，输入“50”，回车→勾选“不换行”右边的复选框→点击“背景颜色”右边的颜色面板，选择绿色。

点击第1个单元格，输入“奥迪车”→点击第2个单元格，输入“宝马车”→点击第3个单元格，输入“奔驰车”→点击第4个单元格，输入“捷豹车”。

（14）用鼠标点击页面空白的地方（必须点击页面空白的地方）→点击“插入”菜单→“布局对象”→“AP Div”→在“设计”视图中，出现一个层（矩形）。

点击这个层的边，或者点击层左上角蓝色的小方框，选择这个层→将这个层移动到网页空白的地方→用鼠标点击这个层里面，光标在层中闪烁→在“myWeb”站点中，从“IMAGE”子目录中，将图片文件“李白.jpg”，拖到层里面来。

点击这个层的边，或者点击层左上角蓝色的小方框，选择这个层→在“属性”面板中，对这个层进行设置→点击“CSS-P元素”下面的可编辑下拉列表，输入“libai”→点击“左”右边的文本框，输入“0px”，回车→点击“上”右边的文本框，输入“400px”，回车→点击“可见性”右边的下拉列表，选择“visible”（如图5.6.8所示）。

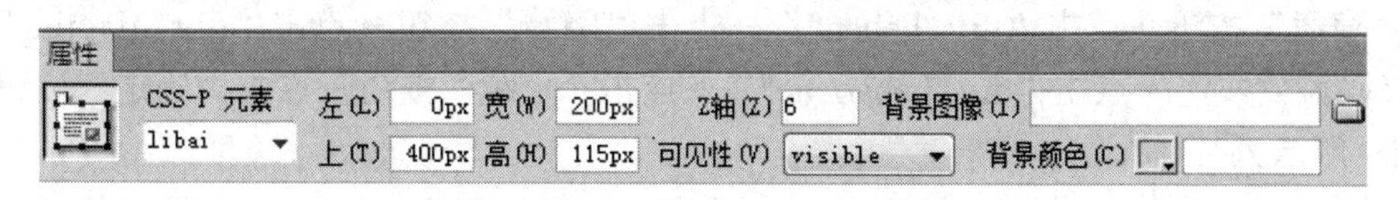

图5.6.8　在“属性”面板中设置“libai”这个层

（15）用鼠标点击页面空白的地方（必须点击页面空白的地方）→点击“插入”菜单→“布局对象”→“AP Div”→在“设计”视图中，出现一个层（矩形）。

点击这个层的边，或者点击层左上角蓝色的小方框，选择这个层→用鼠标将这个层移动到网页空白的地方→用鼠标点击这个层里面，光标在层中闪烁→在“myWeb”站点中，从“IMAGE”子目录中，将图片文件“赫本.jpg”，拖到层里面来。

点击这个层的边，或者点击层左上角蓝色的小方框，选择这个层→在“属性”面板中，对这个层进行设置→点击“CSS-P 元素”下面的可编辑下拉列表，输入“heben”→点击“左”右边的文本框，输入“0px”，回车→点击“上”右边的文本框，输入“400px”，回车→点击“可见性”右边的下拉列表，选择“visible”。

（16）用鼠标点击页面空白的地方（必须点击页面空白的地方）→点击“插入”菜单→“布局对象”→“AP Div”→在“设计”视图中，出现一个层（矩形）。

点击这个层的边，或者点击层左上角蓝色的小方框，选择这个层→用鼠标将这个层移动到网页空白的地方→用鼠标点击这个层里面，光标在层中闪烁→在“myWeb”站点中，从“IMAGE”子目录中，将图片文件“蜻蜓.gif”，拖到层里面来。

点击这个层的边，或者点击层左上角蓝色的小方框，选择这个层→在“属性”面板中，对这个层进行设置→点击“CSS-P 元素”下面的可编辑下拉列表，输入“qingting”→点击“左”右边的文本框，输入“0px”，回车→点击“上”右边的文本框，输入“400px”，回车→点击“可见性”右边的下拉列表，选择“visible”。

（17）用鼠标点击页面空白的地方（必须点击页面空白的地方）→点击“插入”菜单→“布局对象”→“AP Div”→在“设计”视图中，出现一个层（矩形）。

点击这个层的边，或者点击层左上角蓝色的小方框，选择这个层→用鼠标将这个层移动到网页空白的地方→用鼠标点击这个层里面，光标在层中闪烁→在“myWeb”站点中，从“IMAGE”子目录中，将图片文件“捷豹车.jpg”，拖到层里面来。

点击这个层的边，或者点击层左上角蓝色的小方框，选择这个层→在“属性”面板中，对这个层进行设置→点击“CSS-P 元素”下面的可编辑下拉列表，输入“jiebaoche”→点击“左”右边的文本框，输入“0px”，回车→点击“上”右边的文本框，输入“400px”，回车→点击“可见性”右边的下拉列表，选择“visible”。

（18）点击“窗口”→“行为”，弹出“标签检查器”浮动面板，其中“行为”按钮处于被点击状态→点击“添加行为”图标→在弹出的下拉列表中，点击“显示-隐藏元素”→在弹出的“显示-隐藏元素”对话框中进行设置。

点击“div "menu"”→点击“显示”按钮→点击“div "gudaishiren"”→点击“隐藏”按钮→点击“div "xiandaiyanyuan"”→点击“隐藏”按钮→点击“div "dongwushijie"”→点击“隐藏”按钮→点击“div "mingchefengcai"”→点击“隐藏”按钮→点击“div "libai"”→点击“隐藏”按钮→点击“div "heben"”→点击“隐藏”按钮→点击“div "qingting"”→点击“隐藏”按钮→点击“div "jiebaoche"”→点击“隐藏”按钮→点击“确定”按钮（如图 5.6.9 所示）。

浮动面板“标签检查器”的下面，出现了一个新的行为：“onLoad 显示-隐藏元素”（如图 5.6.10 所示）。

（19）用鼠标选择“古代诗人”这几个字→在“标签检查器”浮动面板中，点击“添加行为”图标→在弹出的下拉列表中，点击“显示-隐藏元素”→在弹出的“显示-隐藏元素”对话框中进行设置。

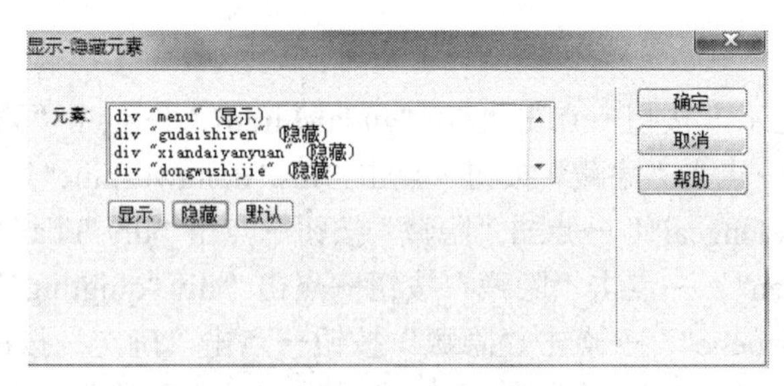

图 5.6.9　在“显示-隐藏元素”对话框中进行设置

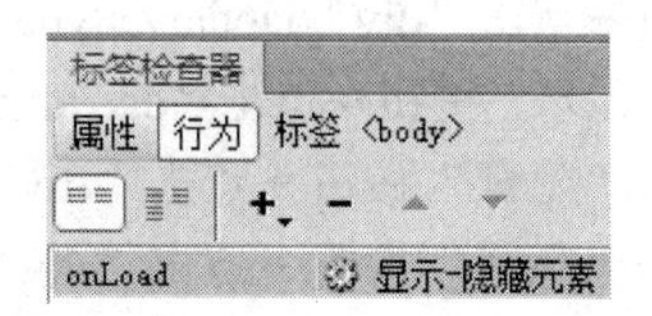

图 5.6.10　添加行为之后的“标签检查器”浮动面板

点击“div "menu"”→点击“显示”按钮→点击“div "gudaishiren"”→点击“显示”按钮→点击“div "xiandaiyanyuan"”→点击“隐藏”按钮→点击“div "dongwushijie"”→点击“隐藏”按钮→点击“div "mingchefengcai"”→点击“隐藏”按钮→点击“div "libai"”→点击“隐藏”按钮→点击“div "heben"”→点击“隐藏”按钮→点击“div "qingting"”→点击“隐藏”按钮→点击“div "jiebaoche"”→点击“隐藏”按钮→点击“确定”按钮。

浮动面板“标签检查器”的下面，出现了一个新的行为：“onFocus 显示-隐藏元素”（如图 5.6.11 所示）。

点击“onFocus”→在弹出来的下拉列表中选择“onClick”。浮动面板“标签检查器”的下面，出现了一个新的行为：“onClick 显示-隐藏元素”（如图 5.6.12 所示）。

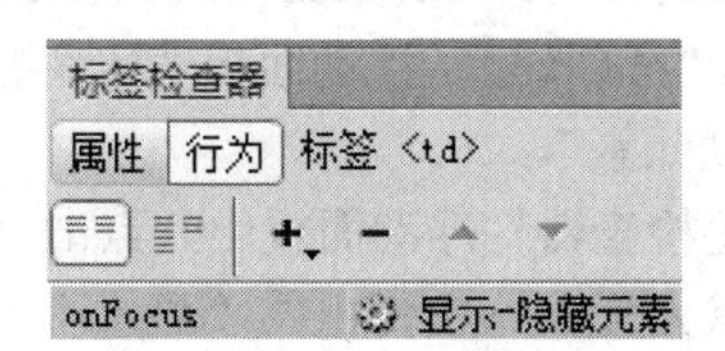

图 5.6.11　添加行为之后的“标签检查器”浮动面板

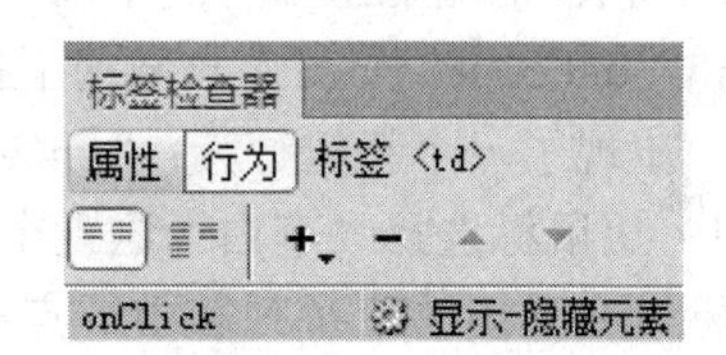

图 5.6.12　修改行为之后的“标签检查器”浮动面板

（20）用鼠标选择“现代演员”这几个字→在“标签检查器”浮动面板中，点击“添加行为”图标→在弹出的下拉列表中，点击“显示-隐藏元素”→在弹出的“显示-隐藏元素”对话框中进行设置。

点击“div "menu"”→点击“显示”按钮→点击“div "gudaishiren"”→点击“隐藏”按钮→点击“div "xiandaiyanyuan"”→点击“显示”按钮→点击“div "dongwushijie"”→点击“隐藏”按钮→点击“div "mingchefengcai"”→点击“隐藏”按钮→点击“div "libai"”→点击“隐藏”按钮→点击“div "heben"”→点击“隐藏”按钮→点击“div "qingting"”→点击“隐藏”按钮→点击“div "jiebaoche"”→点击“隐藏”按钮→点击“确定”按钮。

浮动面板“标签检查器”的下面，出现了一个新的行为：“onFocus 显示-隐藏元素”。

点击“onFocus”→在弹出来的下拉列表中选择“onClick”。浮动面板“标签检查器”的下面，出现了一个新的行为：“onClick 显示-隐藏元素”。

（21）用鼠标选择“动物世界”这几个字→在“标签检查器”浮动面板中，点击“添加行为”图标→在弹出的下拉列表中，点击“显示-隐藏元素”→在弹出的“显示-隐藏元素”对话框中进行设置。

点击“div "menu"”→点击“显示”按钮→点击“div "gudaishiren"”→点击“隐藏”按钮→点击“div "xiandaiyanyuan"”→点击“隐藏”按钮→点击“div "dongwushijie"”→点击“显示”按钮→点击“div "mingchefengcai"”→点击“隐藏”按钮→点击“div "libai"”→点击“隐藏”按钮→点击“div "heben"”→点击“隐藏”按钮→点击“div "qingting"”→点击“隐藏”按钮→点击“div "jiebaoche"”→点击“隐藏”按钮→点击“确定”按钮。

浮动面板“标签检查器”的下面，出现了一个新的行为：“onFocus 显示-隐藏元素”。

点击“onFocus”→在弹出来的下拉列表中选择“onClick”。浮动面板“标签检查器”的下面，出现了一个新的行为：“onClick 显示-隐藏元素”。

（22）用鼠标选择“名车风采”这几个字→在“标签检查器”浮动面板中，点击“添加行为”图标→在弹出的下拉列表中，点击“显示-隐藏元素”→在弹出的“显示-隐藏元素”对话框中进行设置。

点击“div "menu"”→点击“显示”按钮→点击“div "gudaishiren"”→点击“隐藏”按钮→点击“div "xiandaiyanyuan"”→点击“隐藏”按钮→点击“div "dongwushijie"”→点击“隐藏”按钮→点击“div "mingchefengcai"”→点击“显示”按钮→点击“div "libai"”→点击“隐藏”按钮→点击“div "heben"”→点击“隐藏”按钮→点击“div "qingting"”→点击“隐藏”按钮→点击“div "jiebaoche"”→点击“隐藏”按钮→点击“确定”按钮。

浮动面板“标签检查器”的下面，出现了一个新的行为：“onFocus 显示-隐藏元素”。

点击“onFocus”→在弹出来的下拉列表中选择“onClick”。浮动面板“标签检查器”的下面，出现了一个新的行为：“onClick 显示-隐藏元素”。

（23）用鼠标选择“李白”这几个字→在“标签检查器”浮动面板中，点击“添加行为”图标→在弹出的下拉列表中，点击“显示-隐藏元素”→在弹出的“显示-隐藏元素”对话框中进行设置。

点击“div "menu"”→点击“显示”按钮→点击“div "gudaishiren"”→点击“显示”按钮→点击“div "xiandaiyanyuan"”→点击“隐藏”按钮→点击“div "dongwushijie"”→点击“隐藏”按钮→点击“div "mingchefengcai"”→点击“隐藏”按钮→点击“div "libai"”→点击“显示”按钮→点击“div "heben"”→点击“隐藏”按钮→点击“div "qingting"”→点击“隐藏”按钮→点击“div "jiebaoche"”→点击“隐藏”按钮→点击“确定”按钮。

浮动面板“标签检查器”的下面，出现了一个新的行为：“onFocus 显示-隐藏元素”。

点击“onFocus”→在弹出来的下拉列表中选择“onClick”。浮动面板“标签检查器”的下面，出现了一个新的行为：“onClick 显示-隐藏元素”。

（24）用鼠标选择“赫本”这几个字→在“标签检查器”浮动面板中，点击“添加行为”图标→在弹出的下拉列表中，点击“显示-隐藏元素”→在弹出的“显示-隐藏元素”对话框中进行设置。

点击“div "menu"”→点击“显示”按钮→点击“div "gudaishiren"”→点击“隐藏”按钮→点击“div "xiandaiyanyuan"”→点击“显示”按钮→点击“div "dongwushijie"”→点击“隐藏”按钮→点击“div "mingchefengcai"”→点击“隐藏”按钮→点击“div "libai"”→点击“隐藏”按钮→点击“div "heben"”→点击“显示”按钮→点击“div "qingting"”→

点击“隐藏”按钮→点击“div "jiebaoche"”→点击“隐藏”按钮→点击“确定”按钮。

浮动面板“标签检查器”的下面，出现了一个新的行为：“onFocus 显示-隐藏元素”。

点击“onFocus”→在弹出来的下拉列表中选择“onClick”。浮动面板“标签检查器”的下面，出现了一个新的行为：“onClick 显示-隐藏元素”。

（25）用鼠标选择“蜻蜓”这几个字→在“标签检查器”浮动面板中，点击“添加行为”图标→在弹出的下拉列表中，点击“显示-隐藏元素”→在弹出的“显示-隐藏元素”对话框中进行设置。

点击“div "menu"”→点击“显示”按钮→点击“div "gudaishiren"”→点击“隐藏”按钮→点击“div "xiandaiyanyuan"”→点击“隐藏”按钮→点击“div "dongwushijie"”→点击“显示”按钮→点击“div "mingchefengcai"”→点击“隐藏”按钮→点击“div "libai"”→点击“隐藏”按钮→点击“div "heben"”→点击“隐藏”按钮→点击“div "qingting"”→点击“显示”按钮→点击“div "jiebaoche"”→点击“隐藏”按钮→点击“确定”按钮。

浮动面板“标签检查器”的下面，出现了一个新的行为：“onFocus 显示-隐藏元素”。

点击“onFocus”→在弹出来的下拉列表中选择“onClick”。浮动面板“标签检查器”的下面，出现了一个新的行为：“onClick 显示-隐藏元素”。

（26）用鼠标选择“捷豹车”这几个字→在“标签检查器”浮动面板中，点击“添加行为”图标→在弹出的下拉列表中，点击“显示-隐藏元素”→在弹出的“显示-隐藏元素”对话框中进行设置。

点击“div "menu"”→点击“显示”按钮→点击“div "gudaishiren"”→点击“隐藏”按钮→点击“div "xiandaiyanyuan"”→点击“隐藏”按钮→点击“div "dongwushijie"”→点击“隐藏”按钮→点击“div "mingchefengcai"”→点击“显示”按钮→点击“div "libai"”→点击“隐藏”按钮→点击“div "heben"”→点击“隐藏”按钮→点击“div "qingting"”→点击“隐藏”按钮→点击“div "jiebaoche"”→点击“显示”按钮→点击“确定”按钮。

浮动面板“标签检查器”的下面，出现了一个新的行为：“onFocus 显示-隐藏元素”。

点击“onFocus”→在弹出来的下拉列表中选择“onClick”。浮动面板“标签检查器”的下面，出现了一个新的行为：“onClick 显示-隐藏元素”。

（27）按“Ctrl+S”保存→按“F12”键查看网页编辑效果。

通过 IE 浏览的时候，显示浮动条“Internet Explorer 已限制此网页运行脚本或 ActiveX 控件”，点击右边的按钮“允许阻止的内容”。

注意：这个作业还有很大的改进空间。

第七节 作 业 28

点击“myWeb”站点，“TEXT”子目录下，有一个文本文件“作业 28 要求.txt”，双击打开“作业 28 要求.txt”，里面是作业 28 的要求。通过行为，设置文本框文字。

一、作业要求

做一个网页，网页里面有一个文本框。

网页里面有一个按钮，点击这个按钮，设置文本框文字。

二、作业解答

（1）点击“myWeb”站点→点击“TEXT”子目录前面的⊞，展开“TEXT”子目录→双击打开“TEXT”子目录下的文本文件“作业 28 要求.txt”，里面是作业 28 的要求。

（2）点击“作业 28 要求.txt”标签中右侧的“关闭”图标×，关闭“作业 28 要求.txt”。

（3）点击“myWeb”站点→右击“HTML”子目录→在弹出的下拉列表中点击第一项“新建文件”→修改文件的名字为“作业 28 答案.html”→双击打开作业“作业 28 答案.html”。

（4）点击“作业 28 答案.html”标签→点击“标题”右边的文本框→用鼠标选择文本框中的文字“无标题文档”→输入标题“作业 28 答案”→回车→“Ctrl+S”保存。

（5）点击“作业 28 答案.html”标签→点击“设计”视图→点击“插入”菜单→“表单”→“表单”。“设计”视图下，出现了一个红色的虚线框，里面光标在页面左上角闪烁（为了让红色的虚线框变大，可以回车几次，但是回车之后，应该用鼠标点击红色虚线框里面的左上角，使得光标在红色虚线框的左上角闪烁）。

（6）光标在红色的虚线框里面闪烁→点击“插入”菜单→“表单”→“文本区域”→弹出“输入标签辅助功能属性”对话框→点击“确定”按钮。红色的虚线框里面，出现一个文本区域。

（7）点击这个文本区域，在“属性”面板中进行设置。点击“文本域”下面的文本框，输入“wenbenkuang”→点击“字符宽度”右边的文本框，输入“80”→点击“行数”右边的文本框，输入“5”→勾选“类型”右边、“多行”前面的单选按钮（如图 5.7.1 所示）。

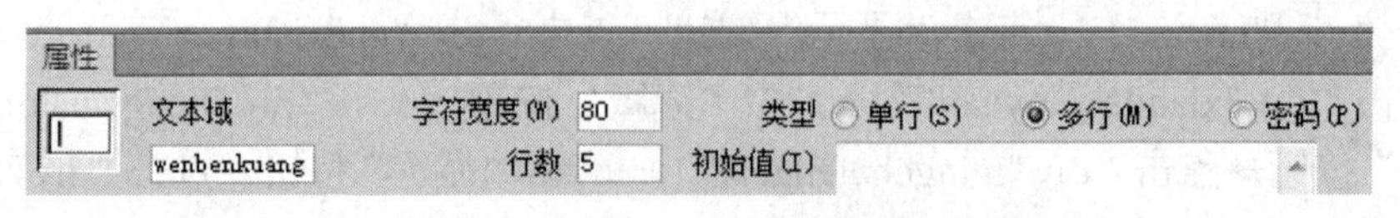

图 5.7.1　在“属性”面板中设置文本区域

（8）在红色的虚线框里面（表单中），用鼠标点击文本区域这个表单元素的下面→光标在红色的虚线框里面闪烁→点击“插入”菜单→“表单”→“按钮”→弹出“输入标签辅助功能属性”对话框→点击“确定”按钮。文本区域这个表单元素的下面，出现一个按钮。

（9）点击这个按钮，在“属性”面板中进行设置→点击“按钮名称”下面的文本框，输入“anniu”→点击“值”右边的文本框，输入“设置文本框文字”→勾选“动作”右边、“无”前面的单选按钮（一定要勾选“无”）（如图 5.7.2 所示）。

图 5.7.2　在“属性”面板中设置按钮

（10）点击“窗口”→“行为”，弹出“标签检查器”浮动面板，其中“行为”按钮 行为 处于被点击状态。

（11）点击按钮→在“标签检查器”浮动面板中，点击“添加行为”图标 +. →“设置文本”→“设置文本域文字”。

在弹出的"设置文本域文字"对话框中进行设置→点击"新建文本"右边的文本框→输入"你好，点击按钮之后，文本区域里面出现这些文字！"→点击"确定"按钮（如图5.7.3 所示）。

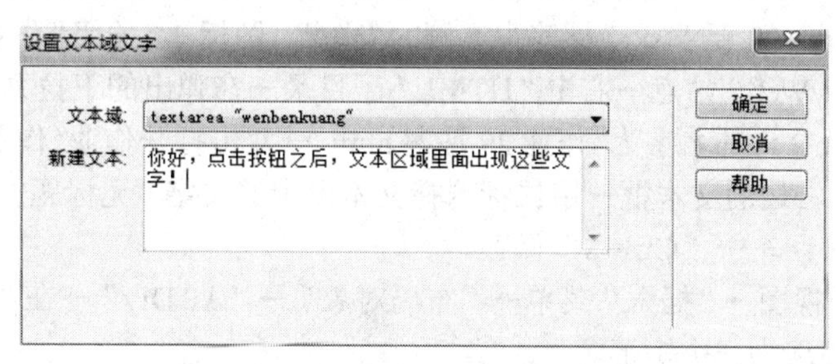

图 5.7.3　"设置文本域文字"对话框

（12）浮动面板"标签检查器"的下面，出现了一个新的行为："onClick 设置文本域文字"。也就是说，当点击这个按钮的时候，文本域这个表单元素，就会被设置文字（如图 5.7.4 所示）。

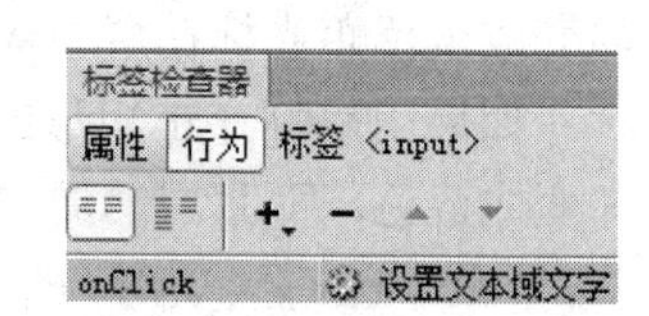

图 5.7.4　添加行为之后的"标签检查器"浮动面板

（13）按"Ctrl+S"保存→按"F12"键查看网页编辑效果。

（14）在 IE 中运行的时候，显示浮动条"Internet Explorer 已限制此网页运行脚本或 ActiveX 控件"，点击右边的按钮"允许阻止的内容"→点击按钮"设置文本框文字"，运行效果如图 5.7.5 所示。

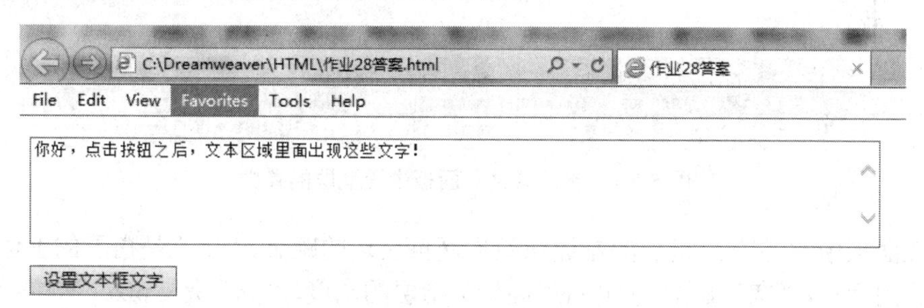

图 5.7.5　在 IE 浏览器中查看网页编辑效果

第八节　作　业　29

点击"myWeb"站点，"TEXT"子目录下，有一个文本文件"作业 29 要求.txt"，双击打开"作业 29 要求.txt"，里面是作业 29 的要求。层与行为往往是结合在一起的，通过这个作业，层与行为结合，从而改变层的属性：改变层中文字的字体。

一、作业要求

做一个网页，里面有一个层，层可见。层中有颜色，有文字，旁边有几个按钮，点击不同的按钮，层中文字的字体发生变化。

二、作业解答

（1）点击“myWeb”站点→点击“TEXT”子目录前面的⊞，展开“TEXT”子目录→双击打开“TEXT”子目录下的文本文件“作业 29 要求.txt”，里面是作业 29 的要求。

（2）点击“作业 29 要求.txt”标签中右侧的“关闭”图标×，关闭“作业 29 要求.txt”。

（3）点击“myWeb”站点→右击“HTML”子目录→在弹出的下拉列表中点击第一项“新建文件”→修改文件的名字为“作业 29 答案.html”→双击打开作业“作业 29 答案.html”。

点击“标题”右边的文本框→用鼠标选择文本框中的文字“无标题文档”→输入标题“作业 29 答案”→回车→“Ctrl+S”保存。

点击“设计”视图→“插入”菜单→“布局对象”→“AP Div”→在“设计”视图中，出现一个层，层表现为一个矩形。

如果用鼠标点击矩形里面，那么层的左上角出现一个蓝色的小方框，矩形的四条边都变成蓝色，光标在层中（矩形）中闪烁。

如果用鼠标点击矩形的边，那么层的左上角出现一个蓝色的小方框，矩形的四条边都变成蓝色，而且层的周围出现 8 个控制点。可以用鼠标拖动层，进行移动。

（4）点击层（矩形）的边，选中层→在“属性”面板中进行设置→点击“CSS-P 元素”下面的可编辑下拉列表，输入“font”，这是层的名字→点击“左”右边的文本框，输入“400px”→点击“上”右边的文本框，输入“40px”→点击“宽”右边的文本框，输入“400px”→点击“高”右边的文本框，输入“400px”→点击“可见性”右边的下拉列表，在弹出的下拉列表中选择“visible”→点击“背景颜色”右边的颜色面板，选择黄色（如图 5.8.1 所示）。

图 5.8.1　在“属性”面板中设置层的参数

属性面板中，“左”是指层的左边缘距离网页左边的距离，“上”是指层的上边缘距离网页上边的距离，“宽”是指层的宽，“高”是指层的高度，“px”是“pixel”的缩写，“背景颜色”是指层的颜色。

点击这个名为“font”的层里面，光标在层中闪烁。输入文字：“测试，这是层中的文字，通过点击不同的按钮，使用不同的行为，改变字体的大小。”

用鼠标选择层中的文字“测试，这是层中的文字，通过点击不同的按钮，使用不同的行为，改变字体的大小。”→点击“属性”面板中的“CSS”按钮→点击“大小”右边的可编辑下拉列表→选择或者输入“36”。

（5）点击“作业 29 答案.html”标签→点击“设计”视图→点击网页空白处→点击“插入”菜单→“表单”→“表单”。“设计”视图下，出现了一个红色的虚线框，里面光标在页面左上角闪烁。可以多回车几次，使得红色虚线框变大。

（6）点击“插入”菜单→“表单”→“按钮”→在弹出的“输入标签辅助功能属性”对话框中，点击“确定”按钮。红色虚线框左上角，出现了一个按钮。

（7）点击这个按钮，在“属性”面板中进行设置→点击“按钮名称”下面的文本框，输入“lishu”→点击“值”右边的文本框，输入“点击这个按钮，字体变成隶书”→勾选“动作”右边、“无”前面的单选按钮（一定勾选“无”）（如图 5.8.2 所示）。

图 5.8.2 在“属性”面板中设置按钮的参数

（8）用鼠标点击按钮“点击这个按钮，字体变成隶书”的右边，光标在闪烁→回车→点击“插入”菜单→“表单”→“按钮”→在弹出的“输入标签辅助功能属性”对话框中，点击“确定”按钮。

点击这个按钮，在“属性”面板中进行设置→点击“按钮名称”下面的文本框，输入“songti”→点击“值”右边的文本框，输入“点击这个按钮，字体变成宋体”→勾选“动作”右边、“无”前面的单选按钮。

（9）用鼠标点击按钮“点击这个按钮，字体变成宋体”的右边，光标在闪烁→回车→点击“插入”菜单→“表单”→“按钮”→在弹出的“输入标签辅助功能属性”对话框中，点击“确定”按钮。

点击这个按钮，在“属性”面板中进行设置→点击“按钮名称”下面的文本框，输入“kaiti”→点击“值”右边的文本框，输入“点击这个按钮，字体变成楷体”→点击“动作”右边、“无”前面的单选按钮。

（10）用鼠标点击按钮“点击这个按钮，字体变成楷体”的右边，光标在闪烁→回车→点击“插入”菜单→“表单”→“按钮”→在弹出的“输入标签辅助功能属性”对话框中，点击“确定”按钮。

点击这个按钮，在“属性”面板中进行设置→点击“按钮名称”下面的文本框，输入“huawenhupo”→点击“值”右边的文本框，输入“点击这个按钮，字体变成华文琥珀”→点击“动作”右边、“无”前面的单选按钮。

（11）用鼠标点击按钮“点击这个按钮，字体变成隶书”→点击“窗口”→“行为”→弹出“标签检查器”浮动面板，其中“行为”按钮处于被点击状态→点击“添加行为”图标→在弹出的下拉列表中，点击第 6 项“改变属性”→在弹出的“改变属性”对话框中进行设置。

点击“元素类型”右边的下拉列表，选择“DIV”→点击“元素 ID”右边的下拉列表，选择“DIV "font"”→勾选“属性”右边、“选择”前面的单选按钮→点击“选择”右边的下拉列表，选择“fontFamily”→点击“新的值”右边的文本框，输入“隶书”→点击“确定”按钮（如图 5.8.3 所示）。

浮动面板“标签检查器”的下面，出现了一个新的行为：“onClick 改变属性”。

（12）用鼠标点击按钮“点击这个按钮，字体变成宋体”→点击“窗口”→“行为”→弹出“标签检查器”浮动面板，其中“行为”按钮处于被点击状态→点击“添加行为”图标→在弹出的下拉列表中，点击第 6 项“改变属性”→在弹出的“改变属性”对话框中进行设置。

点击“元素类型”右边的下拉列表，选择“DIV”→点击“元素 ID”右边的下拉列表，选择“DIV "font"”→勾选“属性”右边、“选择”前面的单选按钮→点击“选择”右边的下拉列表，选择“fontFamily”→点击“新的值”右边的文本框，输入“宋体”→点击“确定”按钮。

浮动面板“标签检查器”的下面，出现了一个新的行为：“onClick 改变属性”。

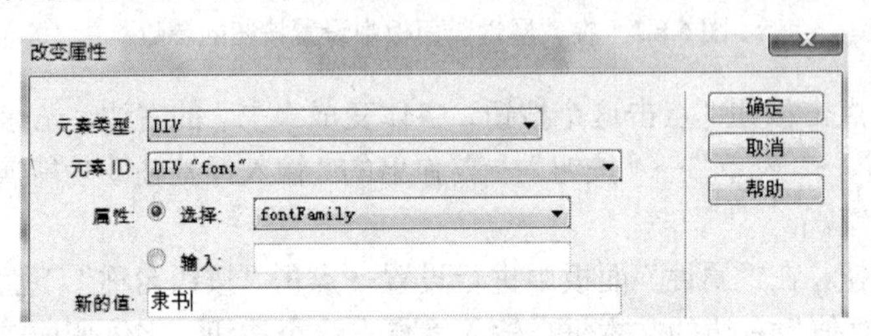

图 5.8.3 在“改变属性”面板中设置参数

（13）用鼠标点击按钮“点击这个按钮，字体变成楷体”→点击“窗口”→“行为”→弹出“标签检查器”浮动面板，其中“行为”按钮处于被点击状态→点击“添加行为”图标→在弹出的下拉列表中，点击第 6 项“改变属性”→在弹出的“改变属性”对话框中进行设置。

点击“元素类型”右边的下拉列表，选择“DIV”→点击“元素 ID”右边的下拉列表，选择“DIV "font"”→勾选“属性”右边、“选择”前面的单选按钮→点击“选择”右边的下拉列表，选择“fontFamily”→点击“新的值”右边的文本框，输入“楷体”→点击“确定”按钮。

浮动面板“标签检查器”的下面，出现了一个新的行为：“onClick 改变属性”。

（14）用鼠标点击按钮“点击这个按钮，字体变成华文琥珀”→点击“窗口”→“行为”→弹出“标签检查器”浮动面板，其中“行为”按钮处于被点击状态→点击“添加行为”图标→在弹出的下拉列表中，点击第 6 项“改变属性”→在弹出的“改变属性”对话框中进行设置。

点击“元素类型”右边的下拉列表，选择“DIV”→点击“元素 ID”右边的下拉列表，选择“DIV "font"”→勾选“属性”右边、“选择”前面的单选按钮→点击“选择”右边的下拉列表，选择“fontFamily”→点击“新的值”右边的文本框，输入“华文琥珀”→点击“确定”按钮。

浮动面板“标签检查器”的下面，出现了一个新的行为：“onClick 改变属性”。

（15）按“Ctrl+S”保存→按“F12”键，在 IE 浏览器中查看网页编辑效果。

（16）在 IE 中运行的时候，显示浮动条“Internet Explorer 已限制此网页运行脚本或 ActiveX 控件”，点击右边的按钮“允许阻止的内容”。

（17）当点击“点击这个按钮，字体变成隶书”这个按钮的时候，层中的字体，变为隶书。

当点击“点击这个按钮，字体变成宋体”这个按钮的时候，层中的字体，变为宋体。

当点击“点击这个按钮，字体变成楷体”这个按钮的时候，层中的字体，变为楷体。

当点击“点击这个按钮，字体变成华文琥珀”这个按钮的时候，层中的字体，变为华文琥珀。

第九节　作　业　30

点击“myWeb”站点，“TEXT”子目录下，有一个文本文件“作业 30 要求.txt”，双击打开“作业 30 要求.txt”，里面是作业 30 的要求。

一、作业要求

做一个网页，显示行为。

当打开网页的时候，转到一个 URL 中去。

二、作业解答

（1）点击“myWeb”站点→点击“TEXT”子目录前面的⊞，展开“TEXT”子目录→双击打开“TEXT”子目录下的文本文件“作业 30 要求.txt”，里面是作业 30 的要求。

（2）点击“作业 30 要求.txt”编辑页面→“Ctrl+A”全选→“Ctrl+C”复制。

（3）点击“作业 30 要求.txt”标签中右侧的“关闭”图标×，关闭“作业 30 要求.txt”。

（4）点击“myWeb”站点→右击“HTML”子目录→在弹出的下拉列表中点击第一项“新建文件”→修改文件的名字为“作业 30 答案.html”→双击打开作业“作业 30 答案.html”。

（5）点击“作业 30 答案.html”标签→点击“设计”视图→“Ctrl+V”粘贴。

（6）点击“标题”右边的文本框→用鼠标选择文本框中的文字“无标题文档”→输入标题“作业 30 答案”→回车→“Ctrl+S”保存。

（7）点击“窗口”→“行为”，弹出“标签检查器”浮动面板，其中“行为”按钮，处于已经被点击状态。

（8）点击“添加行为”图标→在弹出的下拉列表中点击倒数第 3 项“转到 URL”。

（9）在弹出的“转到 URL”对话框中进行设置。

“URL：”右边有个文本框，文本框的右边有个“浏览”按钮。点击“浏览”按钮→在“选择文件”对话框中，点击“IMAGE”子目录下的图片文件“奥迪车.jpg”→点击“确定”按钮→“URL：”右边的文本框中，出现文本“../IMAGE/奥迪车.jpg”（如图 5.9.1 所示）。点击“确定”按钮。

图 5.9.1　“转到 URL”对话框

浮动面板“标签检查器”的下面，出现了一个新的行为：“onLoad 转到 URL”（如图 5.9.2 所示）。

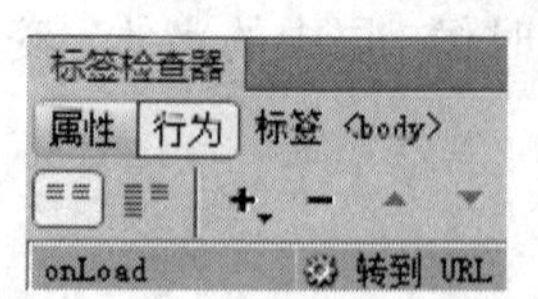

图 5.9.2 “标签检查器”中的行为

（10）按“Ctrl+S”保存→按“F12”键，在 IE 浏览器中查看网页编辑效果。

（11）在 IE 中运行的时候，显示浮动条“Internet Explorer 已限制此网页运行脚本或 ActiveX 控件”，点击右边的按钮“允许阻止的内容”。

（12）当在 IE 浏览器中打开这个网页的时候，直接跳转到 URL“C:\Dreamweaver\IMAGE\奥迪车.jpg”。

第十节　作　业　31

点击“myWeb”站点，“TEXT”子目录下，有一个文本文件“作业 31 要求.txt”，双击打开“作业 31 要求.txt”，里面是作业 31 的要求。层与行为往往是结合在一起的，通过这个作业，层与行为结合，通过按钮放大层或者收缩层。

一、作业要求

做一个网页，里面有一个层，层可见。层中有颜色，层中有文字，层旁边有几个按钮，点击不同的按钮，放大层或者收缩层。

二、作业解答

（1）点击“myWeb”站点→点击“TEXT”子目录前面的⊞，展开“TEXT”子目录→双击打开“TEXT”子目录下的文本文件“作业 31 要求.txt”，里面是作业 31 的要求。

（2）点击“作业 31 要求.txt”标签中右侧的“关闭”图标×，关闭“作业 31 要求.txt”。

（3）点击“myWeb”站点→右击“HTML”子目录→在弹出的下拉列表中点击第一项“新建文件”→修改文件的名字为“作业 31 答案.html”→双击打开作业“作业 31 答案.html”。

点击“标题”右边的文本框→用鼠标选择文本框中的文字“无标题文档”→输入标题“作业 31 答案”→回车→“Ctrl+S”保存。

点击“设计”视图→“插入”菜单→“布局对象”→“AP Div”→在“设计”视图中，出现一个层，层表现为一个矩形。

如果用鼠标点击矩形里面，那么层的左上角出现一个蓝色的小方框，矩形的四条边都变成蓝色，光标在层中（矩形）中闪烁。

如果用鼠标点击矩形的边，那么层的左上角出现一个蓝色的小方框，矩形的四条边都变成蓝色，而且层的周围出现 8 个控制点。可以用鼠标拖动层，进行移动。

（4）点击层（矩形）的边，选中层→在“属性”面板中进行设置→点击“CSS-P 元素”下面的可编辑下拉列表，输入“ceng”，这是层的名字→点击“左”右边的文本框，输入“400px”→点击“上”右边的文本框，输入“40px”→点击“宽”右边的文本框，输入“400px”→点击“高”右边的文本框，输入“400px”→点击“可见性”右边的下拉列表，在弹出的下拉列表中选择“visible”→点击“背景颜色”右边的颜色面板，选择黄色（如图 5.10.1 所示）。

图 5.10.1 在“属性”面板中设置层的参数

属性面板中，“左”是指层的左边缘距离网页左边的距离，“上”是指层的上边缘距离网页上边的距离，“宽”是指层的宽，“高”是指层的高度，“px”是“pixel”的缩写，“背景颜色”是指层的颜色。

点击这个名为“ceng”的层里面，光标在层中闪烁。输入文字：“这是一个层，点击按钮，这个层放大或者收缩”。

用鼠标选择层中的文字“测试，这是层中的文字，通过点击不同的按钮，使用不同的行为，改变字体的大小。”→点击“属性”面板中的“CSS”按钮→点击“大小”右边的可编辑下拉列表→选择或者输入“36”。

（5）点击“作业 31 答案.html”标签→点击“设计”视图→点击网页空白处→点击“插入”菜单→“表单”→“表单”。“设计”视图下，出现了一个红色的虚线框，里面光标在页面左上角闪烁。可以多回车几次，使得红色虚线框变大。

（6）点击“插入”菜单→“表单”→“按钮”→在弹出的“输入标签辅助功能属性”对话框中，点击“确定”按钮。红色虚线框左上角，出现了一个按钮。

（7）点击这个按钮，在“属性”面板中进行设置→点击“按钮名称”下面的文本框，输入“fangda”→点击“值”右边的文本框，输入“点击这个按钮，层放大”→勾选“动作”右边、“无”前面的单选按钮（一定勾选“无”）（如图 5.10.2 所示）。

图 5.10.2 在“属性”面板中设置按钮的参数

（8）用鼠标点击按钮“点击这个按钮，层放大”的右边，光标在闪烁→回车→点击“插入”菜单→“表单”→“按钮”→在弹出的“输入标签辅助功能属性”对话框中，点击“确定”按钮。

点击这个按钮，在“属性”面板中进行设置→点击“按钮名称”下面的文本框，输入“shousuo”→点击“值”右边的文本框，输入“点击这个按钮，层收缩”→勾选“动作”右边、“无”前面的单选按钮（如图 5.10.3 所示）。

图 5.10.3 在“属性”面板中设置按钮的参数

（9）用鼠标点击按钮“点击这个按钮，层放大”→点击“窗口”→“行为”→弹出“标签检查器”浮动面板，其中“行为”按钮处于被点击状态→点击“添加行为”图标→在弹出的下拉列表中，点击第 7 项“效果”→“增大/收缩”→在弹出的“增大/收缩”对话框中进行设置（如图 5.10.4 所示）。

点击“目标元素”右边的下拉列表→选择“div "ceng"”→点击“效果持续时间”右边的文本框→输入“4000”→点击“效果”右边的下拉列表→选择“增大”→点击“增大自”右边的文本框→输入“50”→点击“增大到”右边的文本框→输入“100”→点击“确定”按钮。浮动面板“标签检查器”的下面，出现了一个新的行为：“onClick 增大/收缩”。

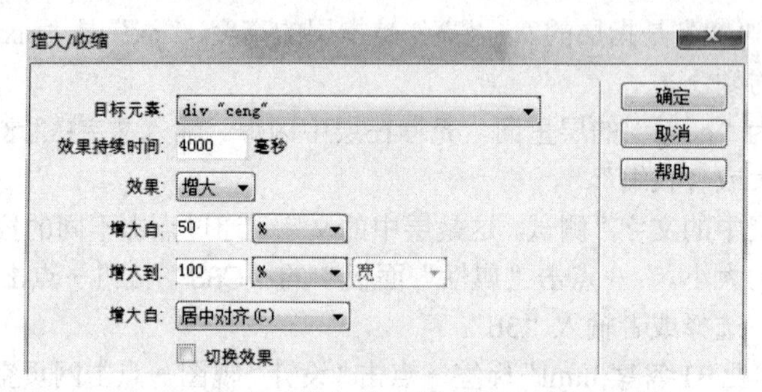

图 5.10.4 在“增大/收缩”对话框中进行设置

（10）用鼠标点击按钮“点击这个按钮，层收缩”→点击“窗口”→“行为”→弹出“标签检查器”浮动面板，其中“行为”按钮处于被点击状态→点击“添加行为”图标→在弹出的下拉列表中，点击第 7 项“效果”→“增大/收缩”→在弹出的“增大/收缩”对话框中进行设置（如图 5.10.5 所示）。

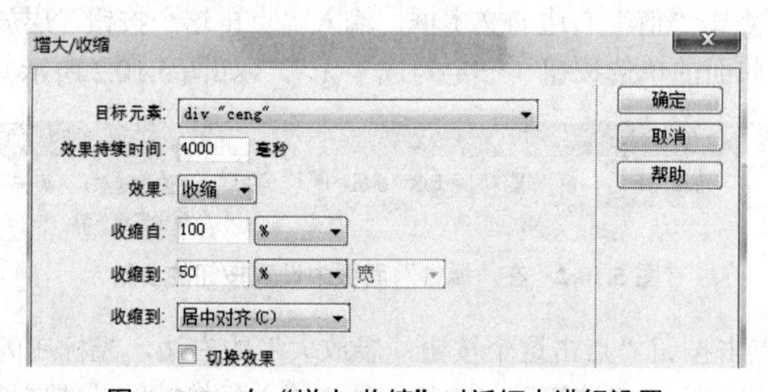

图 5.10.5 在“增大/收缩”对话框中进行设置

点击“目标元素”右边的下拉列表→选择“div "ceng"”→点击“效果持续时间”右边的文本框→输入“4000”→点击“效果”右边的下拉列表→选择“收缩”→点击“收缩自”右边的文本框→输入“100”→点击“收缩到”右边的文本框→输入“50”→点击“确定”按钮。

（11）按“Ctrl+S”保存→按“F12”键，在 IE 浏览器中查看网页编辑效果。

（12）在 IE 中运行的时候，显示浮动条“Internet Explorer 已限制此网页运行脚本或 ActiveX 控件”，点击右边的按钮“允许阻止的内容”。

（13）当点击“点击这个按钮，层放大”这个按钮的时候，层从 50%放大到 100%。

当点击“点击这个按钮，层收缩”这个按钮的时候，层从 100%收缩到 50%。

第六章

切　图

本章主要讲解切图，这是本书的重点之一。切图和行为结合在一起。在切图的时候，一个图要切成好几块，存放在一个目录里面，所以做切图作业的时候，需要新建一个文件夹。因为切图过程中采用了行为，所以在IE中浏览网页编辑效果的时候，显示浮动条“Internet Explorer 已限制此网页运行脚本或ActiveX控件”，点击右边的“允许阻止的内容”按钮。切图需要用到Fireworks软件，所以本章中介绍了Fireworks软件的相关知识。

切图并且拖动图片的流程大致如下：

（1）建立一个目录。

（2）通过Fireworks软件进行切图，把切完之后的图片导入目录。

（3）建立一个网页，在网页中导入切完之后的图片。

（4）将所有图片分别转换为层。

（5）对每一个层（图片转换而来），添加行为：“拖动AP元素”。

第一节　作　业　32

点击“myWeb”站点，“TEXT”子目录下，有一个文本文件“作业32要求.txt”，双击打开“作业32要求.txt”，里面是作业32的要求。通过这个作业，了解切图和拖动AP元素这种行为的做法。

“IMAGE”子目录下的图片文件“骆驼.jpg”，大小为400×300，也就是说，宽400像素，高300像素。横着切成两块，每一块大小为400×150。

一、作业要求

切图。

把图片“骆驼.jpg”横着切成两块，每一块大小为400×150。

而且拖动图片的时候，松开鼠标之后，图片自动吸附到原来的位置，而且弹出来一个提示的对话框。

二、作业解答

（1）点击“myWeb”站点→点击“TEXT”子目录前面的⊞，展开“TEXT”子目录→双击打开“TEXT”子目录下的文本文件“作业32要求.txt”，里面是作业32的要求。

（2）点击“作业32要求.txt”标签中右侧的“关闭”图标×，关闭“作业32要求.txt”。

（3）点击“myWeb”站点→右击“HTML”子目录→在弹出的下拉列表中点击第 2 项“新建文件夹”→修改文件夹的名字为“作业 32 答案”。

（4）右击“作业 32 答案”文件夹→在弹出的下拉列表中点击第一项“新建文件”→修改文件的名字为“作业 32 答案.html”→双击打开文件“作业 32 答案.html”。

（5）点击“标题”右边的文本框→用鼠标选择文本框中的文字“无标题文档”→输入标题“横切两块”→回车→“Ctrl+S”保存。

（6）打开软件 Fireworks CS6。Fireworks CS6 的界面如图 6.1.1 所示。

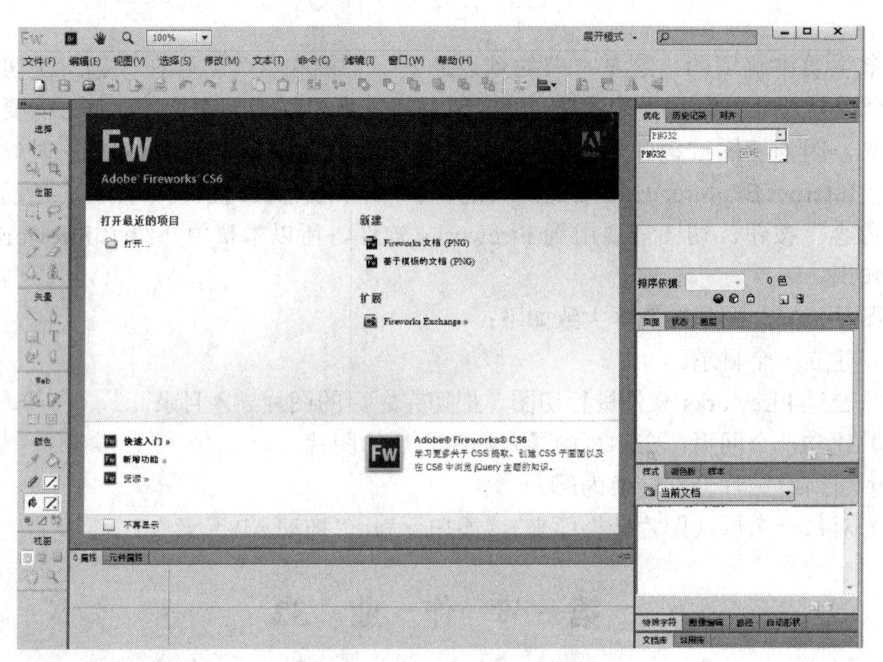

图 6.1.1　Fireworks CS6 界面

Fireworks CS6 的菜单包括：文件、编辑、视图、选择、修改、文本、命令、滤镜、窗口、帮助。

左边是工具栏。点击“窗口”→“工具”，左边的工具栏就隐藏起来，再次点击“窗口”→“工具”，左边的工具栏就重新显示。

下面是属性栏。点击“窗口”→“属性”，下面的属性栏就隐藏起来，再次点击“窗口”→“属性”，下面的属性栏就重新显示。

左边的工具栏，分成几类：选择、位图、矢量、Web、颜色、视图，将工具分门别类。在切图过程中，比较常用的工具为：“选择”工具类里面的“指针”工具，“Web”工具类里面的“切片”工具。

（7）在软件 Fireworks CS6 中，点击“文件”→“打开”→选择“IMAGE”子目录下的图片文件“骆驼.jpg”→点击“打开”按钮。在软件 Fireworks CS6 中打开“骆驼.jpg”。

（8）用“选择”工具类里面的“指针”工具，点击在 Fireworks CS6 中打开的图片“骆驼.jpg”，在“属性”面板中显示“宽：400，高：300，X：0，Y：0”（如图 6.1.2 所示）。

（9）用“Web”工具类里面的“切片”工具，选择“骆驼.jpg”图片的上半部分。具体方法：点击“骆驼.jpg”图片的左上角，鼠标左键按住不放，然后向右下方拖动，选择“骆驼.jpg”图片的上半部分。

在“属性”面板中进行编辑。点击“宽:”右边的文本框，输入“400”→点击“高:”右边的文本框，输入“150”→点击“X:”右边的文本框，输入“0”→点击“Y:”右边的文本框，输入“0”。“切片”下面的文本框中是“骆驼_r1_c1”，“r1”表示第一行，“c1”表示第一列，“r”代表“row”，“c”代表“column”。“X:”表示图片选择部分的左上角那个点，距离“骆驼.jpg”图片最左边的距离；“Y:”表示图片选择部分的左上角那个点，距离“骆驼.jpg”图片最上边的距离（如图 6.1.3 所示）。

图 6.1.2　Fireworks CS6 界面

选择“骆驼.jpg”图片的上半部分之后，被选择的图片部分，像是蒙上了一层淡绿色的纱，而且被选择的图片上面，有一个小圆圈。

（10）用“Web”工具类里面的“切片”工具，选择“骆驼.jpg”图片的下半部分。具体方法：点击“骆驼.jpg”图片未选择部分的左上角，按住鼠标左键不放，然后向右下方拖动，直到“骆驼.jpg”图片的右下角，这样就选择了“骆驼.jpg”图片的下半部分。

在“属性”面板中进行编辑。点击“宽:”右边的文本框，输入“400”→点击“高:”右边的文本框，输入“150”→点击“X:”右边的文本框，输入“0”→点击“Y:”右边的文本框，输入“150”。“切片”下面的文本框中是“骆驼_r2_c1”，“r2”表示第 2 行，“c1”表示第一列，“r”代表“row”，“c”代表“column”（如图 6.1.4 所示）。

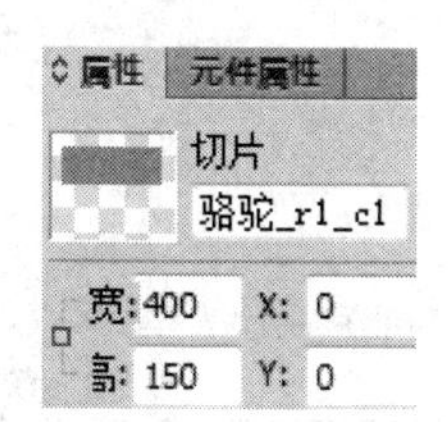

图 6.1.3　编辑第 1 行第 1 列的切图

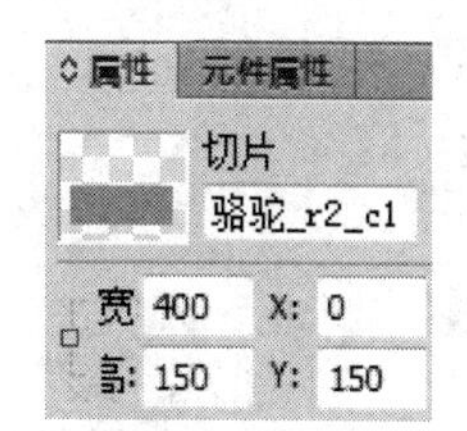

图 6.1.4　编辑第 2 行第 1 列的切图

（11）按“Ctrl+A”键，全选。被切开的两块图片，每块图片上面有一个圆圈（如图 6.1.5 所示）。

（12）点击“文件”→“导出”，在“导出”对话框中，进入“HTML”文件夹下的子文件夹“作业 32 答案”→点击“保存”按钮（如图 6.1.6 所示）。

（13）打开“作业 32 答案.html”→点击“设计”视图→“插入”菜单→“图像对象”→“Fireworks HTML”→弹出“插入 Fireworks HTML”对话框→点击“浏览”按钮→在弹出的“选择 Fireworks HTML 文件”对话框中，选择“作业 32 答案”文件夹下的“骆驼.html”→点击“打开”按钮（如图 6.1.7 所示）。

“插入 Fireworks HTML”对话框中，“Fireworks HTML 文件:”右边的文本框中，内容是“file:///C|/Dreamweaver/HTML/作业 32 答案/骆驼.htm”。点击“确定”按钮（如图 6.1.8 所示）。

图 6.1.5 按“Ctrl+A”全选两块切图

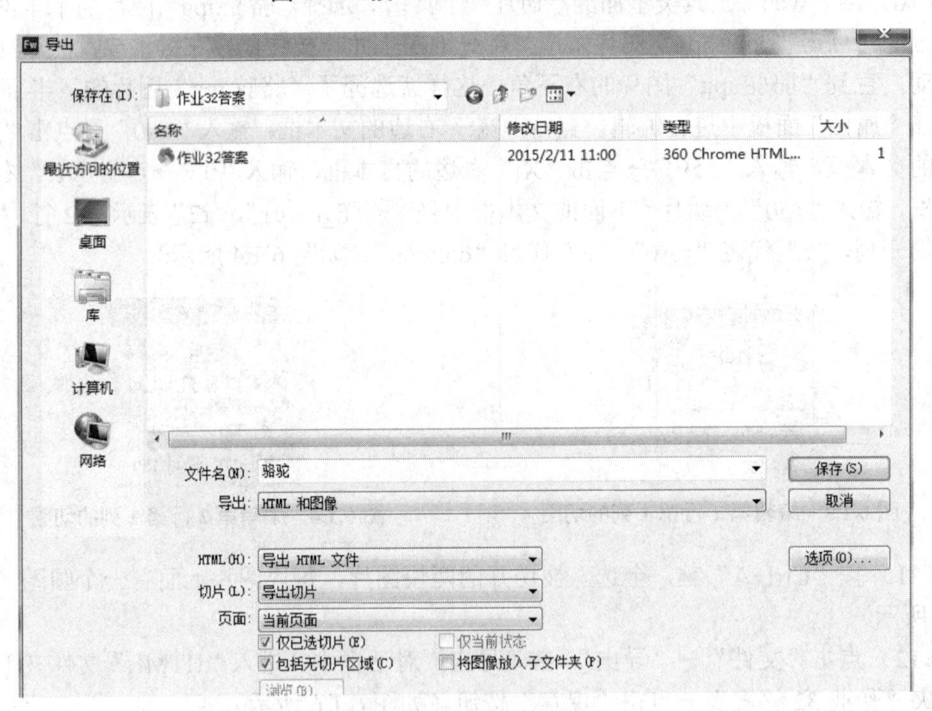

图 6.1.6 导出图片切片

（14）点击“修改”→“转换”→“将表格转换为 AP Div”→在弹出的“将表格转换为 AP Div”对话框中，分别勾选：“防止重叠、显示 AP 元素面板、显示网格、靠齐到网格”前面的复选框（如图 6.1.9 所示）。在对话框中点击“确定”按钮。

（15）弹出来一个“AP 元素”浮动面板→里面有两个图层“apDiv1、apDiv2”（如图 6.1.10 所示）。

图 6.1.7 选择 Fireworks HTML 文件

图 6.1.8 插入 Fireworks HTML

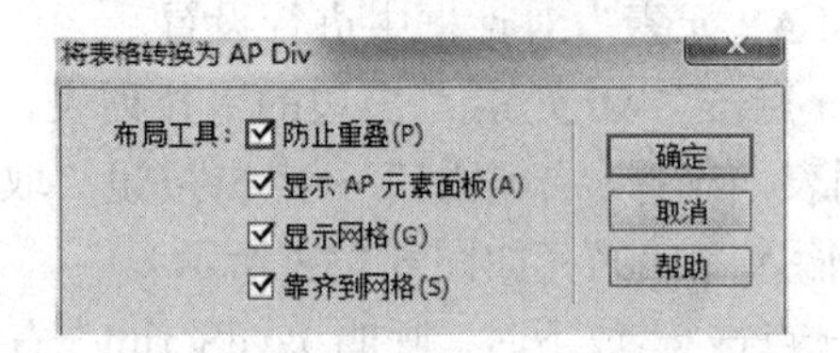

图 6.1.9 “将表格转换为 AP Div”对话框

图 6.1.10 “AP 元素”浮动面板

（16）用鼠标点击页面左下角的“<body>”标签<body>（必须选中“<body>”标签，否则无法添加行为）→点击“窗口”→“行为”→弹出“标签检查器”浮动面板，其中“行为”按钮处于被点击状态→点击“添加行为”图标→在弹出的下拉列表中，点击第 5 项“拖动 AP 元素”。弹出对话框“拖动 AP 元素”。

（17）在弹出的“拖动 AP 元素”对话框中进行设置。

点击“基本”选项卡→点击“AP 元素:”右边的下拉列表，选择“div "apDiv1"”→点击“移动:”右边的下拉列表，选择“不限制”→点击按钮“取得目前位置”→点击“靠齐距离”右边的文本框，输入“500”（如图 6.1.11 所示）。

点击“高级”选项卡→点击 “放下时，呼叫 JavaScript”右面的文本框→输入：“alert("骆驼横着切开两块")”→点击“确定”按钮（如图 6.1.12 所示）。浮动面板“标签检查器”的下面，出现了一个新的行为：“onLoad 拖动 AP 元素”。

图 6.1.11　设置“拖动 AP 元素”对话框中的“基本”选项卡

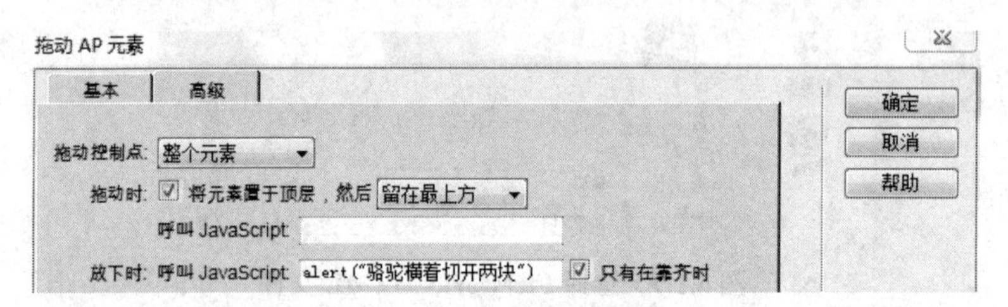

图 6.1.12　设置“拖动 AP 元素”对话框中的“高级”选项卡

（18）用鼠标点击页面左下角的“<body>”标签<body>→点击“窗口”→“行为”→弹出“标签检查器”浮动面板，其中“行为”按钮处于被点击状态→点击“添加行为”图标→在弹出的下拉列表中，点击第 5 项“拖动 AP 元素”。弹出对话框“拖动 AP 元素”。

（19）在弹出的“拖动 AP 元素”对话框中进行设置。

点击“基本”选项卡→点击“AP 元素:”右边的下拉列表，选择“div "apDiv2"”→点击“移动:”右边的下拉列表，选择“不限制”→点击按钮“取得目前位置”→点击“靠齐距离”右边的文本框，输入“500”(如图 6.1.13 所示)。

点击“高级”选项卡→点击 “放下时，呼叫 JavaScript”右面的文本框→输入：“alert ("骆驼横着切开两块")”→点击“确定”按钮。浮动面板“标签检查器”的下面，出现了一个新的行为：“onLoad 拖动 AP 元素”。

图 6.1.13　设置“拖动 AP 元素”对话框“基本”选项卡

（20）点击“设计”视图→点击网页空白处→“插入”菜单→“布局对象”→“APDiv”→在“设计”视图中，出现一个层，层表现为一个矩形。

点击层（矩形）的边，选中层→在“属性”面板中进行设置→点击“CSS-P 元素”下面的可编辑下拉列表，输入“contain”，这是层的名字→点击“左”右边的文本框，输入“500px”→回车→点击“上”右边的文本框，输入“100px”→回车→点击“宽”右边的文本框，输入“400px”→回车→点击“高”右边的文本框，输入“150px”→回车→点击“可见性”右边的下拉列表，在弹出的下拉列表中选择“visible”→点击“背景颜色”右边的颜色面板，选择黄色→点击“Z 轴”右边的文本框，输入“0”→回车（如图 6.1.14 所示)。“contain”这个层中，Z 轴的值为 0，这个非常重要。

图 6.1.14　在“属性”面板中设置层 contain 的参数

(21) 在浮动面板“AP 元素”中，取消“防止重叠”。将 apDiv1～apDiv2 这 2 个层(注意是图层，不是图层中的图片)，分别拖动到层“contain”中。

(22) 点击“设计”视图→点击网页空白处→“插入”菜单→“布局对象”→“AP Div”→在“设计”视图中，出现一个层，层表现为一个矩形。

点击层(矩形)的边，选中层→在“属性”面板中进行设置→点击“CSS-P 元素”下面的可编辑下拉列表，输入“home”，这是层的名字→点击“左”右边的文本框，输入“8px”→回车→点击“上”右边的文本框，输入“9px”→回车→点击“宽”右边的文本框，输入“400px”→回车→点击“高”右边的文本框，输入“300px”→回车→点击“可见性”右边的下拉列表，在弹出的下拉列表中选择“visible”→点击“背景颜色”右边的颜色面板，选择淡蓝色→点击“Z 轴”右边的文本框，输入“-1”→回车。“home”这个层中，Z 轴的值为-1，这个非常重要(如图 6.1.15 所示)。

用鼠标点击这个层里面，光标在闪烁，输入文本“请从容器里面，把图片拖到这里面来”。

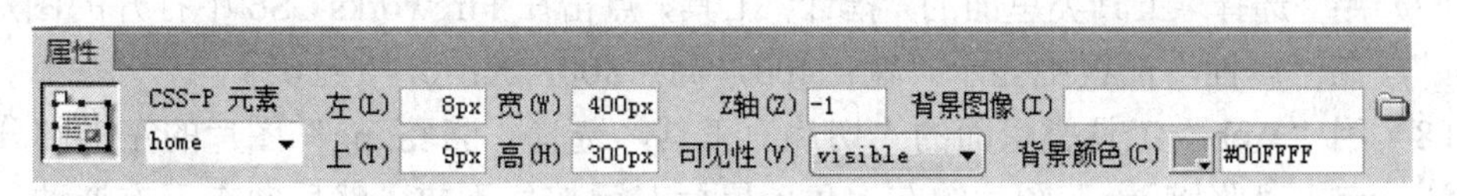

图 6.1.15　在“属性”面板中设置层 home 的参数

(23) 按“Ctrl+S”保存→按“F12”键，在 IE 浏览器中查看网页编辑效果。

在 IE 中运行的时候，显示浮动条“Internet Explorer 已限制此网页运行脚本或 ActiveX 控件”，点击右边的按钮“允许阻止的内容”。

(24) 用鼠标拖动图片，松开鼠标，只要在原图片 500 像素之内，图片就回到原来的位置，而且弹出对话框“骆驼横着切开两块”(如图 6.1.16 所示)。

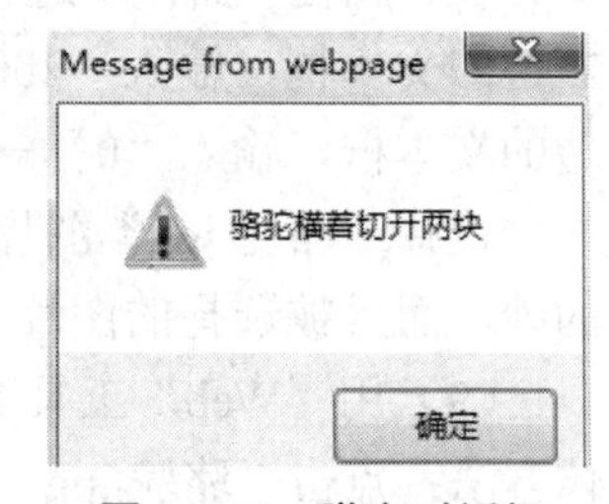

图 6.1.16　弹出对话框

第二节　作　业　33

点击“myWeb”站点，“TEXT”子目录下，有一个文本文件“作业 33 要求.txt”，双击打开“作业 33 要求.txt”，里面是作业 33 的要求。通过这个作业，了解切图和拖动 AP 元素这种行为的做法。

“IMAGE”子目录下的图片文件“骆驼.jpg”，大小为 400×300，也就是说，宽 400 像素，高 300 像素。竖着切成两块，每一块大小为 200×300。

一、作业要求

切图。

把图片“骆驼.jpg”竖着切成两块，每一块大小为 200×300。

而且拖动图片的时候，松开鼠标之后，图片自动吸附到原来的位置，而且弹出来一个提示的对话框。

二、作业解答

（1）点击“myWeb”站点→点击“TEXT”子目录前面的⊞，展开“TEXT”子目录→双击打开“TEXT”子目录下的文本文件“作业 33 要求.txt”，里面是作业 33 的要求。

（2）点击“作业 33 要求.txt”标签中右侧的“关闭”图标×，关闭“作业 33 要求.txt”。

（3）点击“myWeb”站点→右击“HTML”子目录→在弹出的下拉列表中点击第 2 项“新建文件夹”→修改文件夹的名字为“作业 33 答案”。

（4）右击“作业 33 答案”文件夹→在弹出的下拉列表中点击第一项“新建文件”→修改文件的名字为“作业 33 答案.html”→双击打开文件“作业 33 答案.html”。

（5）点击“标题”右边的文本框→用鼠标选择文本框中的文字“无标题文档”→输入标题“竖切两块”→回车→“Ctrl+S”保存。

（6）在软件 Fireworks CS6 中，点击“文件”→“打开”→选择“IMAGE”子目录下的图片文件“骆驼.jpg”→点击“打开”按钮。在软件 Fireworks CS6 中打开“骆驼.jpg”。

（7）用“选择”工具类里面的“指针”工具，点击在 Fireworks CS6 中打开的图片“骆驼.jpg”，在“属性”面板中显示“宽：400，高：300，X：0，Y：0”。

（8）用“Web”工具类里面的“切片”工具，选择“骆驼.jpg”图片的左半部分。具体方法：点击“骆驼.jpg”图片的左上角，鼠标左键按住不放，然后向右下方拖动，选择“骆驼.jpg”图片的左半部分。

在“属性”面板中进行编辑。“切片”下面的文本框中是“骆驼_r1_c1”。点击“宽:”右边的文本框，输入“200”→点击“高:”右边的文本框，输入“300”→点击“X:”右边的文本框，输入“0”→点击“Y:”右边的文本框，输入“0”。

选择“骆驼.jpg”图片的左半部分之后，被选择的图片部分，像是蒙上了一层淡绿色的纱，而且被选择的图片上面，有一个小圆圈。

（9）用“Web”工具类里面的“切片”工具，选择“骆驼.jpg”图片的右半部分。具体方法：点击“骆驼.jpg”图片未选择部分的左上角，按住鼠标左键不放，然后向右下方拖动，直到“骆驼.jpg”图片的右下角，这样就选择了“骆驼.jpg”图片的右半部分。

在“属性”面板中进行编辑。“切片”下面的文本框中是“骆驼_r2_c1”。点击“宽:”右边的文本框，输入“200”→点击“高:”右边的文本框，输入“300”→点击“X:”右边的文本框，输入“200”→点击“Y:”右边的文本框，输入“0”。

（10）按“Ctrl+A”键，全选。被切开的两块图片，每块图片上面有一个圆圈。

（11）点击“文件”→“导出”，在“导出”对话框中，进入“HTML”文件夹下的子文件夹“作业 33 答案”→点击“保存”按钮。

（12）打开“作业 33 答案.html”→点击“设计”视图→“插入”菜单→“图像对象”→

“Fireworks HTML”→弹出“插入 Fireworks HTML”对话框→点击“浏览”按钮→在弹出的“选择 Fireworks HTML 文件”对话框中，选择“作业 33 答案”文件夹下的“骆驼.html” →点击“打开”按钮。

“插入 Fireworks HTML”对话框中，“Fireworks HTML 文件:”右边的文本框中，内容是“file:///C|/Dreamweaver/HTML/作业 33 答案/骆驼.htm”。点击“确定”按钮。

（13）点击“修改”→“转换”→“将表格转换为 AP Div”→在弹出的“将表格转换为 AP Div”对话框中，分别勾选：“防止重叠”、“显示 AP 元素面板”、“显示网格”、“靠齐到网格”前面的复选框。在对话框中点击“确定”按钮。

（14）弹出来一个“AP 元素”浮动面板→里面有两个图层“apDiv1”、“apDiv2”。

（15）用鼠标点击页面左下角的“<body>”标签（必须选中“<body>”标签，否则无法添加行为）→点击“窗口”→“行为”→弹出“标签检查器”浮动面板，其中“行为”按钮处于被点击状态→点击“添加行为”图标→在弹出的下拉列表中，点击第 5 项“拖动 AP 元素”。弹出对话框“拖动 AP 元素”。

（16）在弹出的“拖动 AP 元素”对话框中进行设置。

点击“基本”选项卡→点击“AP 元素:”右边的下拉列表，选择“div "apDiv1"”→点击“移动:”右边的下拉列表，选择“不限制”→点击按钮“取得目前位置”→点击“靠齐距离”右边的文本框，输入“500”。

点击“高级”选项卡→点击 “放下时，呼叫 JavaScript”右面的文本框→输入：“alert ("骆驼竖着切开两块")”→点击“确定”按钮。浮动面板“标签检查器”的下面，出现了一个新的行为：“onLoad 拖动 AP 元素”。

（17）用鼠标点击页面左下角的“<body>”标签→点击“窗口”→“行为”→弹出“标签检查器”浮动面板，其中“行为”按钮处于被点击状态→点击“添加行为”图标→在弹出的下拉列表中，点击第 5 项“拖动 AP 元素”。弹出对话框“拖动 AP 元素”。

（18）在弹出的“拖动 AP 元素”对话框中进行设置。

点击“基本”选项卡→点击“AP 元素:”右边的下拉列表，选择“div "apDiv2"”→点击“移动:”右边的下拉列表，选择“不限制”→点击按钮“取得目前位置”→点击“靠齐距离”右边的文本框，输入“500”。

点击“高级”选项卡→点击 “放下时，呼叫 JavaScript”右面的文本框→输入：“alert ("骆驼竖着切开两块")”→点击“确定”按钮。浮动面板“标签检查器”的下面，出现了一个新的行为：“onLoad 拖动 AP 元素”。

（19）点击“设计”视图→点击网页空白处→“插入”菜单→“布局对象”→“AP Div”→在“设计”视图中，出现一个层，层表现为一个矩形。

点击层（矩形）的边，选中层→在“属性”面板中进行设置→点击“CSS-P 元素”下面的可编辑下拉列表，输入“contain”，这是层的名字→点击“左”右边的文本框，输入“500px”→回车→点击“上”右边的文本框，输入“100px”→回车→点击“宽”右边的文本框，输入“200px”→回车→点击“高”右边的文本框，输入“300px”→回车→点击“可见性”右边的下拉列表，在弹出的下拉列表中选择“visible”→点击“背景颜色”右边的颜色面板，选择黄色→点击“Z 轴”右边的文本框，输入“0”→回车（如图 6.2.1 所示）。“contain”这个层中，Z 轴的值为 0，这个非常重要。

图 6.2.1　在“属性”面板中设置层 contain 的参数

（20）在浮动面板“AP 元素”中，取消“防止重叠”。将 apDiv1～apDiv2 这 2 个层（注意是图层，不是图层中的图片），分别拖动到层“contain”中。

（21）点击“设计”视图→点击网页空白处→“插入”菜单→“布局对象”→“AP Div”→在“设计”视图中，出现一个层，层表现为一个矩形。

点击层（矩形）的边，选中层→在“属性”面板中进行设置→点击“CSS-P 元素”下面的可编辑下拉列表，输入“home”，这是层的名字→点击“左”右边的文本框，输入“8px”→回车→点击“上”右边的文本框，输入“9px”→回车→点击“宽”右边的文本框，输入“400px”→回车→点击“高”右边的文本框，输入“300px”→回车→点击“可见性”右边的下拉列表，在弹出的下拉列表中选择“visible”→点击“背景颜色”右边的颜色面板，选择淡蓝色→点击“Z 轴”右边的文本框，输入“-1”→回车。“home”这个层中，Z 轴的值为-1，这个非常重要（如图 6.2.2 所示）。

用鼠标点击这个层里面，光标在闪烁，输入文本“请从容器里面，把图片拖到这里面来”。

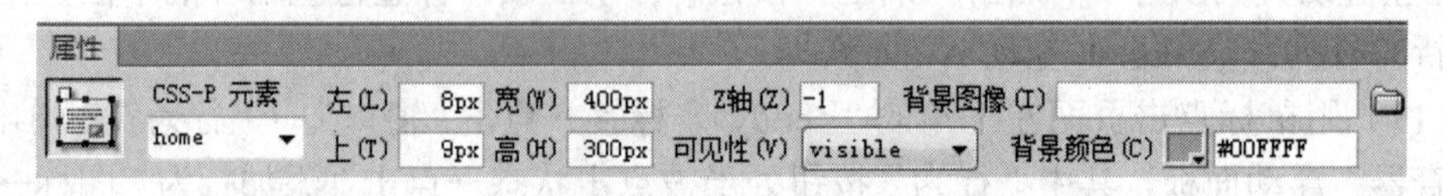

图 6.2.2　在“属性”面板中设置层 home 的参数

（22）按“Ctrl+S”保存→按“F12”键，在 IE 浏览器中查看网页编辑效果。

在 IE 中运行的时候，显示浮动条“Internet Explorer 已限制此网页运行脚本或 ActiveX 控件”，点击右边的“允许阻止的内容”按钮。

（23）用鼠标拖动图片，松开鼠标，只要在原图片 500 像素之内，图片就回到原来的位置，而且弹出对话框“骆驼竖着切开两块”。

第三节　作　业　34

点击“myWeb”站点，“TEXT”子目录下，有一个文本文件“作业 34 要求.txt”，双击打开“作业 34 要求.txt”，里面是作业 34 的要求。通过这个作业，了解切图和拖动 AP 元素这种行为的做法。

“IMAGE”子目录下的图片文件“骆驼.jpg”，大小为 400×300，也就是说，宽 400 像素，高 300 像素。横着切成 3 块，每一块大小为 400×100。

一、作业要求

切图。

把图片“骆驼.jpg”横着切成3块，每一块大小为400×100。

拖动图片的时候，松开鼠标之后，图片自动吸附到原来的位置，而且弹出来一个提示的对话框。

二、作业解答

（1）点击“myWeb”站点→点击“TEXT”子目录前面的⊞，展开“TEXT”子目录→双击打开“TEXT”子目录下的文本文件“作业34要求.txt”，里面是作业34的要求。

（2）点击“作业34要求.txt”标签中右侧的“关闭”图标×，关闭“作业34要求.txt”。

（3）点击“myWeb”站点→右击“HTML”子目录→在弹出的下拉列表中点击第2项“新建文件夹”→修改文件夹的名字为“作业34答案”。

（4）右击“作业34答案”文件夹→在弹出的下拉列表中点击第一项“新建文件”→修改文件的名字为“作业34答案.html”→双击打开文件“作业34答案.html”。

（5）点击“标题”右边的文本框→用鼠标选择文本框中的文字“无标题文档”→输入标题“横着切三块”→回车→“Ctrl+S”保存。

（6）关闭之前已经打开的“骆驼.jpg”，不保存。在软件Fireworks CS6中，点击“文件”→“打开”→选择“IMAGE”子目录下的图片文件“骆驼.jpg”→点击“打开”按钮。在软件Fireworks CS6中打开“骆驼.jpg”。

（7）先切第1块。

用“Web”工具类里面的“切片”工具，切“骆驼.jpg”图片的第一块（用“切片”工具选择“骆驼.jpg”图片的一块区域）。

在“属性”面板中进行编辑。“切片”下面的文本框中是“骆驼_r1_c1”。点击“宽:”右边的文本框，输入“400”→回车→点击“高:”右边的文本框，输入“100”→回车→点击“X:”右边的文本框，输入“0”→回车→点击“Y:”右边的文本框，输入“0”→回车。

（8）切第2块。

用“Web”工具类里面的“切片”工具，切“骆驼.jpg”图片的第2块。

在“属性”面板中进行编辑。“切片”下面的文本框中是“骆驼_r2_c1”。点击“宽:”右边的文本框，输入“400”→回车→点击“高:”右边的文本框，输入“100”→回车→点击“X:”右边的文本框，输入“0”→回车→点击“Y:”右边的文本框，输入“100”→回车。

（9）切第3块。

用“Web”工具类里面的“切片”工具，切“骆驼.jpg”图片的第3块。

在“属性”面板中进行编辑。“切片”下面的文本框中是“骆驼_r3_c1”。点击“宽:”右边的文本框，输入“400”→回车→点击“高:”右边的文本框，输入“100”→回车→点击“X:”右边的文本框，输入“0”→回车→点击“Y:”右边的文本框，输入“200”→回车。

（10）按“Ctrl+A”键，全选。被切开的3块图片，每块图片上面有一个圆圈。

（11）点击“文件”→“导出”，在“导出”对话框中，进入“HTML”文件夹下的子文件夹“作业34答案”→点击“保存”按钮。

（12）打开“作业34答案.html”→点击“设计”视图→“插入”菜单→“图像对象”→

"Fireworks HTML"→弹出"插入 Fireworks HTML"对话框→点击"浏览"按钮→在弹出的"选择 Fireworks HTML 文件"对话框中，选择"作业 34 答案"文件夹下的"骆驼.html"→点击"打开"按钮。

"插入 Fireworks HTML"对话框中，"Fireworks HTML 文件:"右边的文本框中，内容是"file:///C|/Dreamweaver/HTML/作业 34 答案/骆驼.htm"。点击"确定"按钮。

（13）点击"修改"→"转换"→"将表格转换为 AP Div"→在弹出的"将表格转换为 AP Div"对话框中，分别勾选："防止重叠、显示 AP 元素面板、显示网格、靠齐到网格"前面的复选框。在对话框中点击"确定"按钮。

（14）弹出来一个"AP 元素"浮动面板→里面有 3 个图层"apDiv1、apDiv2、apDiv3"。

（15）用鼠标点击页面左下角的"<body>"标签→点击"窗口"→"行为"→弹出"标签检查器"浮动面板，其中"行为"按钮处于被点击状态→点击"添加行为"图标→在弹出的下拉列表中，点击第 5 项"拖动 AP 元素"。弹出对话框"拖动 AP 元素"。

在弹出的"拖动 AP 元素"对话框中进行设置。

点击"基本"选项卡→点击"AP 元素:"右边的下拉列表，选择"div "apDiv1""→点击"移动:"右边的下拉列表，选择"不限制"→点击按钮"取得目前位置"→点击"靠齐距离"右边的文本框，输入"500"。

点击"高级"选项卡→点击 "放下时，呼叫 JavaScript"右面的文本框→输入："alert ("骆驼横着切成 3 块")"→点击"确定"按钮。浮动面板"标签检查器"的下面，出现了一个新的行为："onLoad 拖动 AP 元素"。

（16）用鼠标点击页面左下角的"<body>"标签→点击"窗口"→"行为"→弹出"标签检查器"浮动面板，其中"行为"按钮处于被点击状态→点击"添加行为"图标→在弹出的下拉列表中，点击第 5 项"拖动 AP 元素"。弹出对话框"拖动 AP 元素"。

在弹出的"拖动 AP 元素"对话框中进行设置。

点击"基本"选项卡→点击"AP 元素:"右边的下拉列表，选择"div "apDiv2""→点击"移动:"右边的下拉列表，选择"不限制"→点击按钮"取得目前位置"→点击"靠齐距离"右边的文本框，输入"500"。

点击"高级"选项卡→点击 "放下时，呼叫 JavaScript"右面的文本框→输入："alert ("骆驼横着切成 3 块")"→点击"确定"按钮。浮动面板"标签检查器"的下面，出现了一个新的行为："onLoad 拖动 AP 元素"。

（17）用鼠标点击页面左下角的"<body>"标签→点击"窗口"→"行为"→弹出"标签检查器"浮动面板，其中"行为"按钮处于被点击状态→点击"添加行为"图标→在弹出的下拉列表中，点击第 5 项"拖动 AP 元素"。弹出对话框"拖动 AP 元素"。

在弹出的"拖动 AP 元素"对话框中进行设置。

点击"基本"选项卡→点击"AP 元素:"右边的下拉列表，选择"div "apDiv3""→点击"移动:"右边的下拉列表，选择"不限制"→点击按钮"取得目前位置"→点击"靠齐距离"右边的文本框，输入"500"。

点击"高级"选项卡→点击 "放下时，呼叫 JavaScript"右面的文本框→输入："alert ("骆驼横着切成 3 块")"→点击"确定"按钮。浮动面板"标签检查器"的下面，出现了一个新的行为："onLoad 拖动 AP 元素"。

（18）点击"设计"视图→点击网页空白处→"插入"菜单→"布局对象"→"AP Div"→在"设计"视图中，出现一个层，层表现为一个矩形。

点击层（矩形）的边，选中层→在"属性"面板中进行设置→点击"CSS-P 元素"下面的可编辑下拉列表，输入"contain"，这是层的名字→点击"左"右边的文本框，输入"500px"→回车→点击"上"右边的文本框，输入"100px"→回车→点击"宽"右边的文本框，输入"400px"→回车→点击"高"右边的文本框，输入"100px"→回车→点击"可见性"右边的下拉列表，在弹出的下拉列表中选择"visible"→点击"背景颜色"右边的颜色面板，选择黄色→点击"Z 轴"右边的文本框，输入"0"→回车（如图 6.3.1 所示）。"contain"这个层中，Z 轴的值为 0，这个非常重要。

图 6.3.1 在"属性"面板中设置层 contain 的参数

（19）在浮动面板"AP 元素"中，取消"防止重叠"。将 apDiv1～apDiv3 这 3 个层（注意是图层，不是图层中的图片），分别拖动到层"contain"中。

（20）点击"设计"视图→点击网页空白处→"插入"菜单→"布局对象"→"AP Div"→在"设计"视图中，出现一个层，层表现为一个矩形。

点击层（矩形）的边，选中层→在"属性"面板中进行设置→点击"CSS-P 元素"下面的可编辑下拉列表，输入"home"，这是层的名字→点击"左"右边的文本框，输入"8px"→回车→点击"上"右边的文本框，输入"9px"→回车→点击"宽"右边的文本框，输入"400px"→回车→点击"高"右边的文本框，输入"300px"→回车→点击"可见性"右边的下拉列表，在弹出的下拉列表中选择"visible"→点击"背景颜色"右边的颜色面板，选择淡蓝色→点击"Z 轴"右边的文本框，输入"-1"→回车。"home"这个层中，Z 轴的值为-1，这个非常重要（如图 6.3.2 所示）。

用鼠标点击这个层里面，光标在闪烁，输入文本"请从容器里面，把图片拖到这里面来"。

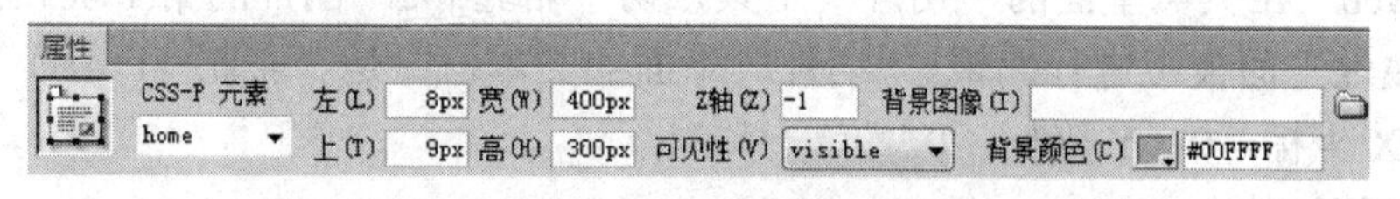

图 6.3.2 在"属性"面板中设置层 home 的参数

（21）按"Ctrl+S"保存→按"F12"键，在 IE 浏览器中查看网页编辑效果。

在 IE 中运行的时候，显示浮动条"Internet Explorer 已限制此网页运行脚本或 ActiveX 控件"，点击右边的按钮"允许阻止的内容"。

（22）用鼠标拖动图片，松开鼠标，只要和原图片 500 像素之内，图片就回到原来的位置，而且弹出对话框"骆驼横着切成 3 块"。

第四节　作　业　35

点击“myWeb”站点，“TEXT”子目录下，有一个文本文件“作业35要求.txt”，双击打开“作业35要求.txt”，里面是作业35的要求。通过这个作业，了解切图和拖动AP元素这种行为的做法。

“IMAGE”子目录下的图片文件“骆驼.jpg”，大小为400×300，也就是说，宽400像素，高300像素。竖着切成4块，每一块大小为100×300。

一、作业要求

切图。

把图片“骆驼.jpg” 竖着切成4块，每一块大小为100×300。

拖动图片的时候，松开鼠标之后，图片自动吸附到原来的位置，而且弹出来一个提示的对话框。

二、作业解答

（1）点击“myWeb”站点→点击“TEXT”子目录前面的⊞，展开“TEXT”子目录→双击打开“TEXT”子目录下的文本文件“作业35要求.txt”，里面是作业35的要求。

（2）点击“作业35要求.txt”标签中右侧的“关闭”图标×，关闭“作业35要求.txt”。

（3）点击“myWeb”站点→右击“HTML”子目录→在弹出的下拉列表中点击第2项“新建文件夹”→修改文件夹的名字为“作业35答案”。

（4）右击“作业35答案”文件夹→在弹出的下拉列表中点击第一项“新建文件”→修改文件的名字为“作业35答案.html”→双击打开文件“作业35答案.html”。

（5）点击“标题”右边的文本框→用鼠标选择文本框中的文字“无标题文档”→输入标题“竖着切成4块”→回车→“Ctrl+S”保存。

（6）关闭之前已经打开的“骆驼.jpg”，不保存。在软件Fireworks CS6中，点击“文件”→“打开”→选择“IMAGE”子目录下的图片文件“骆驼.jpg”→点击“打开”按钮。在软件Fireworks CS6中打开“骆驼.jpg”。

（7）先切第1块。

用“Web”工具类里面的“切片”工具，切“骆驼.jpg”图片的第1块。

在“属性”面板中进行编辑。“切片”下面的文本框中是“骆驼_r1_c1”。宽：100；高：300；X坐标：0；Y坐标：0。

（8）切第2块。

用“Web”工具类里面的“切片”工具，切“骆驼.jpg”图片的第2块。

在“属性”面板中进行编辑。“切片”下面的文本框中是“骆驼_r1_c2”。宽：100；高：300；X坐标：100；Y坐标：0。

（9）切第3块。

用“Web”工具类里面的“切片”工具，切“骆驼.jpg”图片的第3块。

在“属性”面板中进行编辑。“切片”下面的文本框中是“骆驼_r1_c3”。宽：100；高：300；X坐标：200；Y坐标：0。

（10）切第 4 块。

用“Web”工具类里面的“切片”工具，切“骆驼.jpg”图片的第 4 块。

在“属性”面板中进行编辑。“切片”下面的文本框中是“骆驼_r1_c4”。宽：100；高：300；X 坐标：300；Y 坐标：0。

（11）按“Ctrl+A”键，全选。被切开的 4 块图片，每块图片上面有一个圆圈。

（12）点击“文件”→“导出”，在“导出”对话框中，进入“HTML”文件夹下的子文件夹“作业 35 答案”→点击“保存”按钮。

（13）打开“作业 35 答案.html”→点击“设计”视图→“插入”菜单→“图像对象”→“Fireworks HTML”→弹出“插入 Fireworks HTML”对话框→点击“浏览”按钮→在弹出的“选择 Fireworks HTML 文件”对话框中，选择“作业 35 答案”文件夹下的“骆驼.html” →点击“打开”按钮。

“插入 Fireworks HTML”对话框中，“Fireworks HTML 文件:”右边的文本框中，内容是“file:///C|/Dreamweaver/HTML/作业 35 答案/骆驼.htm”。点击“确定”按钮。

（14）点击“修改”→“转换”→“将表格转换为 AP Div”→在弹出的“将表格转换为 AP Div”对话框中，分别勾选：“防止重叠、显示 AP 元素面板、显示网格、靠齐到网格”前面的复选框。在对话框中点击“确定”按钮。

弹出来一个“AP 元素”浮动面板→里面有 4 个图层“apDiv1、apDiv2、apDiv3、apDiv4”。

（15）用鼠标点击页面左下角的“<body>”标签→点击“窗口”→“行为”→弹出“标签检查器”浮动面板，其中“行为”按钮处于被点击状态→点击“添加行为”图标→在弹出的下拉列表中，点击第 5 项“拖动 AP 元素”。弹出对话框“拖动 AP 元素”。

在弹出的“拖动 AP 元素”对话框中进行设置。

点击“基本”选项卡→点击“AP 元素:”右边的下拉列表，选择“div "apDiv1"”→点击“移动:”右边的下拉列表，选择“不限制”→点击按钮“取得目前位置”→点击“靠齐距离”右边的文本框，输入“500”。

点击“高级”选项卡→点击 “放下时，呼叫 JavaScript”右面的文本框→输入：“alert ("骆驼竖着切成 4 块")”→点击“确定”按钮。浮动面板“标签检查器”的下面，出现了一个新的行为：“onLoad 拖动 AP 元素”。

（16）用鼠标点击页面左下角的“<body>”标签→点击“窗口”→“行为”→弹出“标签检查器”浮动面板，其中“行为”按钮处于被点击状态→点击“添加行为”图标→在弹出的下拉列表中，点击第 5 项“拖动 AP 元素”。弹出对话框“拖动 AP 元素”。

在弹出的“拖动 AP 元素”对话框中进行设置。

点击“基本”选项卡→点击“AP 元素:”右边的下拉列表，选择“div "apDiv2"”→点击“移动:”右边的下拉列表，选择“不限制”→点击按钮“取得目前位置”→点击“靠齐距离”右边的文本框，输入“500”。

点击“高级”选项卡→点击 “放下时，呼叫 JavaScript”右面的文本框→输入：“alert ("骆驼竖着切成 4 块")”→点击“确定”按钮。浮动面板“标签检查器”的下面，出现了一个新的行为：“onLoad 拖动 AP 元素”。

（17）用鼠标点击页面左下角的“<body>”标签→点击“窗口”→“行为”→弹出“标

签检查器”浮动面板，其中“行为”按钮处于被点击状态→点击“添加行为”图标→在弹出的下拉列表中，点击第5项“拖动AP元素”。弹出对话框“拖动AP元素”。

在弹出的“拖动AP元素”对话框中进行设置。

点击“基本”选项卡→点击“AP元素:”右边的下拉列表，选择“div "apDiv3"”→点击“移动:”右边的下拉列表，选择“不限制”→点击按钮“取得目前位置”→点击“靠齐距离”右边的文本框，输入“500”。

点击“高级”选项卡→点击“放下时，呼叫JavaScript”右面的文本框→输入：“alert("骆驼竖着切成4块")”→点击“确定”按钮。浮动面板“标签检查器”的下面，出现了一个新的行为：“onLoad 拖动AP元素”。

（18）用鼠标点击页面左下角的“<body>”标签→点击“窗口”→“行为”→弹出“标签检查器”浮动面板，其中“行为”按钮处于被点击状态→点击“添加行为”图标→在弹出的下拉列表中，点击第5项“拖动AP元素”。弹出对话框“拖动AP元素”。

在弹出的“拖动AP元素”对话框中进行设置。

点击“基本”选项卡→点击“AP元素:”右边的下拉列表，选择“div "apDiv4"”→点击“移动:”右边的下拉列表，选择“不限制”→点击按钮“取得目前位置”→点击“靠齐距离”右边的文本框，输入“500”。

点击“高级”选项卡→点击“放下时，呼叫JavaScript”右面的文本框→输入：“alert("骆驼竖着切成4块")”→点击“确定”按钮。浮动面板“标签检查器”的下面，出现了一个新的行为：“onLoad 拖动AP元素”。

（19）点击“设计”视图→点击网页空白处→“插入”菜单→“布局对象”→“AP Div”→在“设计”视图中，出现一个层，层表现为一个矩形。

点击层（矩形）的边，选中层→在“属性”面板中进行设置→点击“CSS-P元素”下面的可编辑下拉列表，输入“contain”，这是层的名字→点击“左”右边的文本框，输入“500px”→回车→点击“上”右边的文本框，输入“100px”→回车→点击“宽”右边的文本框，输入“100px”→回车→点击“高”右边的文本框，输入“300px”→回车→点击“可见性”右边的下拉列表，在弹出的下拉列表中选择“visible”→点击“背景颜色”右边的颜色面板，选择黄色→点击“Z轴”右边的文本框，输入“0”→回车（如图6.4.1所示）。“contain”这个层中，Z轴的值为0，这个非常重要。

图6.4.1 在“属性”面板中设置层contain的参数

（20）在浮动面板“AP元素”中，取消“防止重叠”。将apDiv1～apDiv4这4个层（注意是图层，不是图层中的图片），分别拖动到层“contain”中。

（21）点击“设计”视图→点击网页空白处→“插入”菜单→“布局对象”→“AP Div”→在“设计”视图中，出现一个层，层表现为一个矩形。

点击层（矩形）的边，选中层→在“属性”面板中进行设置→点击“CSS-P元素”

下面的可编辑下拉列表，输入“home”，这是层的名字→点击“左”右边的文本框，输入“8px”→回车→点击“上”右边的文本框，输入“9px”→回车→点击“宽”右边的文本框，输入“400px”→回车→点击“高”右边的文本框，输入“300px”→回车→点击“可见性”右边的下拉列表，在弹出的下拉列表中选择“visible”→点击“背景颜色”右边的颜色面板，选择淡蓝色→点击“Z 轴”右边的文本框，输入“-1”→回车。“home”这个层中，Z 轴的值为-1，这个非常重要（如图 6.4.2 所示）。

用鼠标点击这个层里面，光标在闪烁，输入文本“请从容器里面，把图片拖到这里面来”。

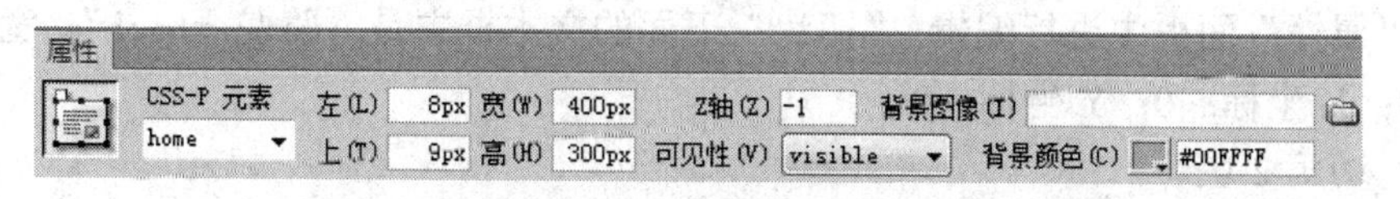

图 6.4.2 在“属性”面板中设置层 home 的参数

（22）按“Ctrl+S”保存→按“F12”键，在 IE 浏览器中查看网页编辑效果。

在 IE 中运行的时候，显示浮动条“Internet Explorer 已限制此网页运行脚本或 ActiveX 控件”，点击右边的按钮“允许阻止的内容”。

（23）用鼠标拖动图片，松开鼠标，只要和原图片 500 像素之内，图片就回到原来的位置，而且弹出对话框“骆驼竖着切成 4 块”。

第五节 作 业 36

点击“myWeb”站点，“TEXT”子目录下，有一个文本文件“作业 36 要求.txt”，双击打开“作业 36 要求.txt”，里面是作业 36 的要求。通过这个作业，了解切图和拖动 AP 元素这种行为的做法。

“IMAGE”子目录下的图片文件“骆驼.jpg”，大小为 400×300，也就是说，宽 400 像素，高 300 像素。横着切 2 块，竖着切 2 块，每一块大小为 200×150。

一、作业要求

切图。

把图片“骆驼.jpg”，横着切 2 块，竖着切 2 块，每一块大小为 200×150。

拖动图片的时候，松开鼠标之后，图片自动吸附到原来的位置，而且弹出来一个提示的对话框。

二、作业解答

（1）点击“myWeb”站点→点击“TEXT”子目录前面的⊞，展开“TEXT”子目录→双击打开“TEXT”子目录下的文本文件“作业 36 要求.txt”，里面是作业 36 的要求。

（2）点击“作业 36 要求.txt”标签中右侧的“关闭”图标✕，关闭“作业 36 要求.txt”。

（3）点击“myWeb”站点→右击“HTML”子目录→在弹出的下拉列表中点击第 2 项“新建文件夹”→修改文件夹的名字为“作业 36 答案”。

（4）右击“作业 36 答案”文件夹→在弹出的下拉列表中点击第一项“新建文件”→

修改文件的名字为“作业 36 答案.html”→双击打开文件“作业 36 答案.html”。

（5）点击“标题”右边的文本框→用鼠标选择文本框中的文字“无标题文档”→输入标题“横切 2 块竖切 2 块”→回车→“Ctrl+S”保存。

（6）关闭之前已经打开的“骆驼.jpg”，不保存。在软件 Fireworks CS6 中，点击“文件”→“打开”→选择“IMAGE”子目录下的图片文件“骆驼.jpg”→点击“打开”按钮。在软件 Fireworks CS6 中打开“骆驼.jpg”。

（7）先切第 1 块。

用“Web”工具类里面的“切片”工具，切“骆驼.jpg”图片的第 1 块。

在“属性”面板中进行编辑。“切片”下面的文本框中是“骆驼_r1_c1”。宽：200；高：150；X 坐标：0；Y 坐标：0。

（8）切第 2 块。

用“Web”工具类里面的“切片”工具，切“骆驼.jpg”图片的第 2 块。

在“属性”面板中进行编辑。“切片”下面的文本框中是“骆驼_r1_c2”。宽：200；高：150；X 坐标：200；Y 坐标：0。

（9）切第 3 块。

用“Web”工具类里面的“切片”工具，切“骆驼.jpg”图片的第 3 块。

在“属性”面板中进行编辑。“切片”下面的文本框中是“骆驼_r2_c1”。宽：200；高：150；X 坐标：0；Y 坐标：150。

（10）切第 4 块。

用“Web”工具类里面的“切片”工具，切“骆驼.jpg”图片的第 4 块。

在“属性”面板中进行编辑。“切片”下面的文本框中是“骆驼_r2_c2”。宽：200；高：150；X 坐标：200；Y 坐标：150。

（11）按“Ctrl+A”键，全选。被切开的 4 块图片，每块图片上面有一个圆圈。

（12）点击“文件”→“导出”，在“导出”对话框中，进入“HTML”文件夹下的子文件夹“作业 36 答案”→点击“保存”按钮。

（13）打开“作业 36 答案.html”→点击“设计”视图→“插入”菜单→“图像对象”→“Fireworks HTML”→弹出“插入 Fireworks HTML”对话框→点击“浏览”按钮→在弹出的“选择 Fireworks HTML 文件”对话框中，选择“作业 36 答案”文件夹下的“骆驼.html” →点击“打开”按钮。

“插入 Fireworks HTML”对话框中，“Fireworks HTML 文件:”右边的文本框中，内容是“file:///C|/Dreamweaver/HTML/作业 36 答案/骆驼.htm”。点击“确定”按钮。

（14）点击“修改”→“转换”→“将表格转换为 AP Div”→在弹出的“将表格转换为 AP Div”对话框中，分别勾选：“防止重叠、显示 AP 元素面板、显示网格、靠齐到网格”前面的复选框。在对话框中点击“确定”按钮。

弹出来一个“AP 元素”浮动面板→里面有 4 个图层“apDiv1、apDiv2、apDiv3、apDiv4”。

（15）对第 1 个图层添加行为。

用鼠标点击页面左下角的“<body>”标签→点击“窗口”→“行为”→弹出“标签检

查器”浮动面板，其中“行为”按钮处于被点击状态→点击“添加行为”图标→在弹出的下拉列表中，点击第5项“拖动AP元素”。弹出对话框“拖动AP元素”。

在弹出的“拖动AP元素”对话框中进行设置。

点击“基本”选项卡→点击“AP元素:”右边的下拉列表，选择“div "apDiv1"”→点击“移动:”右边的下拉列表，选择“不限制”→点击按钮“取得目前位置”→点击“靠齐距离”右边的文本框，输入“500”。

点击“高级”选项卡→点击 “放下时，呼叫JavaScript”右面的文本框→输入：“alert("骆驼横切2块，竖切2块")”→点击“确定”按钮。浮动面板“标签检查器”的下面，出现了一个新的行为：“onLoad 拖动AP元素”。

（16）对第2个图层添加行为。

用鼠标点击页面左下角的“<body>”标签→点击“窗口”→“行为”→弹出“标签检查器”浮动面板，其中“行为”按钮处于被点击状态→点击“添加行为”图标→在弹出的下拉列表中，点击第5项“拖动AP元素”。弹出对话框“拖动AP元素”。

在弹出的“拖动AP元素”对话框中进行设置。

点击“基本”选项卡→点击“AP元素:”右边的下拉列表，选择“div "apDiv2"”→点击“移动:”右边的下拉列表，选择“不限制”→点击按钮“取得目前位置”→点击“靠齐距离”右边的文本框，输入“500”。

点击“高级”选项卡→点击 “放下时，呼叫JavaScript”右面的文本框→输入：“alert("骆驼横切2块，竖切2块")”→点击“确定”按钮。浮动面板“标签检查器”的下面，出现了一个新的行为：“onLoad 拖动AP元素”。

（17）对第3个图层添加行为。

用鼠标点击页面左下角的“<body>”标签→点击“窗口”→“行为”→弹出“标签检查器”浮动面板，其中“行为”按钮处于被点击状态→点击“添加行为”图标→在弹出的下拉列表中，点击第5项“拖动AP元素”。弹出对话框“拖动AP元素”。

在弹出的“拖动AP元素”对话框中进行设置。

点击“基本”选项卡→点击“AP元素:”右边的下拉列表，选择“div "apDiv3"”→点击“移动:”右边的下拉列表，选择“不限制”→点击按钮“取得目前位置”→点击“靠齐距离”右边的文本框，输入“500”。

点击“高级”选项卡→点击 “放下时，呼叫JavaScript”右面的文本框→输入：“alert("骆驼横切2块，竖切2块")”→点击“确定”按钮。浮动面板“标签检查器”的下面，出现了一个新的行为：“onLoad 拖动AP元素”。

（18）对第4个图层添加行为。

用鼠标点击页面左下角的“<body>”标签→点击“窗口”→“行为”→弹出“标签检查器”浮动面板，其中“行为”按钮处于被点击状态→点击“添加行为”图标→在弹出的下拉列表中，点击第5项“拖动AP元素”。弹出对话框“拖动AP元素”。

在弹出的“拖动AP元素”对话框中进行设置。

点击“基本”选项卡→点击“AP元素:”右边的下拉列表，选择“div "apDiv4"”→点击“移动:”右边的下拉列表，选择“不限制”→点击按钮“取得目前位置”→点击“靠齐距离”右边的文本框，输入“500”。

点击“高级”选项卡→点击 “放下时，呼叫 JavaScript”右面的文本框→输入：“alert ("骆驼横切 2 块，竖切 2 块")”→点击“确定”按钮。浮动面板“标签检查器”的下面，出现了一个新的行为：“onLoad 拖动 AP 元素”。

（19）点击“设计”视图→点击网页空白处→“插入”菜单→“布局对象”→“APDiv”→在“设计”视图中，出现一个层，层表现为一个矩形。

点击层（矩形）的边，选中层→在“属性”面板中进行设置→点击“CSS-P 元素”下面的可编辑下拉列表，输入“contain”，这是层的名字→点击“左”右边的文本框，输入“500px”→回车→点击“上”右边的文本框，输入“100px”→回车→点击“宽”右边的文本框，输入“200px”→回车→点击“高”右边的文本框，输入“100px”→回车→点击“可见性”右边的下拉列表，在弹出的下拉列表中选择“visible”→点击“背景颜色”右边的颜色面板，选择黄色→点击“Z 轴”右边的文本框，输入“0”→回车（如图 6.5.1 所示）。“contain”这个层中，Z 轴的值为 0，这个非常重要。

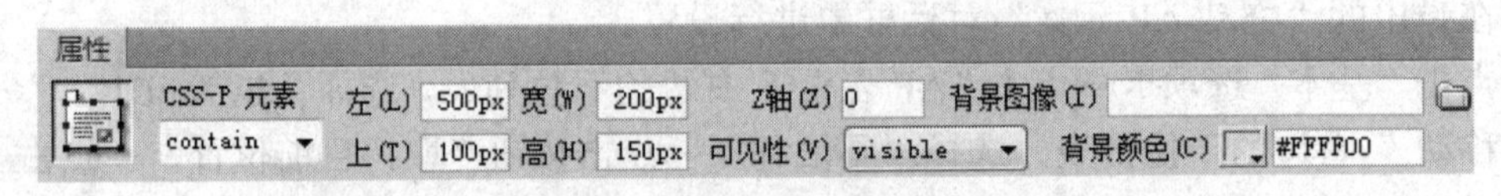

图 6.5.1 在“属性”面板中设置层 contain 的参数

（20）在浮动面板“AP 元素”中，取消“防止重叠”。将 apDiv1～apDiv6 这 6 个层（注意是图层，不是图层中的图片），分别拖动到层“contain”中。

（21）点击“设计”视图→点击网页空白处→“插入”菜单→“布局对象”→“APDiv”→在“设计”视图中，出现一个层，层表现为一个矩形。

点击层（矩形）的边，选中层→在“属性”面板中进行设置→点击“CSS-P 元素”下面的可编辑下拉列表，输入“home”，这是层的名字→点击“左”右边的文本框，输入“8px”→回车→点击“上”右边的文本框，输入“9px”→回车→点击“宽”右边的文本框，输入“400px”→回车→点击“高”右边的文本框，输入“300px”→回车→点击“可见性”右边的下拉列表，在弹出的下拉列表中选择“visible”→点击“背景颜色”右边的颜色面板，选择淡蓝色→点击“Z 轴”右边的文本框，输入“-1”→回车。“home”这个层中，Z 轴的值为-1，这个非常重要（如图 6.5.2 所示）。

用鼠标点击这个层里面，光标在闪烁，输入文本“请从容器里面，把图片拖到这里面来”。

图 6.5.2 在“属性”面板中设置层 home 的参数

（22）按“Ctrl+S”保存→按“F12”键，在 IE 浏览器中查看网页编辑效果。

在 IE 中运行的时候，显示浮动条“Internet Explorer 已限制此网页运行脚本或 ActiveX 控件”，点击右边的按钮“允许阻止的内容”。

（23）用鼠标拖动图片，松开鼠标，只要和原图片 500 像素之内，图片就回到原来的位置，而且弹出对话框“骆驼横切 2 块，竖切 2 块”。

第六节 作 业 37

点击“myWeb”站点，“TEXT”子目录下，有一个文本文件“作业 37 要求.txt”，双击打开“作业 37 要求.txt”，里面是作业 37 的要求。通过这个作业，了解切图和拖动 AP 元素这种行为的做法。

“IMAGE”子目录下的图片文件“骆驼.jpg”，大小为 400×300，也就是说，宽 400 像素，高 300 像素。横着切成 3 块，竖着切成 2 块，共切成 6 块，每一块大小为 200×100。

一、作业要求

切图。

图片“骆驼.jpg”，大小为 400×300，横着切成 3 块，竖着切成 2 块，一共切成 6 块，每一块大小为 200×100。

拖动图片的时候，松开鼠标之后，图片自动吸附到原来的位置，而且弹出来一个提示的对话框。

二、作业解答

（1）点击“myWeb”站点→点击“TEXT”子目录前面的⊞，展开“TEXT”子目录→双击打开“TEXT”子目录下的文本文件“作业 37 要求.txt”，里面是作业 37 的要求。

（2）点击“作业 37 要求.txt”标签中右侧的“关闭”图标✕，关闭“作业 37 要求.txt”。

（3）点击“myWeb”站点→右击“HTML”子目录→在弹出的下拉列表中点击第 2 项“新建文件夹”→修改文件夹的名字为“作业 37 答案”。

（4）右击“作业 37 答案”文件夹→在弹出的下拉列表中点击第一项“新建文件”→修改文件的名字为“作业 37 答案.html”→双击打开文件“作业 37 答案.html”。

（5）点击“标题”右边的文本框→用鼠标选择文本框中的文字“无标题文档”→输入标题“横切 3 块竖切 2 块”→回车→“Ctrl+S”保存。

（6）关闭之前已经打开的“骆驼.jpg”，不保存。在软件 Fireworks CS6 中，点击“文件”→“打开”→选择“IMAGE”子目录下的图片文件“骆驼.jpg”→点击“打开”按钮。在软件 Fireworks CS6 中打开“骆驼.jpg”。

（7）先切第 1 块。

用“Web”工具类里面的“切片”工具，切“骆驼.jpg”图片的第 1 块。

在“属性”面板中进行编辑。“切片”下面的文本框中是“骆驼_r1_c1”。宽：200；高：100；X 坐标：0；Y 坐标：0。

（8）切第 2 块。

用“Web”工具类里面的“切片”工具，切“骆驼.jpg”图片的第 2 块。

在“属性”面板中进行编辑。“切片”下面的文本框中是“骆驼_r1_c2”。宽：200；高：100；X 坐标：200；Y 坐标：0。

（9）切第 3 块。

用“Web”工具类里面的“切片”工具，切“骆驼.jpg”图片的第 3 块。

在“属性”面板中进行编辑。“切片”下面的文本框中是“骆驼_r2_c1”。宽：200；高：100；X 坐标：0；Y 坐标：100。

（10）切第 4 块。

用“Web”工具类里面的“切片”工具，切“骆驼.jpg”图片的第 4 块。

在“属性”面板中进行编辑。“切片”下面的文本框中是“骆驼_r2_c2”。宽：200；高：100；X 坐标：200；Y 坐标：100。

（11）切第 5 块。

用“Web”工具类里面的“切片”工具，切“骆驼.jpg”图片的第 5 块。

在“属性”面板中进行编辑。“切片”下面的文本框中是“骆驼_r3_c1”。宽：200；高：100；X 坐标：0；Y 坐标：200。

（12）切第 6 块。

用“Web”工具类里面的“切片”工具，切“骆驼.jpg”图片的第 6 块。

在“属性”面板中进行编辑。“切片”下面的文本框中是“骆驼_r3_c2”。宽：200；高：100；X 坐标：200；Y 坐标：200。

（13）按“Ctrl+A”键，全选。被切开的 6 块图片，每块图片上面有一个圆圈。

点击“文件”→“导出”，在“导出”对话框中，进入“HTML”文件夹下的子文件夹“作业 37 答案”→点击“保存”按钮。

（14）打开“作业 37 答案.html”→点击“设计”视图→“插入”菜单→“图像对象”→“Fireworks HTML”→弹出“插入 Fireworks HTML”对话框→点击“浏览”按钮→在弹出的“选择 Fireworks HTML 文件”对话框中，选择“作业 37 答案”文件夹下的“骆驼.html” →点击“打开”按钮。

“插入 Fireworks HTML”对话框中，“Fireworks HTML 文件:”右边的文本框中，内容是“file:///C|/Dreamweaver/HTML/作业 37 答案/骆驼.htm”。点击“确定”按钮。

（15）点击“修改”→“转换”→“将表格转换为 AP Div”→在弹出的“将表格转换为 AP Div”对话框中，分别勾选：“防止重叠、显示 AP 元素面板、显示网格、靠齐到网格”前面的复选框。在对话框中点击“确定”按钮。

弹出来一个“AP 元素”浮动面板→里面有 6 个图层“apDiv1、apDiv2、apDiv3、apDiv4、apDiv5、apDiv6”。

（16）对第 1 个图层添加行为。

用鼠标点击页面左下角的“<body>”标签→点击“窗口”→“行为”→弹出“标签检查器”浮动面板，其中“行为”按钮处于被点击状态→点击“添加行为”图标→在弹出的下拉列表中，点击第 5 项“拖动 AP 元素”。弹出对话框“拖动 AP 元素”。

在弹出的“拖动 AP 元素”对话框中进行设置。

点击“基本”选项卡→点击“AP 元素:”右边的下拉列表，选择“div "apDiv1"”→点击“移动:”右边的下拉列表，选择“不限制”→点击按钮“取得目前位置”→点击“靠齐距离”右边的文本框，输入“500”。

点击“高级”选项卡→点击 “放下时，呼叫 JavaScript”右面的文本框→输入：“alert

("骆驼横切 3 块，竖切 2 块")”→点击“确定”按钮。浮动面板“标签检查器”的下面，出现了一个新的行为：“onLoad 拖动 AP 元素”。

（17）对第 2 个图层添加行为。

用鼠标点击页面左下角的“<body>”标签→点击“窗口”→“行为”→弹出“标签检查器”浮动面板，其中“行为”按钮处于被点击状态→点击“添加行为”图标→在弹出的下拉列表中，点击第 5 项“拖动 AP 元素”。弹出对话框“拖动 AP 元素”。

在弹出的“拖动 AP 元素”对话框中进行设置。

点击“基本”选项卡→点击“AP 元素:”右边的下拉列表，选择“div "apDiv2"”→点击“移动:”右边的下拉列表，选择“不限制”→点击按钮“取得目前位置”→点击“靠齐距离”右边的文本框，输入“500”。

点击“高级”选项卡→点击 “放下时，呼叫 JavaScript”右面的文本框→输入：“alert ("骆驼横切 3 块，竖切 2 块")”→点击“确定”按钮。浮动面板“标签检查器”的下面，出现了一个新的行为：“onLoad 拖动 AP 元素”。

（18）对第 3 个图层添加行为。

用鼠标点击页面左下角的“<body>”标签→点击“窗口”→“行为”→弹出“标签检查器”浮动面板，其中“行为”按钮处于被点击状态→点击“添加行为”图标→在弹出的下拉列表中，点击第 5 项“拖动 AP 元素”。弹出对话框“拖动 AP 元素”。

在弹出的“拖动 AP 元素”对话框中进行设置。

点击“基本”选项卡→点击“AP 元素:”右边的下拉列表，选择“div "apDiv3"”→点击“移动:”右边的下拉列表，选择“不限制”→点击按钮“取得目前位置”→点击“靠齐距离”右边的文本框，输入“500”。

点击“高级”选项卡→点击 “放下时，呼叫 JavaScript”右面的文本框→输入：“alert ("骆驼横切 3 块，竖切 2 块")”→点击“确定”按钮。浮动面板“标签检查器”的下面，出现了一个新的行为：“onLoad 拖动 AP 元素”。

（19）对第 4 个图层添加行为。

用鼠标点击页面左下角的“<body>”标签→点击“窗口”→“行为”→弹出“标签检查器”浮动面板，其中“行为”按钮处于被点击状态→点击“添加行为”图标→在弹出的下拉列表中，点击第 5 项“拖动 AP 元素”。弹出对话框“拖动 AP 元素”。

在弹出的“拖动 AP 元素”对话框中进行设置。

点击“基本”选项卡→点击“AP 元素:”右边的下拉列表，选择“div "apDiv4"”→点击“移动:”右边的下拉列表，选择“不限制”→点击按钮“取得目前位置”→点击“靠齐距离”右边的文本框，输入“500”。

点击“高级”选项卡→点击 “放下时，呼叫 JavaScript”右面的文本框→输入：“alert ("骆驼横切 3 块，竖切 2 块")”→点击“确定”按钮。浮动面板“标签检查器”的下面，出现了一个新的行为：“onLoad 拖动 AP 元素”。

（20）对第 5 个图层添加行为。

用鼠标点击页面左下角的“<body>”标签→点击“窗口”→“行为”→弹出“标签检查器”浮动面板，其中“行为”按钮处于被点击状态→点击“添加行为”图标→在弹出的下拉列表中，点击第 5 项“拖动 AP 元素”。弹出对话框“拖动 AP 元素”。

在弹出的“拖动 AP 元素”对话框中进行设置。

点击“基本”选项卡→点击“AP 元素:”右边的下拉列表，选择“div "apDiv5"”→点击“移动:”右边的下拉列表，选择“不限制”→点击按钮“取得目前位置”→点击“靠齐距离”右边的文本框，输入“500”。

点击“高级”选项卡→点击 “放下时，呼叫 JavaScript”右面的文本框→输入:“alert("骆驼横切 3 块，竖切 2 块")”→点击“确定”按钮。浮动面板“标签检查器”的下面，出现了一个新的行为:“onLoad 拖动 AP 元素”。

（21）对第 6 个图层添加行为。

用鼠标点击页面左下角的“<body>”标签→点击“窗口”→“行为”→弹出“标签检查器”浮动面板，其中“行为”按钮处于被点击状态→点击“添加行为”图标→在弹出的下拉列表中，点击第 5 项“拖动 AP 元素”。弹出对话框“拖动 AP 元素”。

在弹出的“拖动 AP 元素”对话框中进行设置。

点击“基本”选项卡→点击“AP 元素:”右边的下拉列表，选择“div "apDiv6"”→点击“移动:”右边的下拉列表，选择“不限制”→点击按钮“取得目前位置”→点击“靠齐距离”右边的文本框，输入“500”。

点击“高级”选项卡→点击 “放下时，呼叫 JavaScript”右面的文本框→输入:“alert("骆驼横切 3 块，竖切 2 块")”→点击“确定”按钮。浮动面板“标签检查器”的下面，出现了一个新的行为:“onLoad 拖动 AP 元素”。

（22）点击“设计”视图→点击网页空白处→“插入”菜单→“布局对象”→“AP Div”→在“设计”视图中，出现一个层，层表现为一个矩形。

点击层（矩形）的边，选中层→在“属性”面板中进行设置→点击“CSS-P 元素”下面的可编辑下拉列表，输入“contain”，这是层的名字→点击“左”右边的文本框，输入“500px”→回车→点击“上”右边的文本框，输入“100px”→回车→点击“宽”右边的文本框，输入“200px”→回车→点击“高”右边的文本框，输入“100px”→回车→点击“可见性”右边的下拉列表，在弹出的下拉列表中选择“visible”→点击“背景颜色”右边的颜色面板，选择黄色→点击“Z 轴”右边的文本框，输入“0”→回车（如图 6.6.1 所示）。“contain”这个层中，Z 轴的值为 0，这个非常重要。

图 6.6.1 在“属性”面板中设置层 contain 的参数

（23）在浮动面板“AP 元素”中，取消“防止重叠”。将 apDiv1～apDiv6 这 6 个层（注意是图层，不是图层中的图片），分别拖动到层“contain”中。

（24）点击“设计”视图→点击网页空白处→“插入”菜单→“布局对象”→“AP Div”→在“设计”视图中，出现一个层，层表现为一个矩形。

点击层（矩形）的边，选中层→在“属性”面板中进行设置→点击“CSS-P 元素”

下面的可编辑下拉列表，输入“home”，这是层的名字→点击“左”右边的文本框，输入“8px”→回车→点击“上”右边的文本框，输入“9px”→回车→点击“宽”右边的文本框，输入“400px”→回车→点击“高”右边的文本框，输入“300px”→回车→点击“可见性”右边的下拉列表，在弹出的下拉列表中选择“visible”→点击“背景颜色”右边的颜色面板，选择淡蓝色→点击“Z 轴”右边的文本框，输入“-1”→回车（如图 6.6.2 所示）。“home”这个层中，Z 轴的值为-1，这个非常重要。

图 6.6.2　在“属性”面板中设置层 home 的参数

用鼠标点击这个层里面，光标在闪烁，输入文本“请从容器里面，把图片拖到这里面来”。

（25）按“Ctrl+S”保存→按“F12”键，在 IE 浏览器中查看网页编辑效果。

在 IE 中运行的时候，显示浮动条“Internet Explorer 已限制此网页运行脚本或 ActiveX 控件”，点击右边的按钮“允许阻止的内容”。

（26）用鼠标拖动图片，松开鼠标，只要和原图片 500 像素之内，图片就回到原来的位置，而且弹出对话框“骆驼横切 3 块，竖切 2 块”。

第七节　作　业　38

点击“myWeb”站点，“TEXT”子目录下，有一个文本文件“作业 38 要求.txt”，双击打开“作业 38 要求.txt”，里面是作业 38 的要求。通过这个作业，了解切图和拖动 AP 元素这种行为的做法。

“IMAGE”子目录下的图片文件“骆驼.jpg”，大小为 400×300，也就是说，宽 400 像素，高 300 像素。横着切成 2 块，竖着切成 4 块，共切成 8 块，每一块大小为 100×150。

一、作业要求

切图。

图片“骆驼.jpg”，大小为 400×300，横着切成 2 块，竖着切成 4 块，一共切成 8 块，每一块大小为 100×150。

拖动图片的时候，松开鼠标之后，图片自动吸附到原来的位置，而且弹出来一个提示的对话框。

二、作业解答

（1）点击“myWeb”站点→点击“TEXT”子目录前面的⊞，展开“TEXT”子目录→双击打开“TEXT”子目录下的文本文件“作业 38 要求.txt”，里面是作业 38 的要求。

（2）点击“作业 38 要求.txt”标签中右侧的“关闭”图标×，关闭“作业 38 要求.txt”。

（3）点击“myWeb”站点→右击“HTML”子目录→在弹出的下拉列表中点击第 2 项“新建文件夹”→修改文件夹的名字为“作业 38 答案”。

（4）右击“作业 38 答案”文件夹→在弹出的下拉列表中点击第一项“新建文件”→修改文件的名字为“作业 38 答案.html”→双击打开文件“作业 38 答案.html”。

（5）点击“标题”右边的文本框→用鼠标选择文本框中的文字“无标题文档”→输入标题“横切 2 块竖切 4 块”→回车→“Ctrl+S”保存。

（6）关闭之前已经打开的“骆驼.jpg”，不保存。在软件 Fireworks CS6 中，点击“文件”→“打开”→选择“IMAGE”子目录下的图片文件“骆驼.jpg”→点击“打开”按钮。在软件 Fireworks CS6 中打开“骆驼.jpg”。

（7）先切第 1 块。

用“Web”工具类里面的“切片”工具，切“骆驼.jpg”图片的第 1 块。

在“属性”面板中进行编辑。“切片”下面的文本框中是“骆驼_r1_c1”。宽：100；高：150；X 坐标：0；Y 坐标：0。

（8）切第 2 块。

用“Web”工具类里面的“切片”工具，切“骆驼.jpg”图片的第 2 块。

在“属性”面板中进行编辑。“切片”下面的文本框中是“骆驼_r1_c2”。宽：100；高：150；X 坐标：100；Y 坐标：0。

（9）切第 3 块。

用“Web”工具类里面的“切片”工具，切“骆驼.jpg”图片的第 3 块。

在“属性”面板中进行编辑。“切片”下面的文本框中是“骆驼_r1_c3”。宽：100；高：150；X 坐标：200；Y 坐标：0。

（10）切第 4 块。

用“Web”工具类里面的“切片”工具，切“骆驼.jpg”图片的第 4 块。

在“属性”面板中进行编辑。“切片”下面的文本框中是“骆驼_r1_c4”。宽：100；高：150；X 坐标：300；Y 坐标：0。

（11）切第 5 块。

用“Web”工具类里面的“切片”工具，切“骆驼.jpg”图片的第 5 块。

在“属性”面板中进行编辑。“切片”下面的文本框中是“骆驼_r2_c1”。宽：100；高：150；X 坐标：0；Y 坐标：150。

（12）切第 6 块。

用“Web”工具类里面的“切片”工具，切“骆驼.jpg”图片的第 6 块。

在“属性”面板中进行编辑。“切片”下面的文本框中是“骆驼_r2_c2”。宽：100；高：150；X 坐标：100；Y 坐标：150。

（13）切第 7 块。

用“Web”工具类里面的“切片”工具，切“骆驼.jpg”图片的第 7 块。

在“属性”面板中进行编辑。“切片”下面的文本框中是“骆驼_r2_c3”。宽：100；高：150；X 坐标：200；Y 坐标：150。

（14）切第 8 块。

用“Web”工具类里面的“切片”工具，切“骆驼.jpg”图片的第 8 块。

在“属性”面板中进行编辑。“切片”下面的文本框中是“骆驼_r2_c4”。宽：100；

高：150；X 坐标：300；Y 坐标：150。

（15）按“Ctrl+A”键，全选。被切开的 8 块图片，每块图片上面有一个圆圈。

点击“文件”→“导出”，在“导出”对话框中，进入“HTML”文件夹下的子文件夹“作业 38 答案”→点击“保存”按钮。

（16）打开“作业 38 答案.html”→点击“设计”视图→“插入”菜单→“图像对象”→“Fireworks HTML”→弹出“插入 Fireworks HTML”对话框→点击“浏览”按钮→在弹出的“选择 Fireworks HTML 文件”对话框中，选择“作业 38 答案”文件夹下的“骆驼.html”→点击“打开”按钮。

“插入 Fireworks HTML”对话框中，“Fireworks HTML 文件:”右边的文本框中，内容是“file:///C|/Dreamweaver/HTML/作业 38 答案/骆驼.htm”。点击“确定”按钮。

（17）点击“修改”→“转换”→“将表格转换为 AP Div”→在弹出的“将表格转换为 AP Div”对话框中，分别勾选：“防止重叠、显示 AP 元素面板、显示网格、靠齐到网格”前面的复选框。在对话框中点击“确定”按钮。

弹出来一个“AP 元素”浮动面板→里面有 8 个图层“apDiv1、apDiv2、apDiv3、apDiv4、apDiv5、apDiv6、apDiv7、apDiv8”。

（18）对第 1 个图层添加行为。

用鼠标点击页面左下角的“<body>”标签→点击“窗口”→“行为”→弹出“标签检查器”浮动面板，其中“行为”按钮处于被点击状态→点击“添加行为”图标→在弹出的下拉列表中，点击第 5 项“拖动 AP 元素”。弹出对话框“拖动 AP 元素”。

在弹出的“拖动 AP 元素”对话框中进行设置。

点击“基本”选项卡→点击“AP 元素:”右边的下拉列表，选择“div "apDiv1"”→点击“移动:”右边的下拉列表，选择“不限制”→点击按钮“取得目前位置”→点击“靠齐距离”右边的文本框，输入“500”。

点击“高级”选项卡→点击 “放下时，呼叫 JavaScript”右面的文本框→输入：“alert ("骆驼横切 2 块，竖切 4 块")”→点击“确定”按钮。浮动面板“标签检查器”的下面，出现了一个新的行为：“onLoad 拖动 AP 元素”。

（19）对第 2 个图层添加行为。

用鼠标点击页面左下角的“<body>”标签→点击“窗口”→“行为”→弹出“标签检查器”浮动面板，其中“行为”按钮处于被点击状态→点击“添加行为”图标→在弹出的下拉列表中，点击第 5 项“拖动 AP 元素”。弹出对话框“拖动 AP 元素”。

在弹出的“拖动 AP 元素”对话框中进行设置。

点击“基本”选项卡→点击“AP 元素:”右边的下拉列表，选择“div "apDiv2"”→点击“移动:”右边的下拉列表，选择“不限制”→点击按钮“取得目前位置”→点击“靠齐距离”右边的文本框，输入“500”。

点击“高级”选项卡→点击 “放下时，呼叫 JavaScript”右面的文本框→输入：“alert ("骆驼横切 2 块，竖切 4 块")”→点击“确定”按钮。浮动面板“标签检查器”的下面，出现了一个新的行为：“onLoad 拖动 AP 元素”。

（20）对第 3 个图层添加行为。

用鼠标点击页面左下角的“<body>”标签→点击“窗口”→“行为”→弹出“标签检查器”浮动面板，其中“行为”按钮处于被点击状态→点击“添加行为”图标→在弹出的下拉列表中，点击第5项“拖动AP元素”。弹出对话框“拖动AP元素”。

在弹出的“拖动AP元素”对话框中进行设置。

点击“基本”选项卡→点击“AP元素:”右边的下拉列表，选择“div "apDiv3"”→点击“移动:”右边的下拉列表，选择“不限制”→点击按钮“取得目前位置”→点击“靠齐距离”右边的文本框，输入“500”。

点击“高级”选项卡→点击 “放下时，呼叫JavaScript”右面的文本框→输入：“alert ("骆驼横切2块，竖切4块")”→点击“确定”按钮。浮动面板“标签检查器”的下面，出现了一个新的行为：“onLoad 拖动AP元素”。

（21）对第4个图层添加行为。

用鼠标点击页面左下角的“<body>”标签→点击“窗口”→“行为”→弹出“标签检查器”浮动面板，其中“行为”按钮处于被点击状态→点击“添加行为”图标→在弹出的下拉列表中，点击第5项“拖动AP元素”。弹出对话框“拖动AP元素”。

在弹出的“拖动AP元素”对话框中进行设置。

点击“基本”选项卡→点击“AP元素:”右边的下拉列表，选择“div "apDiv4"”→点击“移动:”右边的下拉列表，选择“不限制”→点击按钮“取得目前位置”→点击“靠齐距离”右边的文本框，输入“500”。

点击“高级”选项卡→点击 “放下时，呼叫JavaScript”右面的文本框→输入：“alert ("骆驼横切2块，竖切4块")”→点击“确定”按钮。浮动面板“标签检查器”的下面，出现了一个新的行为：“onLoad 拖动AP元素”。

（22）对第5个图层添加行为。

用鼠标点击页面左下角的“<body>”标签→点击“窗口”→“行为”→弹出“标签检查器”浮动面板，其中“行为”按钮处于被点击状态→点击“添加行为”图标→在弹出的下拉列表中，点击第5项“拖动AP元素”。弹出对话框“拖动AP元素”。

在弹出的“拖动AP元素”对话框中进行设置。

点击“基本”选项卡→点击“AP元素:”右边的下拉列表，选择“div "apDiv5"”→点击“移动:”右边的下拉列表，选择“不限制”→点击按钮“取得目前位置”→点击“靠齐距离”右边的文本框，输入“500”。

点击“高级”选项卡→点击 “放下时，呼叫JavaScript”右面的文本框→输入：“alert ("骆驼横切2块，竖切4块")”→点击“确定”按钮。浮动面板“标签检查器”的下面，出现了一个新的行为：“onLoad 拖动AP元素”。

（23）对第6个图层添加行为。

用鼠标点击页面左下角的“<body>”标签→点击“窗口”→“行为”→弹出“标签检查器”浮动面板，其中“行为”按钮处于被点击状态→点击“添加行为”图标→在弹出的下拉列表中，点击第5项“拖动AP元素”。弹出对话框“拖动AP元素”。

在弹出的“拖动AP元素”对话框中进行设置。

点击“基本”选项卡→点击“AP 元素:”右边的下拉列表，选择“div "apDiv6"”→点击“移动:”右边的下拉列表，选择“不限制”→点击按钮“取得目前位置”→点击“靠齐距离”右边的文本框，输入“500”。

点击“高级”选项卡→点击 “放下时，呼叫 JavaScript”右面的文本框→输入：“alert ("骆驼横切 2 块，竖切 4 块")”→点击“确定”按钮。浮动面板“标签检查器”的下面，出现了一个新的行为：“onLoad 拖动 AP 元素”。

（24）对第 7 个图层添加行为。

用鼠标点击页面左下角的“<body>”标签→点击“窗口”→“行为”→弹出“标签检查器”浮动面板，其中“行为”按钮处于被点击状态→点击“添加行为”图标→在弹出的下拉列表中，点击第 5 项“拖动 AP 元素”。弹出对话框“拖动 AP 元素”。

在弹出的“拖动 AP 元素”对话框中进行设置。

点击“基本”选项卡→点击“AP 元素:”右边的下拉列表，选择“div "apDiv7"”→点击“移动:”右边的下拉列表，选择“不限制”→点击按钮“取得目前位置”→点击“靠齐距离”右边的文本框，输入“500”。

点击“高级”选项卡→点击 “放下时，呼叫 JavaScript”右面的文本框→输入：“alert ("骆驼横切 2 块，竖切 4 块")”→点击“确定”按钮。浮动面板“标签检查器”的下面，出现了一个新的行为：“onLoad 拖动 AP 元素”。

（25）对第 8 个图层添加行为。

用鼠标点击页面左下角的“<body>”标签→点击“窗口”→“行为”→弹出“标签检查器”浮动面板，其中“行为”按钮处于被点击状态→点击“添加行为”图标→在弹出的下拉列表中，点击第 5 项“拖动 AP 元素”。弹出对话框“拖动 AP 元素”。

在弹出的“拖动 AP 元素”对话框中进行设置。

点击“基本”选项卡→点击“AP 元素:”右边的下拉列表，选择“div "apDiv8"”→点击“移动:”右边的下拉列表，选择“不限制”→点击按钮“取得目前位置”→点击“靠齐距离”右边的文本框，输入“500”。

点击“高级”选项卡→点击 “放下时，呼叫 JavaScript”右面的文本框→输入：“alert ("骆驼横切 2 块，竖切 4 块")”→点击“确定”按钮。浮动面板“标签检查器”的下面，出现了一个新的行为：“onLoad 拖动 AP 元素”。

（26）点击“设计”视图→点击网页空白处→“插入”菜单→“布局对象”→“AP Div”→在“设计”视图中，出现一个层，层表现为一个矩形。

点击层（矩形）的边，选中层→在“属性”面板中进行设置→点击“CSS-P 元素”下面的可编辑下拉列表，输入“contain”，这是层的名字→点击“左”右边的文本框，输入“500px”→回车→点击“上”右边的文本框，输入“100px”→回车→点击“宽”右边的文本框，输入“100px”→回车→点击“高”右边的文本框，输入“150px”→回车→点击“可见性”右边的下拉列表，在弹出的下拉列表中选择“visible”→点击“背景颜色”右边的颜色面板，选择黄色→点击“Z 轴”右边的文本框，输入“0”→回车（如图 6.7.1 所示）。“contain”这个层中，Z 轴的值为 0，这个非常重要。

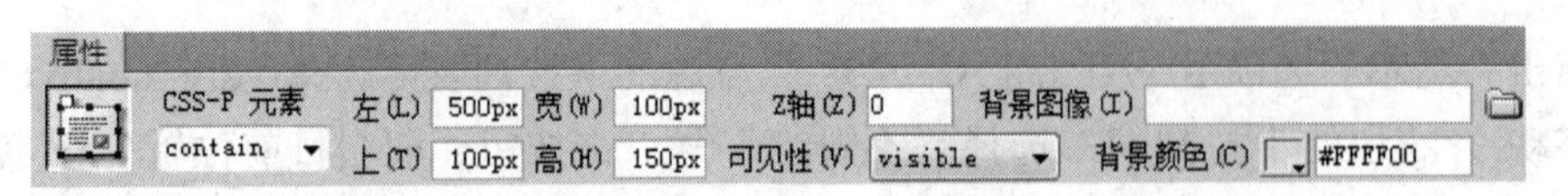

图 6.7.1　在“属性”面板中设置层 contain 的参数

（27）在浮动面板“AP 元素”中，取消“防止重叠”。将 apDiv1～apDiv8 这 8 个层（注意是图层，不是图层中的图片），分别拖动到层“contain”中。

（28）点击“设计”视图→点击网页空白处→“插入”菜单→“布局对象”→“AP Div”→在“设计”视图中，出现一个层，层表现为一个矩形。

点击层（矩形）的边，选中层→在“属性”面板中进行设置→点击“CSS-P 元素”下面的可编辑下拉列表，输入“home”，这是层的名字→点击“左”右边的文本框，输入“8px”→回车→点击“上”右边的文本框，输入“9px”→回车→点击“宽”右边的文本框，输入“400px”→回车→点击“高”右边的文本框，输入“300px”→回车→点击“可见性”右边的下拉列表，在弹出的下拉列表中选择“visible”→点击“背景颜色”右边的颜色面板，选择淡蓝色→点击“Z 轴”右边的文本框，输入“-1”→回车（如图 6.7.2 所示）。“home”这个层中，Z 轴的值为-1，这个非常重要。

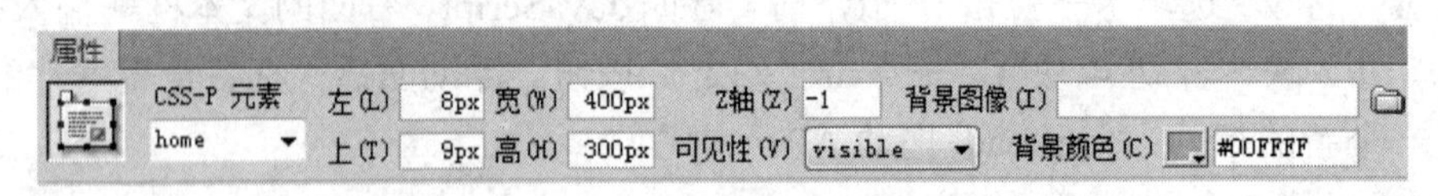

图 6.7.2　在“属性”面板中设置层 home 的参数

用鼠标点击这个层里面，光标在闪烁，输入文本“请从容器里面，把图片拖到这里面来”。

（29）按“Ctrl+S”保存→按“F12”键，在 IE 浏览器中查看网页编辑效果。

在 IE 中运行的时候，显示浮动条“Internet Explorer 已限制此网页运行脚本或 ActiveX 控件”，点击右边的按钮“允许阻止的内容”。

（30）用鼠标拖动图片，松开鼠标，只要和原图片 500 像素之内，图片就回到原来的位置，而且弹出对话框“骆驼横切 2 块，竖切 4 块”。

第八节　作　业　39

点击“myWeb”站点，“TEXT”子目录下，有一个文本文件“作业 39 要求.txt”，双击打开“作业 39 要求.txt”，里面是作业 39 的要求。通过这个作业，了解切图和“拖动 AP 元素”这种行为的做法。

“IMAGE”子目录下的图片文件“骆驼.jpg”，大小为 400×300，也就是说，宽 400 像素，高 300 像素。横着切成 3 块，竖着切成 4 块，共切成 12 块，每一块大小为 100×100。

一、作业要求

切图。

图片“骆驼.jpg”，大小为 400×300，横着切成 3 块，竖着切成 4 块，一共切成 12 块，每一块大小为 100×100。

拖动图片的时候，松开鼠标之后，图片自动吸附到原来的位置，而且弹出来一个提示的对话框。

二、作业解答

（1）点击“myWeb”站点→点击“TEXT”子目录前面的⊞，展开“TEXT”子目录→双击打开“TEXT”子目录下的文本文件“作业 39 要求.txt”，里面是作业 39 的要求。

（2）点击“作业 39 要求.txt”标签中右侧的“关闭”图标×，关闭“作业 39 要求.txt”。

（3）点击“myWeb”站点→右击“HTML”子目录→在弹出的下拉列表中点击第 2 项“新建文件夹”→修改文件夹的名字为“作业 39 答案”。

（4）右击“作业 39 答案”文件夹→在弹出的下拉列表中点击第一项“新建文件”→修改文件的名字为“作业 39 答案.html”→双击打开文件“作业 39 答案.html”。

（5）点击“标题”右边的文本框→用鼠标选择文本框中的文字“无标题文档”→输入标题“横切 3 块竖切 4 块”→回车→“Ctrl+S”保存。

（6）关闭之前已经打开的“骆驼.jpg”，不保存。在软件 Fireworks CS6 中，点击“文件”→“打开”→选择“IMAGE”子目录下的图片文件“骆驼.jpg”→点击“打开”按钮。在软件 Fireworks CS6 中打开“骆驼.jpg”。

（7）先切第 1 块。

用“Web”工具类里面的“切片”工具，切“骆驼.jpg”图片的第 1 块。

在“属性”面板中进行编辑。“切片”下面的文本框中是“骆驼_r1_c1”。宽：100；高：100；X 坐标：0；Y 坐标：0。

（8）切第 2 块。

用“Web”工具类里面的“切片”工具，切“骆驼.jpg”图片的第 2 块。

在“属性”面板中进行编辑。“切片”下面的文本框中是“骆驼_r1_c2”。宽：100；高：100；X 坐标：100；Y 坐标：0。

（9）切第 3 块。

用“Web”工具类里面的“切片”工具，切“骆驼.jpg”图片的第 3 块。

在“属性”面板中进行编辑。“切片”下面的文本框中是“骆驼_r1_c3”。宽：100；高：100；X 坐标：200；Y 坐标：0。

（10）切第 4 块。

用“Web”工具类里面的“切片”工具，切“骆驼.jpg”图片的第 4 块。

在“属性”面板中进行编辑。“切片”下面的文本框中是“骆驼_r1_c4”。宽：100；高：100；X 坐标：300；Y 坐标：0。

（11）切第 5 块。

用“Web”工具类里面的“切片”工具，切“骆驼.jpg”图片的第 5 块。

在“属性”面板中进行编辑。“切片”下面的文本框中是“骆驼_r2_c1”。宽：100；高：100；X 坐标：0；Y 坐标：100。

（12）切第 6 块。

用“Web”工具类里面的“切片”工具，切“骆驼.jpg”图片的第 6 块。

在“属性”面板中进行编辑。“切片”下面的文本框中是“骆驼_r2_c2”。宽：100；

高：100；X 坐标：100；Y 坐标：100。

（13）切第 7 块。

用“Web”工具类里面的“切片”工具，切“骆驼.jpg”图片的第 7 块。

在“属性”面板中进行编辑。“切片”下面的文本框中是“骆驼_r2_c3”。宽：100；高：100；X 坐标：200；Y 坐标：100。

（14）切第 8 块。

用“Web”工具类里面的“切片”工具，切“骆驼.jpg”图片的第 8 块。

在“属性”面板中进行编辑。“切片”下面的文本框中是“骆驼_r2_c4”。宽：100；高：100；X 坐标：300；Y 坐标：100。

（15）切第 9 块。

用“Web”工具类里面的“切片”工具，切“骆驼.jpg”图片的第 9 块。

在“属性”面板中进行编辑。“切片”下面的文本框中是“骆驼_r3_c1”。宽：100；高：100；X 坐标：0；Y 坐标：200。

（16）切第 10 块。

用“Web”工具类里面的“切片”工具，切“骆驼.jpg”图片的第 10 块。

在“属性”面板中进行编辑。“切片”下面的文本框中是“骆驼_r3_c2”。宽：100；高：100；X 坐标：100；Y 坐标：200。

（17）切第 11 块。

用“Web”工具类里面的“切片”工具，切“骆驼.jpg”图片的第 11 块。

在“属性”面板中进行编辑。“切片”下面的文本框中是“骆驼_r3_c3”。宽：100；高：100；X 坐标：200；Y 坐标：200。

（18）切第 12 块。

用“Web”工具类里面的“切片”工具，切“骆驼.jpg”图片的第 12 块。

在“属性”面板中进行编辑。“切片”下面的文本框中是“骆驼_r3_c4”。宽：100；高：100；X 坐标：300；Y 坐标：200。

（19）按“Ctrl+A”键，全选。被切开的 12 块图片，每块图片上面有一个圆圈。

点击“文件”→“导出”，在“导出”对话框中，进入“HTML”文件夹下的子文件夹“作业 39 答案”→点击“保存”按钮。

（20）打开“作业 39 答案.html”→点击“设计”视图→“插入”菜单→“图像对象”→“Fireworks HTML”→弹出“插入 Fireworks HTML”对话框→点击“浏览”按钮→在弹出的“选择 Fireworks HTML 文件”对话框中，选择“作业 39 答案”文件夹下的“骆驼.html”→点击“打开”按钮。

“插入 Fireworks HTML”对话框中，“Fireworks HTML 文件:”右边的文本框中，内容是“file:///C|/Dreamweaver/HTML/作业 39 答案/骆驼.htm”。点击“确定”按钮。

（21）点击“修改”→“转换”→“将表格转换为 AP Div”→在弹出的“将表格转换为 AP Div”对话框中，分别勾选：“防止重叠、显示 AP 元素面板、显示网格、靠齐到网格”前面的复选框。在对话框中点击“确定”按钮。

弹出来一个“AP 元素”浮动面板→里面有 12 个图层“apDiv1、apDiv2、apDiv3、

apDiv4、apDiv5、apDiv6、apDiv7、apDiv8、apDiv9、apDiv10、apDiv11、apDiv12”。

（22）对第 1 个图层添加行为。

用鼠标点击页面左下角的“<body>”标签→点击“窗口”→“行为”→弹出“标签检查器”浮动面板，其中“行为”按钮处于被点击状态→点击“添加行为”图标→在弹出的下拉列表中，点击第 5 项“拖动 AP 元素”。弹出对话框“拖动 AP 元素”。

在弹出的“拖动 AP 元素”对话框中进行设置。

点击“基本”选项卡→点击“AP 元素:”右边的下拉列表，选择“div "apDiv1"”→点击“移动:”右边的下拉列表，选择“不限制”→点击按钮“取得目前位置”→点击“靠齐距离”右边的文本框，输入“500”。

点击“高级”选项卡→点击 “放下时，呼叫 JavaScript”右面的文本框→输入：“alert ("骆驼横切 3 块，竖切 4 块")”→点击“确定”按钮。浮动面板“标签检查器”的下面，出现了一个新的行为：“onLoad 拖动 AP 元素”。

（23）对第 2 个图层添加行为。

用鼠标点击页面左下角的“<body>”标签→点击“窗口”→“行为”→弹出“标签检查器”浮动面板，其中“行为”按钮处于被点击状态→点击“添加行为”图标→在弹出的下拉列表中，点击第 5 项“拖动 AP 元素”。弹出对话框“拖动 AP 元素”。

在弹出的“拖动 AP 元素”对话框中进行设置。

点击“基本”选项卡→点击“AP 元素:”右边的下拉列表，选择“div "apDiv2"”→点击“移动:”右边的下拉列表，选择“不限制”→点击按钮“取得目前位置”→点击“靠齐距离”右边的文本框，输入“500”。

点击“高级”选项卡→点击 “放下时，呼叫 JavaScript”右面的文本框→输入：“alert ("骆驼横切 3 块，竖切 4 块")”→点击“确定”按钮。浮动面板“标签检查器”的下面，出现了一个新的行为：“onLoad 拖动 AP 元素”。

（24）对第 3 个图层添加行为。

用鼠标点击页面左下角的“<body>”标签→点击“窗口”→“行为”→弹出“标签检查器”浮动面板，其中“行为”按钮处于被点击状态→点击“添加行为”图标→在弹出的下拉列表中，点击第 5 项“拖动 AP 元素”。弹出对话框“拖动 AP 元素”。

在弹出的“拖动 AP 元素”对话框中进行设置。

点击“基本”选项卡→点击“AP 元素:”右边的下拉列表，选择“div "apDiv3"”→点击“移动:”右边的下拉列表，选择“不限制”→点击按钮“取得目前位置”→点击“靠齐距离”右边的文本框，输入“500”。

点击“高级”选项卡→点击 “放下时，呼叫 JavaScript”右面的文本框→输入：“alert ("骆驼横切 3 块，竖切 4 块")”→点击“确定”按钮。浮动面板“标签检查器”的下面，出现了一个新的行为：“onLoad 拖动 AP 元素”。

（25）对第 4 个图层添加行为。

用鼠标点击页面左下角的“<body>”标签→点击“窗口”→“行为”→弹出“标签检查器”浮动面板，其中“行为”按钮处于被点击状态→点击“添加行为”图标→在弹出的下拉列表中，点击第 5 项“拖动 AP 元素”。弹出对话框“拖动 AP 元素”。

在弹出的“拖动 AP 元素”对话框中进行设置。

点击“基本”选项卡→点击“AP 元素:”右边的下拉列表，选择“div "apDiv4"”→点击“移动:”右边的下拉列表，选择“不限制”→点击按钮“取得目前位置”→点击“靠齐距离”右边的文本框，输入“500”。

点击“高级”选项卡→点击“放下时，呼叫 JavaScript”右面的文本框→输入：“alert ("骆驼横切 3 块，竖切 4 块")”→点击“确定”按钮。浮动面板“标签检查器”的下面，出现了一个新的行为：“onLoad 拖动 AP 元素”。

（26）对第 5 个图层添加行为。

用鼠标点击页面左下角的“<body>”标签→点击“窗口”→“行为”→弹出“标签检查器”浮动面板，其中“行为”按钮处于被点击状态→点击“添加行为”图标→在弹出的下拉列表中，点击第 5 项“拖动 AP 元素”。弹出对话框“拖动 AP 元素”。

在弹出的“拖动 AP 元素”对话框中进行设置。

点击“基本”选项卡→点击“AP 元素:”右边的下拉列表，选择“div "apDiv5"”→点击“移动:”右边的下拉列表，选择“不限制”→点击按钮“取得目前位置”→点击“靠齐距离”右边的文本框，输入“500”。

点击“高级”选项卡→点击“放下时，呼叫 JavaScript”右面的文本框→输入：“alert ("骆驼横切 3 块，竖切 4 块")”→点击“确定”按钮。浮动面板“标签检查器”的下面，出现了一个新的行为：“onLoad 拖动 AP 元素”。

（27）对第 6 个图层添加行为。

用鼠标点击页面左下角的“<body>”标签→点击“窗口”→“行为”→弹出“标签检查器”浮动面板，其中“行为”按钮处于被点击状态→点击“添加行为”图标→在弹出的下拉列表中，点击第 5 项“拖动 AP 元素”。弹出对话框“拖动 AP 元素”。

在弹出的“拖动 AP 元素”对话框中进行设置。

点击“基本”选项卡→点击“AP 元素:”右边的下拉列表，选择“div "apDiv6"”→点击“移动:”右边的下拉列表，选择“不限制”→点击按钮“取得目前位置”→点击“靠齐距离”右边的文本框，输入“500”。

点击“高级”选项卡→点击“放下时，呼叫 JavaScript”右面的文本框→输入：“alert ("骆驼横切 3 块，竖切 4 块")”→点击“确定”按钮。浮动面板“标签检查器”的下面，出现了一个新的行为：“onLoad 拖动 AP 元素”。

（28）对第 7 个图层添加行为。

用鼠标点击页面左下角的“<body>”标签→点击“窗口”→“行为”→弹出“标签检查器”浮动面板，其中“行为”按钮处于被点击状态→点击“添加行为”图标→在弹出的下拉列表中，点击第 5 项“拖动 AP 元素”。弹出对话框“拖动 AP 元素”。

在弹出的“拖动 AP 元素”对话框中进行设置。

点击“基本”选项卡→点击“AP 元素:”右边的下拉列表，选择“div "apDiv7"”→点击“移动:”右边的下拉列表，选择“不限制”→点击按钮“取得目前位置”→点击“靠齐距离”右边的文本框，输入“500”。

点击“高级”选项卡→点击“放下时，呼叫 JavaScript”右面的文本框→输入：“alert

("骆驼横切 3 块，竖切 4 块")”→点击“确定”按钮。浮动面板“标签检查器”的下面，出现了一个新的行为：“onLoad 拖动 AP 元素”。

（29）对第 8 个图层添加行为。

用鼠标点击页面左下角的“<body>”标签→点击“窗口”→“行为”→弹出“标签检查器”浮动面板，其中“行为”按钮处于被点击状态→点击“添加行为”图标→在弹出的下拉列表中，点击第 5 项“拖动 AP 元素”。弹出对话框“拖动 AP 元素”。

在弹出的“拖动 AP 元素”对话框中进行设置。

点击“基本”选项卡→点击“AP 元素:”右边的下拉列表，选择“div "apDiv8"”→点击“移动:”右边的下拉列表，选择“不限制”→点击按钮“取得目前位置”→点击“靠齐距离”右边的文本框，输入“500”。

点击“高级”选项卡→点击 “放下时，呼叫 JavaScript”右面的文本框→输入：“alert ("骆驼横切 3 块，竖切 4 块")”→点击“确定”按钮。浮动面板“标签检查器”的下面，出现了一个新的行为：“onLoad 拖动 AP 元素”。

（30）对第 9 个图层添加行为。

用鼠标点击页面左下角的“<body>”标签→点击“窗口”→“行为”→弹出“标签检查器”浮动面板，其中“行为”按钮处于被点击状态→点击“添加行为”图标→在弹出的下拉列表中，点击第 5 项“拖动 AP 元素”。弹出对话框“拖动 AP 元素”。

在弹出的“拖动 AP 元素”对话框中进行设置。

点击“基本”选项卡→点击“AP 元素:”右边的下拉列表，选择“div "apDiv9"”→点击“移动:”右边的下拉列表，选择“不限制”→点击按钮“取得目前位置”→点击“靠齐距离”右边的文本框，输入“500”。

点击“高级”选项卡→点击 “放下时，呼叫 JavaScript”右面的文本框→输入：“alert ("骆驼横切 3 块，竖切 4 块")”→点击“确定”按钮。浮动面板“标签检查器”的下面，出现了一个新的行为：“onLoad 拖动 AP 元素”。

（31）对第 10 个图层添加行为。

用鼠标点击页面左下角的“<body>”标签→点击“窗口”→“行为”→弹出“标签检查器”浮动面板，其中“行为”按钮处于被点击状态→点击“添加行为”图标→在弹出的下拉列表中，点击第 5 项“拖动 AP 元素”。弹出对话框“拖动 AP 元素”。

在弹出的“拖动 AP 元素”对话框中进行设置。

点击“基本”选项卡→点击“AP 元素:”右边的下拉列表，选择“div "apDiv10"”→点击“移动:”右边的下拉列表，选择“不限制”→点击按钮“取得目前位置”→点击“靠齐距离”右边的文本框，输入“500”。

点击“高级”选项卡→点击 “放下时，呼叫 JavaScript”右面的文本框→输入：“alert ("骆驼横切 3 块，竖切 4 块")”→点击“确定”按钮。浮动面板“标签检查器”的下面，出现了一个新的行为：“onLoad 拖动 AP 元素”。

（32）对第 11 个图层添加行为。

用鼠标点击页面左下角的“<body>”标签→点击“窗口”→“行为”→弹出“标签检查器”浮动面板，其中“行为”按钮处于被点击状态→点击“添加行为”图标→在弹出的下拉列表中，点击第 5 项“拖动 AP 元素”。弹出对话框“拖动 AP 元素”。

在弹出的“拖动 AP 元素”对话框中进行设置。

点击“基本”选项卡→点击“AP 元素:”右边的下拉列表，选择“div "apDiv11"”→点击“移动:”右边的下拉列表，选择“不限制”→点击按钮“取得目前位置”→点击“靠齐距离”右边的文本框，输入“500”。

点击“高级”选项卡→点击 “放下时，呼叫 JavaScript”右面的文本框→输入：“alert ("骆驼横切 3 块，竖切 4 块")”→点击“确定”按钮。浮动面板“标签检查器”的下面，出现了一个新的行为：“onLoad 拖动 AP 元素”。

（33）对第 12 个图层添加行为。

用鼠标点击页面左下角的“<body>”标签→点击“窗口”→“行为”→弹出“标签检查器”浮动面板，其中“行为”按钮处于被点击状态→点击“添加行为”图标→在弹出的下拉列表中，点击第 5 项“拖动 AP 元素”。弹出对话框“拖动 AP 元素”。

在弹出的“拖动 AP 元素”对话框中进行设置。

点击“基本”选项卡→点击“AP 元素:”右边的下拉列表，选择“div "apDiv12"”→点击“移动:”右边的下拉列表，选择“不限制”→点击按钮“取得目前位置”→点击“靠齐距离”右边的文本框，输入“500”。

点击“高级”选项卡→点击 “放下时，呼叫 JavaScript”右面的文本框→输入：“alert ("骆驼横切 3 块，竖切 4 块")”→点击“确定”按钮。浮动面板“标签检查器”的下面，出现了一个新的行为：“onLoad 拖动 AP 元素”。

（34）点击“设计”视图→点击网页空白处→“插入”菜单→“布局对象”→“APDiv”→在“设计”视图中，出现一个层，层表现为一个矩形。

点击层（矩形）的边，选中层→在“属性”面板中进行设置→点击“CSS-P 元素”下面的可编辑下拉列表，输入“contain”，这是层的名字→点击“左”右边的文本框，输入“500px”→回车→点击“上”右边的文本框，输入“100px”→回车→点击“宽”右边的文本框，输入“100px”→回车→点击“高”右边的文本框，输入“100px”→回车→点击“可见性”右边的下拉列表，在弹出的下拉列表中选择“visible”→点击“背景颜色”右边的颜色面板，选择黄色→点击“Z 轴”右边的文本框，输入“0”→回车（如图 6.8.1 所示）。“contain”这个层中，Z 轴的值为 0，这个非常重要。

图 6.8.1 在“属性”面板中设置层 contain 的参数

（35）在浮动面板“AP 元素”中，取消“防止重叠”。将 apDiv1～apDiv12 这 12 个层（注意是图层，不是图层中的图片），分别拖动到层“contain”中。

（36）点击“设计”视图→点击网页空白处→“插入”菜单→“布局对象”→“APDiv”→在“设计”视图中，出现一个层，层表现为一个矩形。

点击层（矩形）的边，选中层→在“属性”面板中进行设置→点击“CSS-P 元素”

下面的可编辑下拉列表，输入“home”，这是层的名字→点击“左”右边的文本框，输入“8px”→回车→点击“上”右边的文本框，输入“9px”→回车→点击“宽”右边的文本框，输入“400px”→回车→点击“高”右边的文本框，输入“300px”→回车→点击“可见性”右边的下拉列表，在弹出的下拉列表中选择“visible”→点击“背景颜色”右边的颜色面板，选择淡蓝色→点击“Z 轴”右边的文本框，输入“-1”→回车（如图 6.8.2 所示）。“home”这个层中，Z 轴的值为-1，这个非常重要。

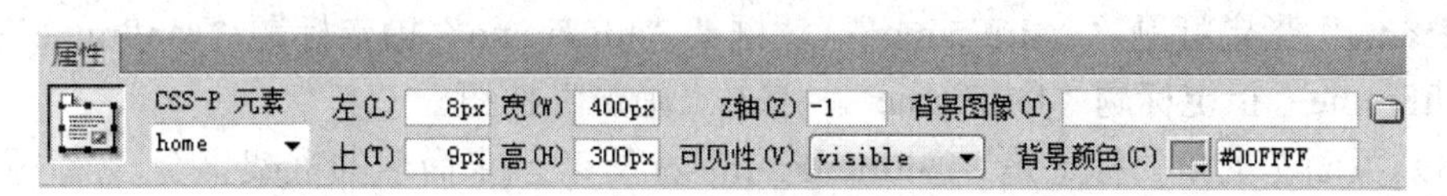

图 6.8.2 在“属性”面板中设置层 home 的参数

用鼠标点击这个层里面，光标在闪烁，输入文本“请从容器里面，把图片拖到这里面来”。

（37）按“Ctrl+S”保存→按“F12”键，在 IE 浏览器中查看网页编辑效果。

在 IE 中运行的时候，显示浮动条“Internet Explorer 已限制此网页运行脚本或 ActiveX 控件”，点击右边的按钮“允许阻止的内容”。

（38）用鼠标拖动图片，松开鼠标，只要和原图片 500 像素之内，图片就回到原来的位置，而且弹出对话框“骆驼横切 3 块，竖切 4 块”。

第九节 作 业 40

本作业做一个框架。因为框架由好几个网页组成，所以必须建立一个文件夹，存放这些网页。通过索引页面 index.html，来访问这个框架。通过这个作业说明，框架中的链接，链接到切图网页。

点击“myWeb”站点，“TEXT”子目录下，有一个文本文件“作业 40 要求.txt”，双击打开“作业 40 要求.txt”，里面是作业 40 的要求。

一、作业要求

（1）做一个框架，也就是一个文件夹，里面存放网页。

（2）主题是：切图作业大本营。

（3）框架包括 3 块：上面一块，是一个网页；左边一块，是一个网页；右边一块，是一个网页。

（4）上面一块，是标题。

（5）左边一块，是作业的名字，每个作业名字都是链接。

（6）当点击一个作业名字（链接）之后，对应的作业内容出现在右边的网页中。

二、作业解答

（1）点击“myWeb”站点→右击“HTML”子目录→在弹出的下拉列表中，点击第二项“新建文件夹”→修改文件夹的名字为“作业 40 答案”。

（2）右击“作业 40 答案”文件夹→在弹出的下拉列表中，点击第一项“新建文件”→修改文件的名字为“main.html”→双击打开“main.html”。

（3）在网页“main.html”中→点击“标题”右边的文本框→用鼠标选择文本框中的文字“无标题文档”→输入标题“main”→回车。

（4）点击“main.html”标签→点击“设计”视图→点击网页，光标在闪烁→点击“插入”菜单→“HTML”→“框架”→“上方及左侧嵌套”。

弹出“框架标签辅助功能属性”对话框，为每一框架制定一个标题，其中，对框架“mainFrame”指定标题“mainFrame”；对框架“topFrame”指定标题“topFrame”；对框架“leftFrame”指定标题“leftFrame”。点击“确定”按钮。

（5）页面左上角的标签是“UntitledFrameset”，表示未命名的框架集合，“标题”右边文本框中的内容，是“无标题文档”。

点击“标题”右边的文本框，用鼠标选择其中的内容“无标题文档”→输入“index”，回车。

按“Ctrl+S”组合键（或者点击“文件”→“保存框架页”；或者点击“文件”→“框架集另存为”；或者点击“文件”→“保存全部”），在弹出的“另存为”对话框中，将当前网页存储在“Dreamweaver”文件夹→“HTML”子文件夹→“作业 40 答案”子文件夹，文件名为“index”→点击“保存”按钮。

（6）整个页面分成 3 块：上边一块；左边一块；右边一块。

用鼠标点击上边一块，光标闪烁，左上角的标签为“UntitledFrame”，“标题”右边文本框中的内容，是“无标题文档”。点击“标题”右边的文本框，用鼠标选择其中的内容“无标题文档”→输入“top”→回车。按“Ctrl+S”组合键，在弹出的“另存为”对话框中，将当前网页存储在“Dreamweaver”文件夹→“HTML”子文件夹→“作业 16 答案”子文件夹中，文件名为“top”→按“Ctrl+S”保存。

用鼠标点击左边一块，光标闪烁，左上角的标签为“UntitledFrame”，“标题”右边文本框中的内容，是“无标题文档”。点击“标题”右边的文本框，用鼠标选择其中的内容“无标题文档”→输入“left”→回车。按“Ctrl+S”组合键，在弹出的“另存为”对话框中，将当前网页存储在“Dreamweaver”文件夹→“HTML”子文件夹→“作业 16 答案”子文件夹中，文件名为“left”→按“Ctrl+S”保存。

到现在为止，“Dreamweaver”文件夹→“HTML”子文件夹→“作业 40 答案”子文件夹中，共有 4 个网页文件：index.html、top.html、left.html、main.html。

（7）点击“窗口”菜单→“框架”，弹出来“框架”浮动面板。“框架”浮动面板分成 3 块：topFrame、leftFrame、mainFrame。

（8）点击“框架”浮动面板中的“topFrame”左上角那个点，同时选中 topFrame、leftFrame、mainFrame 这 3 块，也就是选中整个框架。在“属性”面板中进行编辑。

点击“边框”右边的下拉列表→在弹出的下拉列表中选择“是”。

点击“边框颜色”右边的颜色面板→选择红色。

点击“边框宽度”右边的文本框→输入“3”→回车→“Ctrl+S”保存。

（9）点击“框架”浮动面板中的“topFrame”这一块，在“属性”面板中进行编辑。

点击“边框”右边的下拉列表→在弹出的下拉列表中选择“是”。

点击“边框颜色”右边的颜色面板→选择红色。

点击“滚动”右边的下拉列表→在弹出的下拉列表中选择“是”。

取消勾选“不能调整大小”前面的复选框。

点击“边界宽度”右边的文本框→输入“3”→回车。

点击“边界高度”右边的文本框→输入“3”→回车→“Ctrl+S”保存。

（10）点击“框架”浮动面板中的“leftFrame”左上角那个点，同时选中 leftFrame、mainFrame 这 2 块。在“属性”面板中进行编辑。

点击“边框”右边的下拉列表→在弹出的下拉列表中选择“是”。

点击“边框颜色”右边的颜色面板→选择红色。

点击“边框宽度”右边的文本框→输入“3”→回车→“Ctrl+S”保存。

（11）点击“框架”浮动面板中的“leftFrame”这一块，在“属性”面板中进行编辑。

点击“边框”右边的下拉列表→在弹出的下拉列表中选择“是”。

点击“边框颜色”右边的颜色面板→选择红色。

点击“滚动”右边的下拉列表→在弹出的下拉列表中选择“是”。

取消勾选“不能调整大小”前面的复选框。也就是能调整大小。

点击“边界宽度”右边的文本框→输入“3”→回车。

点击“边界高度”右边的文本框→输入“3”→回车→“Ctrl+S”保存。

（12）点击“框架”浮动面板中的“mainFrame”这一块，在“属性”面板中进行编辑。

点击“边框”右边的下拉列表→在弹出的下拉列表中选择“是”。

点击“边框颜色”右边的颜色面板→选择红色。

点击“滚动”右边的下拉列表→在弹出的下拉列表中选择“是”。

取消勾选“不能调整大小”前面的复选框。也就是能调整大小。

点击“边界宽度”右边的文本框→输入“3”→回车。

点击“边界高度”右边的文本框→输入“3”→回车→“Ctrl+S”保存。

（13）点击页面中上面这一块，也就是“top.html”。左上角的网页标签是“top.html”，“标题”右边的文本框，内容是“top”。

输入“切图作业大本营”→点击“属性”面板中的“页面属性”按钮→在弹出的“页面属性”对话框中进行设置→在左边的“分类”栏中，点击“外观（CSS）”→在右边的“外观（CSS）”栏中，点击“页面字体”右边的可编辑下拉列表，输入“隶书”→点击“大小”右边的可编辑下拉列表，输入（或者在下拉列表中选择）“72”→点击“文本颜色”右边的文本框，输入“blue”→点击“背景颜色”右边的文本框，输入“yellow”→点击“确定”按钮。

用鼠标选择“作业大本营”这几个字→点击“属性”面板中的“CSS”按钮→点击“居中对齐”图标。

top.html 中字体太大，把光标移动到 top.html 网页的下边缘之上，形成一个上下的双箭头光标，用鼠标向下拖动 top.html 的下边框，使得 topFrame 这一块变大。

（14）点击页面中上面这一块，也就是“left.html”。左上角的网页标签是“left.html”，“标题”右边的文本框，内容是“left”。

输入“作业 32”→点击“属性”面板中的“页面属性”按钮→在弹出的“页面属性”

对话框中进行设置→在左边的“分类”栏中，点击“外观（CSS）”→在右边的“外观（CSS）”栏中，点击“页面字体”右边的可编辑下拉列表，输入“隶书”→点击“大小”右边的可编辑下拉列表，输入（或者在下拉列表中选择）“36”→点击“文本颜色”右边的文本框，输入“black”→点击“背景颜色”右边的文本框，输入“pink”→点击“确定”按钮。

用鼠标选择“作业32”这几个字→点击“属性”面板中的“CSS”按钮→点击“左对齐”图标。

left.html中字体太大，把光标移动到left.html网页的右边缘之上，形成一个左右的双箭头光标，用鼠标向右拖动left.html的右边框，使得leftFrame这一块变大。

把光标移动到“作业32”几个字的后面，回车→输入“作业33”，回车→输入“作业34”，回车→输入“作业35”，回车→输入“作业36”，回车→输入“作业37”，回车→输入“作业38”，回车→输入“作业39”，回车。

（15）用鼠标选择“作业32”这几个字→点击“属性”面板→点击“HTML”按钮→里面有“链接”两个字→右边有一个文本框→右边有个一个“指向文件”图标→右边有个“浏览文件”图标。用鼠标点击“指向文件”图标，按住鼠标不放，拖动鼠标到子文件夹“HTML”下、“作业32答案”中的文件“作业32答案.html”，或者点击“浏览文件”图标，在打开的“选择文件”对话框中，选择“Dreamweaver”子文件夹“HTML”下、“作业32答案”中的文件“作业32答案.html”，然后点击“确定”按钮。“链接”后面的文本框中，显示的文本是“../作业32答案/作业32答案.html”。“目标”两个字的右面，是一个下拉列表，点击下拉列表，在下拉列表中选择“mainFrame”。注意，一定要在下拉列表中选择“mainFrame”。

（16）用鼠标选择“作业33”这几个字→点击“属性”面板→点击“HTML”按钮→里面有“链接”两个字→右边有一个文本框→右边有个一个“指向文件”图标→右边有个“浏览文件”图标。用鼠标点击“指向文件”图标，按住鼠标不放，拖动鼠标到子文件夹“HTML”下、“作业33答案”中的文件“作业33答案.html”，或者点击“浏览文件”图标，在打开的“选择文件”对话框中，选择“Dreamweaver”子文件夹“HTML”下、“作业33答案”中的文件“作业33答案.html”，然后点击“确定”按钮。“链接”后面的文本框中，显示的文本是“../作业33答案/作业33答案.html”。“目标”两个字的右面，是一个下拉列表，点击下拉列表，在下拉列表中选择“mainFrame”。注意，一定要在下拉列表中选择“mainFrame”。

（17）用鼠标选择“作业34”这几个字→点击“属性”面板→点击“HTML”按钮→里面有“链接”两个字→右边有一个文本框→右边有个一个“指向文件”图标→右边有个“浏览文件”图标。用鼠标点击“指向文件”图标，按住鼠标不放，拖动鼠标到子文件夹“HTML”下、“作业34答案”中的文件“作业34答案.html”，或者点击“浏览文件”图标，在打开的“选择文件”对话框中，选择“Dreamweaver”子文件夹“HTML”下、“作业34答案”中的文件“作业34答案.html”，然后点击“确定”按钮。“链接”后面的文本框中，显示的文本是“../作业34答案/作业34答案.html”。“目标”两个字的右面，是一个下拉列表，点击下拉列表，在下拉列表中选择“mainFrame”。注意，一定要在下拉列表中选择“mainFrame”。

（18）用鼠标选择“作业 35”这几个字→点击“属性”面板→点击“HTML”按钮→里面有“链接”两个字→右边有一个文本框→右边有个一个“指向文件”图标→右边有个“浏览文件”图标。用鼠标点击“指向文件”图标，按住鼠标不放，拖动鼠标到子文件夹“HTML”下、“作业 35 答案”中的文件“作业 35 答案.html”，或者点击“浏览文件”图标，在打开的“选择文件”对话框中，选择“Dreamweaver”子文件夹“HTML”下、“作业 35 答案”中的文件“作业 35 答案.html”，然后点击“确定”按钮。“链接”后面的文本框中，显示的文本是“../作业 35 答案/作业 35 答案.html”。“目标”两个字的右面，是一个下拉列表，点击下拉列表，在下拉列表中选择“mainFrame”。注意，一定要在下拉列表中选择“mainFrame”。

（19）用鼠标选择“作业 36”这几个字→点击“属性”面板→点击“HTML”按钮→里面有“链接”两个字→右边有一个文本框→右边有个一个“指向文件”图标→右边有个“浏览文件”图标。用鼠标点击“指向文件”图标，按住鼠标不放，拖动鼠标到子文件夹“HTML”下、“作业 36 答案”中的文件“作业 36 答案.html”，或者点击“浏览文件”图标，在打开的“选择文件”对话框中，选择“Dreamweaver”子文件夹“HTML”下、“作业 36 答案”中的文件“作业 36 答案.html”，然后点击“确定”按钮。“链接”后面的文本框中，显示的文本是“../作业 36 答案/作业 36 答案.html”。“目标”两个字的右面，是一个下拉列表，点击下拉列表，在下拉列表中选择“mainFrame”。注意，一定要在下拉列表中选择“mainFrame”。

（20）用鼠标选择“作业 37”这几个字→点击“属性”面板→点击“HTML”按钮→里面有“链接”两个字→右边有一个文本框→右边有个一个“指向文件”图标→右边有个“浏览文件”图标。用鼠标点击“指向文件”图标，按住鼠标不放，拖动鼠标到子文件夹“HTML”下、“作业 37 答案”中的文件“作业 37 答案.html”，或者点击“浏览文件”图标，在打开的“选择文件”对话框中，选择“Dreamweaver”子文件夹“HTML”下、“作业 37 答案”中的文件“作业 37 答案.html”，然后点击“确定”按钮。“链接”后面的文本框中，显示的文本是“../作业 37 答案/作业 37 答案.html”。“目标”两个字的右面，是一个下拉列表，点击下拉列表，在下拉列表中选择“mainFrame”。注意，一定要在下拉列表中选择“mainFrame”。

（21）用鼠标选择“作业 38”这几个字→点击“属性”面板→点击“HTML”按钮→里面有“链接”两个字→右边有一个文本框→右边有个一个“指向文件”图标→右边有个“浏览文件”图标。用鼠标点击“指向文件”图标，按住鼠标不放，拖动鼠标到子文件夹“HTML”下、“作业 38 答案”中的文件“作业 38 答案.html”，或者点击“浏览文件”图标，在打开的“选择文件”对话框中，选择“Dreamweaver”子文件夹“HTML”下、“作业 38 答案”中的文件“作业 38 答案.html”，然后点击“确定”按钮。“链接”后面的文本框中，显示的文本是“../作业 38 答案/作业 38 答案.html”。“目标”两个字的右面，是一个下拉列表，点击下拉列表，在下拉列表中选择“mainFrame”。注意，一定要在下拉列表中选择“mainFrame”。

（22）用鼠标选择“作业 39”这几个字→点击“属性”面板→点击“HTML”按钮→里面有“链接”两个字→右边有一个文本框→右边有个一个“指向文件”图标→右边有

个“浏览文件”图标。用鼠标点击“指向文件”图标，按住鼠标不放，拖动鼠标到子文件夹“HTML”下、“作业 39 答案”中的文件“作业 39 答案.html”，或者点击“浏览文件”图标，在打开的“选择文件”对话框中，选择“Dreamweaver”子文件夹“HTML”下、“作业 39 答案”中的文件“作业 39 答案.html”，然后点击“确定”按钮。“链接”后面的文本框中，显示的文本是“../作业 39 答案/作业 39 答案.html”。“目标”两个字的右面，是一个下拉列表，点击下拉列表，在下拉列表中选择“mainFrame”。注意，一定要在下拉列表中选择“mainFrame”。

（23）双击打开“main.html”网页，添加网页的背景音乐。

点击“代码”视图→找到“<body>”标签，把光标移动到“<body>”标签的后面→回车→在英文状态下输入“<bgsound”→按空格键→在弹出的标签下拉列表中双击“src”标签→点击弹出的“浏览”按钮（或者回车）→在弹出的“选择文件”对话框中，选择“SOUND”子文件夹下的“高山流水.mp3”→按空格键→在弹出的标签下拉列表中双击“loop”（或者回车）→双击弹出的“-1”标签，表示无限次的循环播放歌曲→在英文状态下输入“/>”。

对应的 html 代码为：“<bgsound src="../../SOUND/高山流水.mp3" loop="-1"/>”。

（24）按“文件”菜单→“保存全部”，保存所有的网页→双击打开“index.html”→按“F12”查看网页的编辑效果。

第七章

JavaScript

因为在 HTML 编码过程中，经常用到脚本语言 JavaScript，所以本节介绍脚本语言 JavaScript。

JavaScript 是一种脚本语言，是一种基于对象和事件驱动，并具有相对安全性的客户端脚本语言。同时 JavaScript 也是一种广泛用于客户端 Web 开发的脚本语言，常用来给 HTML 网页添加动态功能，比如响应用户的各种操作。它最初由网景公司（Netscape）的 Brendan Eich 设计，是一种动态、弱类型、基于原型的语言，内置支持类。

第一节　基 本 语 法

JavaScript 是 Sun 公司的注册商标。Ecma 国际以 JavaScript 为基础制定了 ECMAScript 标准。JavaScript 也可以用于其他场合，如服务器端编程。完整的 JavaScript 实现包含三个部分：ECMAScript、文档对象模型、字节顺序记号。

Netscape 公司最初将 JavaScript 脚本语言命名为 LiveScript。在 Netscape 在与 Sun 合作之后，将其改名为 JavaScript。JavaScript 最初受 Java 启发而开始设计的，目的之一就是“看上去像 Java”，因此语法上有类似之处，一些名称和命名规范也借自 Java。但 JavaScript 的主要设计原则源自 Self 和 Scheme。JavaScript 与 Java 名称上的近似，是当时网景为了营销考虑与 Sun 公司达成协议的结果。

为了取得技术优势，微软推出了 JScript 来迎战 JavaScript 的脚本语言。为了互用性，Ecma 国际（前身为欧洲计算机制造商协会）创建了 ECMA-262 标准（ECMAScript）。现在两者都属于 ECMAScript 的实现。尽管 JavaScript 原本作为给非程序人员使用的脚本语言，而非作为给程序人员使用的编程语言来推广和宣传，但是 JavaScript 具有非常丰富的特性。

一、概述

网页嵌入技术有：Javascript、VBScript、Document Object Model（DOM，文档对象模型）、Layers 和 Cascading Style Sheets（CSS，层叠样式表）。

Javascript 是适应动态网页制作的需要而诞生的一种新的编程语言，如今越来越广泛地应用于 Internet 网页制作。在 HTML 的基础上，使用 JavaScript 可以开发交互式 Web 网页。JavaScript 的出现使得网页和用户之间实现了一种实时性的、动态的、交互性的关系，使网页包含更多活跃的元素和更加精彩的内容。

运行用 Javascript 编写的程序，需要能支持 JavaScript 语言的浏览器。Netscape 公司

Navigator 3.0 以上版本的浏览器，都能支持 JavaScript 程序，微软公司 Internet Explorer 3.0 以上版本的浏览器基本上支持 JavaScript。微软公司还有自己开发的 JavaScript，称为 JScript。JavaScript 和 Jscript 基本上是相同的，只是在一些细节上有区别。Javascript 短小精悍，又是在客户机上执行的，大大提高了网页的浏览速度和交互能力。同时它又是专门为制作 Web 网页而量身定做的一种简单的编程语言。

JavaScript 使网页增加互动性。JavaScript 使有规律地重复的 HTML 文段简化，减少下载时间。JavaScript 能及时响应用户的操作，对提交表单做即时的检查，无需浪费时间交由 CGI 验证。甚至可以说，JavaScript 的特点是无穷无尽的，只要你有创意。

JavaScript 最初由网景公司的布兰登・艾克设计。JavaScript 是甲骨文公司的注册商标。Ecma 国际以 JavaScript 为基础制定了 ECMAScript 标准。JavaScript 也可以用于其他场合，如服务器端编程。完整的 JavaScript 实现包含三个部分：ECMAScript，文档对象模型，浏览器对象模型。

发展初期，JavaScript 的标准并未确定，同期有网景的 JavaScript、微软的 JScript 和 CEnvi 的 ScriptEase 三足鼎立。1997 年，在 ECMA（欧洲计算机制造商协会）的协调下，由 Netscape、Sun、微软、Borland 组成的工作组确定统一标准：ECMA-262。

JavaScript 组成一个完整的 JavaScript 实现是由以下 3 个不同部分组成的：（1）核心（ECMAScript）；（2）文档对象模型（Document Object Model，简称 DOM）；（3）浏览器对象模型（Browser Object Model，简称 BOM）。

二、相关概念

（一）语句

JavaScript 程序是由若干语句组成的，语句是编写程序的指令。JavaScript 提供了完整的基本编程语句，它们是：

赋值语句、switch 选择语句、while 循环语句、for 循环语句、for each 循环语句、do...while 循环语句、break 循环中止语句、continue 循环中断语句、with 语句、try…catch 语句、if 语句（if..else，if…else if…）。

（二）函数

函数是命名的语句段，这个语句段可以被当做一个整体来引用和执行。

使用函数要注意以下几点：

函数由关键字 function 定义（也可由 Function 构造函数构造）。

使用 function 关键字定义的函数在一个作用域内是可以在任意处调用的（包括定义函数的语句前）；而用 var 关键字定义的必须定义后才能被调用。

函数名是调用函数时引用的名称，它对大小写是敏感的，调用函数时不可写错函数名。

参数表示传递给函数使用或操作的值，它可以是常量，也可以是变量，也可以是函数，在函数内部可以通过 arguments 对象（arguments 对象是一个伪数组，属性 callee 引用被调用的函数）访问所有参数。

return 语句用于返回表达式的值。

yield 语句扔出一个表达式，并且中断函数执行直到下一次调用 next。

（三）对象

JavaScript 的一个重要功能，就是面向对象的功能，通过基于对象的程序设计，可以用更直观、模块化和可重复使用的方式进行程序开发。

一组包含数据的属性和对属性中包含数据进行操作的方法，称为对象。比如要设定网页的背景颜色，所针对的对象就是 document，所用的属性名是 bgcolor，如 document.bgcolor="blue"，就是表示使背景的颜色为蓝色。

（四）事件

用户与网页交互时产生的操作，称为事件。事件可以由用户引发，也可能是页面发生改变，甚至还有你看不见的事件（如 Ajax 的交互进度改变）。绝大部分事件都由用户的动作所引发，如：用户按鼠标的按键，就产生 click 事件，若鼠标的指针在链接上移动，就产生 mouseover 事件等。在 JavaScript 中，事件往往与事件处理程序配套使用。

而对事件的处理，W3C 的方法是用 addEventListener()函数，它有三个参数：事件、引发的函数、是否使用事件捕捉。为了安全性，建议将第三个参数始终设置为 false。

传统的方法就是定义元素的“on”事件，它就是 W3C 的方法中的事件参数前加一个“on”。而 IE 的事件模型使用 attachEvent 和 dettachEvent 对事件进行绑定和删除。JavaScript 中事件还分捕获和冒泡两个阶段，但是传统绑定只支持冒泡事件。

（五）变量

object：对象。

array：数组。

number：数。

boolean：布尔值，只有 true 和 false 两个值，是所有类型中占用内存最少的。

null：一个空值，唯一的值是 null。

undefined：没有定义和赋值的变量。

（六）命名形式

一般形式是：var <变量名表>。

其中，var 是 JavaScript 的保留字。变量名是用户自定义标识符，变量之间用逗号分开。和 C++等程序不同，在 JavaScript 中，变量说明不需要给出变量的数据类型。此外，变量也可以不说明而直接使用。

（七）作用域

变量的作用域由声明变量的位置决定，决定哪些脚本命令可访问该变量。在函数外部声明的变量称为全局变量，其值能被所在 HTML 文件中的任何脚本命令访问和修改。在函数内部声明的变量称为局部变量。只有当函数被执行时，变量被分配临时空间，函数结束后，变量所占据的空间被释放。局部变量只能被函数内部的语句访问，只对该函数是可见的，而在函数外部是不可见的。

（八）运算符

JavaScript 提供了丰富的运算功能，包括算术运算、关系运算、逻辑运算和连接运算。

1. 算术运算符

JavaScript 中的算术运算符有单目运算符和双目运算符。双目运算符包括：+（加）、

–（减）、*（乘）、/（除）、%（取模）、|（按位或）、&（按位与）、<<（左移）、>>（右移）等。单目运算符有：–（取反）、~（取补）、++（递加 1）、– –（递减 1）等。

2. 关系运算符

关系运算符又称比较运算，运算符包括：<（小于）、<=（小于等于）、>（大于）、>=（大于等于）、=（等于）和“！=”（不等于）。

关系运算的运算结果为布尔值，如果条件成立，则结果为 true，否则为 false。

3. 逻辑运算符

逻辑运算符有：&（逻辑与）、|（逻辑或）、!（取反，逻辑非）、^（逻辑异或）。

4. 字符串连接运算符

连接运算用于字符串操作，运算符为+（用于强制连接），将两个或多个字符串连接为一个字符串。

5. 三目操作符？：

三目操作符“？：”格式为：

操作数？表达式 1：表达式 2

三目操作符“？：”构成的表达式，其逻辑功能为：若操作数的结果为 true，则表述式的结果为表达式 1，否则为表达式 2。例如 max=（a>b）?a:b；该语句的功能就是将 a,b 中的较大的数赋给 max。

（九）相关规则

在 JavaScript 中，“==="是全同运算符，只有当值相等，数据类型也相等时才成立。

等同运算符“=="的比较规则：

（1）当两个运算数的类型不同时：将他们转换成相同的类型。

（2）一个数字与一个字符串，字符串转换成数字之后，进行比较。

（3）true 转换为 1、false 转换为 0，进行比较。

（4）一个对象、数组、函数与一个数字或字符串，对象、数组、函数转换为原始类型的值，然后进行比较。（先使用 valueOf，如果不行就使用 toString）。

（5）其他类型的组合不相等。

想两个运算数类型相同，或转换成相同类型后：

（1）2 个字符串：同一位置上的字符相等，2 个字符串就相同。

（2）2 个数字：2 个数字相同，就相同。如果一个是 NaN，或两个都是 NaN，则不相同。

（3）2 个都是 true，或者 2 个都是 false，则相同。

（4）2 个引用的是同一个对象、函数、数组，则他们相等，如果引用的不是同一个对象、函数、数组，则不相同，即使这 2 个对象、函数、数组可以转换成完全相等的原始值。

（5）2 个 null，或者 2 个都是未定义的，那么他们相等。

而“===”是全同运算符，全同运算符遵循等同运算符的比较规则，但是它不对运算数进行类型转换，当两个运算数的类型不同时，返回 false;只有当两个运算数的类型相同的时候，才遵循等同运算符的比较规则进行比较。

例如：null==undefined 会返回真，但是 null===undefined 就会返回假。

（十）表达式

表达式是指将常量、变量、函数、运算符和括号连接而成的式子。根据运算结果的不同，表达式可分为算术表达式、字符表达式和逻辑表达式。

三、客户端脚本语言

不同于服务器端脚本语言（如 PHP、ASP），JavaScript 是客户端脚本语言。也就是说，JavaScript 是在用户的浏览器上运行，不需要服务器的支持而可以独立运行。所以在早期，程序员比较青睐于 JavaScript 以减少对服务器的负担，而与此同时也带来另一个问题：安全性。而随着服务器的强大，虽然现在的程序员更喜欢运行于服务器端的脚本以保证安全，但 JavaScript 仍然以其跨平台、容易上手等优势大行其道。

JavaScript 是一种脚本语言，其源代码在发往客户端运行之前不需经过编译，而是将文本格式的字符代码发送给浏览器，由浏览器解释运行。解释语言的弱点是安全性较差，而且在 JavaScript 中，如果一条运行不了，那么下面的语言也无法运行。由于每次重新加载都会重新解译，因此加载后，有些代码会延迟至运行时才解译，甚至会多次解译，所以速度较慢。

与其相对应的是编译语言，例如 Java。Java 的源代码在传递到客户端运行之前，必须经过编译，因而客户端上必须具有相应平台上的仿真器或解释器，它可以通过编译器或解释器实现独立于某个特定的平台编译代码的束缚。但是它必须在服务器端进行编译，这样就拖延了时间。但因为已经封装，所以能保证安全性。

库，指的是可以方便应用到现有开发体系中的、现成的代码资源。库不仅为大部分日常的 DOM 脚本编程工作提供了快捷的解决方案，而且也提供了许多独特的工具。虽然库使用起来很方便，但它们也并非能解决所有的问题。在使用库之前，一定要保证真正理解 javascript 的 DOM 原理。这些库一般是一个或多个 JavaScript 文件，只要把它们导入网页就能使用了。

常用的库有：

（1）jQuery：javascript 库中的新成员，提供 css 和 xpath 选择符查找元素、ajax、动画效果等。

（2）JSer：国人开发的一款全功能的开源脚本框架。借助 JSer，可以便捷地操作 DOM、CSS 样式访问、属性读写、事件绑定、行为切换、动态载入、数据缓存、URL 与 AJAX 等众多功能。

（3）dojo：一个巨大的库，包括的东西很多，dijit 和 dojox 是 dojo 的扩展，几乎你想要的各种 javascript 程序都包括了。

（4）prototype：一个非常流行的库，使用了原型链，向 javascript 中添加了很多不错的函数。

（5）YUI：（YahooYUI 库）yahoo！用户界面，非常实用，提供各种解决方案。

（6）ExtJs：组件非常丰富，皮肤也很漂亮，动画效果也丰富。

JavaScript 程序是纯文本的，且不需要编译，所以任何纯文本的编辑器都可以编辑 javascript 文件。

四、实用技巧

JavaScript 加入网页有两种方法：直接方式和引用方式。

1. 直接方式

这是最常用的方法，大部分含有 Javascript 的网页都采用这种方法，例如下面程序：

```
<script type="application/javascript">
<!--
document write("这是Javascript！采用直接插入的方法！");
//-Javascript结束-->
</script>
```

在这个程序中，我们可看到一个新的标签：<script>……</script>，而<script language="Javascript"> 用来告诉浏览器这是用 Javascript 编写的程序，需要调动相应的解释程序进行解释。

w3c 已经建议使用新的标准：<script type="application/javascript">。

HTML 的注释标签<!--和-->：用来去掉浏览器所不能识别的 JavaScript 源代码的，这对不支持 Javascript 语言的浏览器来说是很有用的。

注意在非 xhtml 文档中插入 script 标签时，如果不是引用外部文件，应该在 script 内加上 cdata 声明，避免大于和小于运算符引起的浏览器解析错误。

“//”：双斜杠表示 JavaScript 的注释部分，即从//开始到行尾的字符都被忽略。至于程序中所用到的 document.write()函数，则表示将括号中的文字输出到窗口中去，这在后面将会详细介绍。另外一点需要注意的是，<script>……</script>的位置并不是固定的，可以包含在“<head>…</head>”或“<body>…</body>”中的任何地方。

2. 引用方式

如果已经存在一个 JavaScript 源文件（通常以 js 为扩展名），则可以采用这种引用的方式，以提高程序代码的利用率。其基本格式如下：

```
<script src="url" type="text/javascript"></script>
```

其中的 url 就是程序文件的地址。同样地，这样的语句可以放在 HTML 文档头部或主体的任何部分。如果要实现“直接插入方式”中所举例子的效果，可以首先创建一个 Javascript 源代码文件“Script.js”，其内容如下：

```
document write("这是Javascript！采用直接插入的方法！");
```

在网页中可以这样调用程序：

```
<script src="Script.js" type="text/javascript"></script>。
```

也可以同时在导入文件时制定 javascript 的版本，例如：<script src="Script.js" type="text/javascript; version=1.8"></script>。

注意：凡是指定了 src 属性的 script 标签里的内容都会被忽略。

五、脚本调试

随着用 JavaScript 编程的深入，会开始理解那些 JavaScript 给出的不透明错误信息。一旦理解了你常犯的一般性错误，就会很快知道怎样避免它们，这样代码中的错误将越来越少。编程实际上是一种能随着时间不断飞快进步的技术，但是不管编程者多么熟练，仍然要花一些时间调试代码。这是编程者必须做的事之一。实际上，根据大量的研究发现，程序员平均百分之五十的工作时间花在了解决代码中的错误。

调试的技巧：

1. 根据浏览器的提示信息

选择浏览器是很重要的，不同的浏览器的错误提示都不同。在众多浏览器中，错误信息最容易理解的、能最快找出错误的就是 Firefox 和 Opera 了。它们都会给出详细的出错原因和行号。

2. 使用调试工具

如果是 Firefox 的用户，那么可以到添加组件的网页中搜索一些用于网页开发的组件。

推荐：Firebug。这是一款非常优秀的组件，可以指出脚本中的错误，查看 DOM 树，查看 cookie、ajax 通信，并且还有 CSS 的调试工具，而且也有不少 Firebug 的扩展。

还有 JavaScript debugger：这是 mozilla 开发的调试工具，项目代号叫 venkman，和 gecko 的 javascript 解析器无缝集成，功能非常强大。

3. 清除浏览器缓存

有时浏览器会在网页被修改过后，却依然使用缓存里的网页来显示，这时最好强制刷新网页以重新载入数据，如果还不行就清除缓存。

4. 输出变量

如果使用 Firebug 调试的话，可以很方便地在脚本里用 console.log()来输出变量的值，而且幸运的是，Firebug 还会对输出的变量进行解析，在控制台里显示一个清晰的变量结构。如果没有 Firebug，那么可以用 alert 代替。不过当有几百个变量输出时，很可能不得不强行关闭浏览器。在网页里专门放置一个调试用的 div 也是一种不错的解决办法。

5. 测试性能

用递归法，用数组的 shift()方法每次删除数组的第一个元素，并将其累加，递归执行。

六、语法说明

JavaScript 是属于网络的脚本语言，JavaScript 被数百万计的网页用来改进设计、验证表单、检测浏览器、创建 cookies，以及更多的应用。JavaScript 是因特网上最流行的脚本语言之一，JavaScript 很容易使用。

如需在 HTML 页面中插入 JavaScript，请使用 <script> 标签。

<script> 和 </script> 会告诉 JavaScript 在何处开始和结束。

<script> 和 </script> 之间的代码行包含了 JavaScript：

```
<script> alert("My First JavaScript"); </script>
```

无须理解上面的代码。只需明白，浏览器会解释并执行位于 <script> 和 </script> 之间的 JavaScript。

那些老旧的实例可能会在 <script> 标签中使用 type="text/javascript"。现在已经不必这样做了。JavaScript 是所有现代浏览器以及 HTML5 中的默认脚本语言。

通常，需要在某个事件发生时执行代码，比如当用户点击按钮时，如果我们把 JavaScript 代码放入函数中，就可以在事件发生时调用该函数。

可以在 HTML 文档中放入不限数量的脚本。脚本可位于 HTML 的<body>或<head>

部分中，或者同时存在于两个部分中。通常的做法是把函数放入 <head> 部分中，或者放在页面底部。这样就可以把它们安置到同一处位置，不会干扰页面的内容。

把 JavaScript 放到了页面代码的底部，这样就可以确保在 <p> 元素创建之后再执行脚本。也可以把脚本保存到外部文件中。外部文件通常包含被多个网页使用的代码。外部 JavaScript 文件的文件扩展名是 .js。如需使用外部文件，请在 <script> 标签的 "src" 属性中设置该 .js 文件。

如需从 JavaScript 访问某个 HTML 元素，您可以使用 document.getElementById(id) 方法。请使用 "id" 属性来标识 HTML 元素。通过指定的 id 来访问 HTML 元素，并改变其内容。请使用 document.write() 仅仅向文档输出写内容。如果在文档已完成加载后执行 document.write，整个 HTML 页面将被覆盖。

分号用于分隔 JavaScript 语句。通常在每条可执行的语句结尾添加分号。使用分号的另一用处是在一行中编写多条语句。提示：您也可能看到不带有分号的案例。在 JavaScript 中，用分号来结束语句是可选的。

JavaScript 语句通过代码块的形式进行组合。块由左花括号开始，由右花括号结束。块的作用是使语句序列一起执行。JavaScript 函数是将语句组合在块中的典型例子。JavaScript 对大小写是敏感的。当编写 JavaScript 语句时，请留意是否关闭大小写切换键。函数 getElementById 与 getElementbyID 是不同的。同样，变量 myVariable 与 MyVariable 也是不同的。JavaScript 会忽略多余的空格。您可以向脚本添加空格，来提高其可读性。

JavaScript 是脚本语言。浏览器会在读取代码时，逐行地执行脚本代码。而对于传统编程来说，会在执行前对所有代码进行编译。JavaScript 不会执行注释。我们可以添加注释来对 JavaScript 进行解释，或者提高代码的可读性。单行注释以 // 开头。多行注释以 /* 开始，以 */ 结尾。

变量是存储信息的容器。变量可以使用短名称（比如 x 和 y），也可以使用描述性更好的名称（比如 age, sum, totalvolume）。变量必须以字母开头，变量也能以 $ 和 _ 符号开头（不过我们不推荐这么做），变量名称对大小写敏感（y 和 Y 是不同的变量）。

提示：JavaScript 语句和 JavaScript 变量都对大小写敏感。JavaScript 变量还能保存其他数据类型，比如文本值 (name="Bill Gates")。在 JavaScript 中，类似 "Bill Gates" 这样一条文本被称为字符串。JavaScript 变量有很多种类型，但是现在，只关注数字和字符串。当您向变量分配文本值时，应该用双引号或单引号包围这个值。当向变量赋的值是数值时，不要使用引号。如果用引号包围数值，该值会被作为文本来处理。在 JavaScript 中创建变量通常称为“声明”变量。

使用 var 关键词来声明变量：变量声明之后，该变量是空的（它没有值）。如需向变量赋值，请使用等号。您可以在一条语句中声明很多变量。该语句以 var 开头，并使用逗号分隔变量即可字符串是存储字符（比如 "Bill Gates"）的变量。字符串可以是引号中的任意文本。您可以使用单引号或双引号。JavaScript 只有一种数字类型。数字可以带小数点，也可以不带。极大或极小的数字可以通过科学（指数）计数法来书写。布尔（逻辑）只能有两个值：true 或 false。

数组下标是基于零的，所以第一个项目是 [0]，第二个是 [1]，以此类推。对象由花括号分隔。在括号内部，对象的属性以名称和值对的形式 (name : value) 来定义。属性由逗号分隔。属性是与对象相关的值。方法是能够在对象上执行的动作。

举例：汽车就是现实生活中的对象。

汽车的属性：

```
car.name=Fiat
car.model=500
car.weight=850kg
car.color=white
```

汽车的方法：

```
car.start()
car.drive()
car.brake()
```

汽车的属性包括名称、型号、重量、颜色等。所有汽车都有这些属性，但是每款车的属性都不尽相同。汽车的方法可以是启动、驾驶、刹车等。所有汽车都拥有这些方法，但是它们被执行的时间都不尽相同。

JavaScript 中的几乎所有事务都是对象：字符串、数字、数组、日期、函数等。在 JavaScript 中，对象是拥有属性和方法的数据。你也可以创建自己的对象。

在 JavaScript 函数内部声明的变量（使用 var）是局部变量，所以只能在函数内部访问它，（该变量的作用域是局部的），可以在不同的函数中使用名称相同的局部变量，因为只有声明过该变量的函数才能识别出该变量。只要函数运行完毕，本地变量就会被删除。

JavaScript 变量的生命期从它们被声明的时间开始。局部变量会在函数运行以后被删除。全局变量会在页面关闭后被删除。

JavaScript 变量还能保存其他数据类型，比如文本值 (name="Bill Gates")。

在 JavaScript 中，我们可使用以下条件语句：

if 语句——只有当指定条件为 true 时，使用该语句来执行代码。

if...else 语句——当条件为 true 时执行代码，当条件为 false 时执行其他代码。

if...else if....else 语句——使用该语句来选择多个代码块之一来执行。

switch 语句——使用该语句来选择多个代码块之一来执行。

If 的语法：

```
if (条件)
  {
  当条件为 true 时执行的代码
  }
else
  {
  当条件不为 true 时执行的代码
  }
```

JavaScript 支持不同类型的循环：

for——循环代码块一定的次数。

for/in——循环遍历对象的属性。

while——当指定的条件为 true 时循环指定的代码块。

do/while——同样当指定的条件为 true 时循环指定的代码块。

While 循环会在指定条件为真时循环执行代码块。

do/while 循环是 while 循环的变体。该循环会执行一次代码块，在检查条件是否为真之前，然后如果条件为真的话，就会重复这个循环。

continue 语句中断循环中的迭代，如果出现了指定的条件，然后继续循环中的下一个迭代。

Break 语句用于跳出 switch() 语句。break 语句可用于跳出循环。break 语句跳出循环后，会继续执行该循环之后的代码（如果有的话）。

当 JavaScript 引擎执行 JavaScript 代码时，会发生各种错误：可能是语法错误，通常是程序员造成的编码错误或错别字；可能是拼写错误或语言中缺少的功能（可能由于浏览器差异）；可能是由于来自服务器或用户的错误输出而导致的错误；当然，也可能是由于许多其他不可预知的因素。

当错误发生时，JavaScript 引擎通常会停止，并生成一个错误消息。

描述这种情况的技术术语是：JavaScript 将抛出一个错误；try 语句测试代码块的错误；catch 语句处理错误；throw 语句创建自定义错误。

JavaScript 可用来在数据被送往服务器前对 HTML 表单中的这些输入数据进行验证。

被 JavaScript 验证的这些典型的表单数据有：

用户是否已填写表单中的必填项目？

用户输入的邮件地址是否合法？

用户是否已输入合法的日期？

用户是否在数据域 (numeric field) 中输入了文本？

可以通过函数检查输入的数据是否符合电子邮件地址的基本语法。意思就是说，输入的数据必须包含 @ 符号和点号(.)。同时，@ 不可以是邮件地址的首字符，并且 @ 之后需有至少一个点号。

JavaScript 语句向浏览器发出的命令。语句的作用是告诉浏览器该做什么。下面的 JavaScript 语句向 id="demo" 的 HTML 元素输出文本 "Hello World"：

```
document. getElementById("demo").innerHTML="Hello World";
```

分号用于分隔 JavaScript 语句。通常我们在每条可执行的语句结尾添加分号。使用分号的另一用处是在一行中编写多条语句。JavaScript 代码（或者只有 JavaScript）是 JavaScript 语句的序列。浏览器会按照编写顺序来执行每条语句。

JavaScript 语句通过代码块的形式进行组合。块由左花括号开始，由右花括号结束。块的作用是使语句序列一起执行。JavaScript 函数是将语句组合在块中的典型例子。JavaScript 对大小写是敏感的。当编写 JavaScript 语句时，请留意是否关闭大小写切换键。函数 getElementById 与 getElementbyID 是不同的。同样，变量 myVariable 与 MyVariable 也是不同的。

JavaScript 会忽略多余的空格。您可以向脚本添加空格，来提高其可读性。JavaScript 是脚本语言。浏览器会在读取代码时，逐行地执行脚本代码。而对于传统编程来说，会在执行前对所有代码进行编译。

七、生成文本

```
<html>
<body>
<script type="text/javascript">
document.write("Hello World!")
</script>
</body>
</html>
```

八、生成普通文本和标签

```
<html>
<body>
<script type="text/javascript">
document.write("<h1>Hello World!</h1>")
</script>
</body>
</html>
```

九、head 部分

```
<html>
<head>
<script type="text/javascript">
function message()
{
alert("该提示框是通过 onload 事件调用的。")
}
</script>
</head>
<body onload="message()">
</body>
</html>
```

十、body 部分

```
<html>
<head>
</head>
<body>
<script type="text/javascript">
```

```
document.write("该消息在页面加载时输出。")
</script>
</body>
</html>
```

十一、外部 JavaScript

```
<html>
<head>
</head>
<body>
<script src="/js/example_externaljs.js">
</script>
<p>
实际的脚本位于名为 "xxx.js" 的外部脚本中。
</p>
</body>
</html>
```

十二、JavaScript 语句

```
<!DOCTYPE html>
<html>
<body>
<p>
JavaScript 能够直接写入 HTML 输出流中:
</p>
<script>
document.write("<h1>This is a heading</h1>");
document.write("<p>This is a paragraph.</p>");
</script>
<p>
您只能在 HTML 输出流中使用 <strong>document.write</strong>。
如果您在文档已加载后使用它(比如在函数中),会覆盖整个文档。
</p>
</body>
</html>
```

十三、JavaScript 代码块

```
<html>
<body>
<script type="text/javascript">
{
```

```
    document.write("<h1>这是标题</h1>");
    document.write("<p>这是段落。</p>");
    document.write("<p>这是另一个段落。</p>");
}
</script>
</body>
</html>
```

十四、JavaScript 单行注释

```
<html>
<body>
<script type="text/javascript">
// 这行代码输出标题:
document.write("<h1>这是标题</h1>");
// 这行代码输出段落:
document.write("<p>这是段落。</p>");
document.write("<p>这是另一个段落。</p>");
</script>
</body>
</html>
```

十五、JavaScript 多行注释

```
<html>
<body>
<script type="text/javascript">
/*
下面的代码将输出
一个标题和两个段落
*/
document.write("<h1>这是标题</h1>");
document.write("<p>这是段落。</p>");
document.write("<p>这是另一个段落。</p>");
</script>
</body>
</html>
```

十六、使用单行注释来防止执行

```
<html>
<body>
<script type="text/javascript">
document.write("<h1>这是标题</h1>");
```

```
document.write("<p>这是段落。</p>");
//document.write("<p>这是另一个段落。</p>");
</script>
</body>
</html>
```

十七、使用多行注释来防止执行

```
<html>
<body>
<script type="text/javascript">
/*
document.write("<h1>这是标题</h1>");
document.write("<p>这是段落。</p>");
document.write("<p>这是另一个段落。</p>");
*/
</script>
</body>
</html>
```

十八、声明一个变量，为它赋值，然后显示出来

```
<html>
<body>
<script type="text/javascript">
var firstname;
firstname="George";
document.write(firstname);
document.write("<br />");
firstname="John";
document.write(firstname);
</script>
<p>上面的脚本声明了一个变量，为其赋值，显示该值，改变该值，然后再显示该值。</p>
</body>
</html>
```

十九、If 语句

```
<html>
<body>
<script type="text/javascript">
var d = new Date()
var time = d.getHours()
if (time < 10)
```

```
{
document.write("<b>早安</b>")
}
</script>
<p>本例演示 If 语句。</p>
<p>如果浏览器时间小于 10，那么会向您问"早安"。</p>
</body>
</html>
```

二十、If...else 语句

```
<html>
<body>
<script type="text/javascript">
var d = new Date()
var time = d.getHours()
if (time < 10)
{
document.write("<b>早安</b>")
}
else
{
document.write("<b>祝您愉快</b>")
}
</script>
<p>本例演示 If...Else 语句。</p>
<p>如果浏览器时间小于 10，那么会向您问"早安"，否则会向您问候"祝您愉快"。</p>
</body>
</html>
```

二十一、If..else if...else 语句

```
<html>
<body>
<script type="text/javascript">
var d = new Date()
var time = d.getHours()
if (time<10)
{
document.write("<b>Good morning</b>")
}
else if (time>=10 && time<16)
```

```
{
document.write("<b>Good day</b>")
}
else
{
document.write("<b>Hello World!</b>")
}
</script>
<p>本例演示 if..else if...else 语句。</p>
</body>
</html>
```

二十二、随机链接

```
<html>
<body>
<script type="text/javascript">
var r=Math.random()
if (r>0.5)
{
document.write("<a href='http://www.w3school.com.cn'>学习 Web 开发! </a>")
}
else
{
document.write("<a href='http://www.microsoft.com'>访问微软! </a>")
}
</script>
</body>
</html>
```

二十三、警告框

```
<html>
<head>
<script type="text/javascript">
function disp_alert()
{
alert("我是警告框!! ")
}
</script>
</head>
<body>
```

```
<input type="button" onclick="disp_alert()" value="显示警告框" />
</body>
</html>
```

二十四、带有折行的警告框

```
<html>
<head>
<script type="text/javascript">
function disp_alert()
{
alert("再次向您问好！在这里，我们向您演示" + '\n' + "如何向警告框添加折行。")
}
</script>
</head>
<body>
<input type="button" onclick="disp_alert()" value="显示警告框" />
</body>
</html>
```

二十五、确认框

```
<html>
<head>
<script type="text/javascript">
function show_confirm()
{
var r=confirm("Press a button!");
if (r==true)
  {
  alert("You pressed OK!");
  }
else
  {
  alert("You pressed Cancel!");
  }
}
</script>
</head>
<body>
<input type="button" onclick="show_confirm()" value="Show a confirm box"
/>
```

```
</body>
</html>
```

二十六、提示框

```
<html>
<head>
<script type="text/javascript">
function disp_prompt()
  {
  var name=prompt("请输入您的名字","Bill Gates")
  if (name!=null && name!="")
    {
    document.write("你好！" + name + " 今天过得怎么样？")
    }
  }
</script>
</head>
<body>
<input type="button" onclick="disp_prompt()" value="显示提示框" />
</body>
</html>
```

二十七、函数

```
<html>
<head>
<script type="text/javascript">
function myfunction()
{
alert("您好！")
}
</script>
</head>
<body>
<form>
<input type="button" onclick="myfunction()" value="调用函数">
</form>
<p>通过点击这个按钮，可以调用一个函数。该函数会提示一条消息。</p>
</body>
</html>
```

二十八、带有参数的函数

```
<html>
<head>
<script type="text/javascript">
function myfunction(txt)
{
alert(txt)
}
</script>
</head>
<body>
<form>
<input type="button" onclick="myfunction('您好！')" value="调用函数">
</form>
<p>通过点击这个按钮，可以调用一个带参数的函数。该函数会输出这个参数。</p>
</body>
</html>
```

二十九、带有参数的函数 2

```
<html>
<head>
<script type="text/javascript">
function myfunction(txt)
{
alert(txt)
}
</script>
</head>
<body>
<form>
<input type="button"
onclick="myfunction('早安！')"
value="在早晨">
<input type="button"
onclick="myfunction('晚安！')"
value="在夜晚">
</form>
<p>通过点击这个按钮，可以调用一个函数。该函数会输出传递给它的参数。</p>
</body>
```

```
</html>
```

三十、返回值的函数

```
<html>
<head>
<script type="text/javascript">
function myFunction()
{
return ("您好，祝您愉快！")
}
</script>
</head>
<body>
<script type="text/javascript">
document.write(myFunction())
</script>
<p>body 部分中的脚本调用一个函数。</p>
<p>该函数返回一段文本。</p>
</body>
</html>
```

三十一、带有参数并返回值的函数

```
<html>
<head>
<script type="text/javascript">
function product(a,b)
{
return a*b
}
</script>
</head>
<body>
<script type="text/javascript">
document.write(product(6,5))
</script>
<p>body 部分中的脚本调用一个带有两个参数（6 和 5）的函数。</p>
<p>该函数会返回这两个参数的乘积。</p>
</body>
</html>
```

三十二、For 循环

```
<html>
<body>
<script type="text/javascript">
for (i = 0; i <= 5; i++)
{
document.write("数字是 " + i)
document.write("<br />")
}
</script>
<h1>解释: </h1>
<p>for 循环的步进值从 i=0 开始。</p>
<p>只要 <b>i</b> 小于等于 5，循环就会继续运行。</p>
<p>循环每循环一次，<b>i</b> 就会累加 1。</p>
</body>
</html>
```

三十三、循环产生 HTML 标题

```
<html>
<body>
<script type="text/javascript">
for (i = 1; i <= 6; i++)
{
document.write("<h" + i + ">这是标题 " + i)
document.write("</h" + i + ">")
}
</script>
</body>
</html>
```

三十四、While 循环

```
<html>
<body>
<script type="text/javascript">
i = 0
while (i <= 5)
{
document.write("数字是 " + i)
document.write("<br />")
i++
```

```
}
</script>
<h1>解释：</h1>
<p><b>i</b> 等于 0。</p>
<p>当 <b>i</b> 小于或等于 5 时，循环将继续运行。</p>
<p>循环每运行一次，<b>i</b> 会累加 1。</p>
</body>
</html>
```

三十五、Do while 循环

```
<html>
<body>
<script type="text/javascript">
i = 0
do
{
document.write("数字是 " + i)
document.write("<br />")
i++
}
while (i <= 5)
</script>
<h1>解释：</h1>
<p><b>i</b>  等于 0。</p>
<p>循环首先会运行。</p>
<p>每循环一次，<b>i</b> 就会累加 1。</p>
<p>当 <b>i</b> 小于或等于 5 时，循环会继续运行。</p>
</body>
</html>
```

三十六、break 语句

switch 语法：

```
switch(n)
{
case 1:
  执行代码块 1
  break;
case 2:
  执行代码块 2
  break;
```

```
default:
  n 与 case 1 和 case 2 不同时执行的代码
}
```

工作原理：首先设置表达式 n（通常是一个变量）。随后表达式的值会与结构中的每个 case 的值做比较。如果存在匹配，则与该 case 关联的代码块会被执行。请使用 break 来阻止代码自动地向下一个 case 运行。

```
<html>
<body>
<script type="text/javascript">
var i=0
for (i=0;i<=10;i++)
{
if (i==3){break}
document.write("数字是 " + i)
document.write("<br />")
}
</script>
<p>解释：循环会在 i=3 时中断。</p>
</body>
</html>
```

三十七、Continue 语句

```
<!DOCTYPE html>
<html>
<body>
<p>点击下面的按钮来执行循环，该循环会跳过 i=3 的步进。</p>
<button onclick="myFunction()">点击这里</button>
<p id="demo"></p>
<script>
function myFunction()
{
var x="",i=0;
for (i=0;i<10;i++)
  {
  if (i==3)
    {
    continue;
    }
  x=x + "The number is " + i + "<br>";
```

```
  }
document.getElementById("demo").innerHTML=x;
}
</script>
</body>
</html>
```

三十八、表单验证

```
<html>
<head>
<script type="text/javascript">
function validate_required(field,alerttxt)
{
with (field)
  {
  if (value==null||value=="")
    {alert(alerttxt);return false}
  else {return true}
  }
}
function validate_form(thisform)
{
with (thisform)
  {
  if (validate_required(email,"Email must be filled out!")==false)
    {email.focus();return false}
  }
}
</script>
</head>
<body>
<form  action="submitpage.htm"  onsubmit="return  validate_form(this)" 
method="post">
Email: <input type="text" name="email" size="30">
<input type="submit" value="Submit">
</form>
</body>
</html>
```

三十九、E-mail 验证

```
<html>
<head>
<script type="text/javascript">
function validate_email(field,alerttxt)
{
with (field)
{
apos=value.indexOf("@")
dotpos=value.lastIndexOf(".")
if (apos<1||dotpos-apos<2)
  {alert(alerttxt);return false}
else {return true}
}
}
function validate_form(thisform)
{
with (thisform)
{
if (validate_email(email,"Not a valid e-mail address!")==false)
  {email.focus();return false}
}
}
</script>
</head>
<body>
<form action="submitpage.htm"onsubmit="return validate_form(this);" method=
"post">
Email: <input type="text" name="email" size="30">
<input type="submit" value="Submit">
</form>
</body>
</html>
```

第二节 应用实例

一、文字飞舞

当鼠标移动到哪里，图片也移动到哪里。当鼠标位置发生变化时，图片跟随鼠标一起变化位置，并且显示文字:哈哈！我会飞！代码如下：

```
<head>
<title></title>
<script type="text/javascript">
document.onmousemove =function() {    //当鼠标移动式获取当前x，y坐标值
var x = window.event.clientX;
var y = window.event.clientY;
var f = document.getElementById("fly"); //取到id为fly的标签内容赋值于f
if (!f) {                              //如果没有取到，则返回
return;
}
f.style.left = x;                     //否则将f的坐标设为鼠标坐标值x，y
f.style.top = y;
}
</script>
</head>
<body>
<div id="fly" style="position: absolute">
<img src="300png016.png"/><br />
哈哈！我会飞！
</div>
</body>
```

二、地址栏计算器

地址栏计算器。在地址栏中输入如下代码：

```
javascript: alert(4+5+6+7+(3*10));
```

三、波浪特效

一个有趣的JavaScript波浪特效，看上去挺逼真的，一浪接一浪，很有感觉。

```
<html>
<head>
<title>JavaScript 波浪特效</title>
<script>
var defaultString="........................";
parentID="area";
vala=160;
valc=255;
cc1=0;
cc2=0;
fontsize=70;
```

```
    posleft=120;
    postop=50;
     function q1() {
     for(i=0;i<7;i++) {
   node=document.getElementById(parentID);
   beforediv=document.createElement("DIV");
      cc1=255*(i/11);
      cc2=160*(i/11);
         gfx1=parseInt(vala-cc2);
         gfx2=parseInt(valc-cc1);

str="position:absolute;top:"+postop+"px;left:"+posleft+"px;color:rgb("+gfx
1+","+gfx1+","+gfx2+");width:260px;height:100px;font-size:"+fontsize+"pt;";

      if (navigator.userAgent.indexOf("Gecko")>-1)
       beforediv.setAttribute("style",str);
      else
       beforediv.style.cssText = str;
       beforediv.setAttribute("id","object"+i);
      newText=document.createTextNode(defaultString);
      beforediv.appendChild(newText);
      node.appendChild(beforediv);
      fontsize+=2;
      posleft+=5;
      postop-=(3-((i/20)*2));
     }
   setTimeout("a3danimation()",100);
   }
   ox=100;
    oy=100;
    pi=3.141516*2;
    ccounter=0;
    ww=10;
    function a3danimation() {
     ww-=.1;
     ccounter++;
       if(ccounter<350) {
      for(i=0;i<7;i++) {
```

```
    pis=pi*(ccounter/70)+(i/ww);
    posx=i*10+ox-20+(Math.cos(pis)*5*i*ww/20);
    posy=oy+(Math.sin(pis)*10*i*ww/5);
    document.getElementById("object"+i).style.left=posx+"px";
    document.getElementById("object"+i).style.top=posy+"px";
   }
   setTimeout("a3danimation()",30);
  } else {
   ccounter=0;
   ww=10;
   setTimeout("a3danimation()",30);
  }
 }
</script>
</head>
<body onload="q1()" bgcolor="#a0a0ff" text="white">
<div                                                    id="area"
style="position:absolute;left:96px;top:60px;color:rgb(0,0,255)">
</div>
</body>
</html>
```

更多的JavaScript应用实例，请查看电子课件中的源码："myWeb"站点，"Source Code"子目录下的文件"JavaScript源码.doc"。

第三节　漫谈编程高手

近日，ITWorld评选出全球最杰出的14位程序员，一起来看下（排名不分先后）。

一、Jon Skeet

个人名望：程序技术问答网站Stack Overflow总排名第一的大师，每月的问答量保持在425个左右。

个人简介/主要荣誉：谷歌软件工程师，代表作有《深入理解C#(C# InDepth)》。

网络上对Jon Skeet的评价：

"他根本不需要调试器，只要他盯一下代码，错误之处自会原形毕露。"

"如果他的代码没有通过编译的时候，编译器就会道歉。"

"他根本不需要什么编程规范，他的代码就是编程规范。"

二、Gennady Korotkevich

个人声望：编程大赛神童。

个人简介/主要荣誉：年仅11岁时便参加国际信息学奥林匹克竞赛，创造了最年轻选手的纪录。在 2007—2012 年，总共取得 6 枚奥赛金牌；2013 年美国计算机协会编程比赛冠军队成员；2014 年 Facebook 黑客杯冠军得主。截至目前，稳居俄编程网站 Codeforces 声望第一的宝座，在 TopCoder 算法竞赛中暂列榜眼位置。

网络上对 Gennady Korotkevich 的评价：

“一个编程神童。”

“他太令人惊讶了，他相当于在白俄罗斯建立了一支强大的编程队伍。”

“杰出的编程天才。”

三、Linus Torvalds

个人名望：Linux 之父。

个人简介/主要荣誉：

Linux 和 Git 之父，一个开源的操作系统；

1998 年 EFF（电子前沿基金会）先锋奖得主；

2000 年英国计算机学会 Lovelace 奖章得主；

2012 年千禧技术奖得主；

2014 年 IEEE（电气和电子工程师协会）计算机学会先锋奖得主；

2008 年入选计算机历史博物馆名人堂；

2012 年入选互联网名人堂。

网络上对 Linus Torvalds 的评价：“他简直优秀得无与伦比。”

四、Jeff Dean

个人名望：谷歌搜索索引技术的幕后大脑。

个人简介/主要荣誉：谷歌大规模分布式计算系统的设计师，例如：站点爬行，索引与搜索，在线广告，MapReduce，BigTable 以及 Spanner（分布式数据库）。2009 年进入美国国家工程院；2012 年美国计算机协会 SIGOPS Mark Weiser Award 以及 Infosys Foundation Award 奖项得主。

网络上对 Jeff Dean 的评价：

“使数据挖掘取得了突破性发展。”

“在各项工作都已安排得满满的情况下，仍能构思、创作、发布出 MapReduce 以及 BigTable 这些令人赞叹不已的工具。”

五、John Carmack

个人名望：第一人称射击游戏经典师祖《Doom》（毁灭战士）之父。

个人简介/主要荣誉：id Software 公司联合创始人，制作了很多脍炙人口的游戏，如：《德军司令部》（Wolfenstein 3D，又名《刺杀希特勒》）、《Doom》（毁灭战士）、《Quake》（雷神之锤）。引领了很多计算机显示领域的新技术，包括：adaptive tile refresh（切片适配更新）、binary space partitioning（二元空间分割）、surface caching（平面缓存）。2001 年进入互动艺术与科学学院名人堂；2010 年收获游戏开发者精选奖终身成就奖殊荣。

网络上对 John Carmack 的评价：

“制作了很多革命性的第一人称射击游戏，影响了一代又一代的游戏设计者。”

“他能在一周内就完成任何的基础设计工作。”

“他是会编程的莫扎特。”

六、Richard Stallman

个人名望：Emacs 文本编辑器，多种语言编译器 GCC 的创造者。

个人简介/主要荣誉：GNU 项目发起人，开发出很多核心工具，例如：Emacs，GCC,GDB 和 GU Make Free Software 公司创始人。1990 年获得美国计算机协会 Grace Murray Hopper 奖项；1998 年获得 EFF（电子前沿基金会）先锋奖。

网络上对 Richard Stallman 的评价：

“曾独自一人与一众 Lisp 黑客好手进行比赛，那次是 Symbolics 对阵 LMI。”

“尽管我们对事物有不同看法，但他一定是最有影响力的程序员，无论现在还是将来。”

七、PetrMitrechev

个人名望：最有竞争力的程序员之一。

个人简介/主要荣誉：分别在 2000 年与 2012 年收获国际奥林匹克信息竞赛金牌；2011 年与 2013 年赢得 Facebook 黑客杯赛；在 2006 年赢得谷歌 Code Jam 程序设计大赛以及 TopCoder 算法公开赛；截至目前，暂列 TopCoderPetr 算法竞赛首位，在 Codeforces 中排行第五。

网络上对 PetrMitrechev 的评价：

“即使在印度，他都是程序设计竞赛者心中的偶像。”

八、FabriceBellard

个人名望：开发出模拟处理器的自由软件 QEMU。

个人简介/主要荣誉：开发了许多著名的开源软件，例如：QEMU 硬件模拟虚拟平台，FFmpeg 多媒体数据处理软件，Tiny C 编译器，LZEXE 解压缩软件。在 2000 年与 2001 年赢得国际 C 语言混乱代码设计大赛冠军；2011 年赢得谷歌 O’Reilly 开源设计奖；前圆周率计算精度世界纪录保持者。

网络上对 FabriceBellard 的评价：

“他的作品总是令人印象深刻和光芒四射。”

“世界上最有创造力的程序员。”

“他是软件工程领域的尼古拉·特斯拉。”

九、Doug Cutting

个人名望：开发出开源全文检索引擎工具包 Lucene。

个人简介/主要荣誉：除了 Lucene，还开发了著名的网络爬虫工具 Nutch，分布式系统基础架构 Hadoop，这些大师级作品都是开源的。目前任职 Apache 软件基金会主席。

网络上对 Doug Cutting 的评价：

“他开发出卓越超群的全文检索引擎工具包(Lucene/Solr)以及为世界打开了一扇通往大数据的大门。”

“开源的 Lucene 以及 Hadoop 为全球创造了无数的财富以及就业机会。”

十、Donald Knuth

个人名望：《计算机程序设计艺术》(The Art of Computer Programming)一书的作者。

个人简介/主要荣誉：著有数本影响深远的程序设计理论书籍；发明了 TeX 数字排版

系统；在 1971 年成为首位获得美国计算机协会 Grace Murray Hopper 奖项的人士；1974 年获得美国计算机协会 A.M. Turning 奖项；1979 年被授予国家科技奖章；1995 年被授予电气和电子工程师协会 John von Neumann 奖章；1998 年入选计算机历史博物馆名人录。

网络上对 Donald Knuth 的评价：

“我曾经有幸使用过一款无限接近零错误的大型软件，它就是 TeX”。

十一、Anders Hejlsberg

个人名望：创造了 Turbo Pascal。

个人简介/主要荣誉：Turbo Pascal 的原作者，Turbo Pascal 是最受欢迎的 Pascal 编译器之一，也首次为 Pascal 带来整合的开发环境。主导开发了 Turbal Pascal 继承者 Delphi。首席 C#设计师与架构师；2011 年获得 Dr.Dobb’s Excellence in Programming 荣誉。

网络上对 Anders Hejlsberg 的评价：

“我崇敬的程序大师，是我通往专业软件设计师道路上的领路人。”

十二、Ken Thompson

个人名望：创造了 Unix。

个人简介/主要荣誉：与 Dennis Ritchie 一起创造了 Unix。

同时也是 B 程序语言，UTF-8 编码，ed 文本编辑器的创造者、设计者。Go 程序语言的开发者之一。1983 年与 Ritchie 一起被授予美国计算机协会 A.M.Turning 奖项；1994 年 IEEE（电气和电子工程师协会）计算机学会先锋奖得主；1998 年被授予国家科技奖章；1997 年入选计算机历史博物馆名人录。

网络上对 Ken Thompson 的评价：

“世界上最杰出的程序员。”

十三、Adam D’Angelo

个人名望：问答 SNS 网站 Quora 的创办人之一。

个人简介/主要荣誉：前 Facebook CTO、研发副总裁；创建了 news feed（信息流）的基础架构；SNS 网站 Quora 的创办人之一；2001 年以高中生身份参加美国计算机奥林匹克竞赛，最终取得第八名的佳绩；2004 年帮助加州理工学院摘下 ACM 国际大学生程序设计大赛团体银牌；2005 年进入 Topcoder 大学校际算法竞赛决赛。

网络上对 Adam D’Angelo 的评价：

“一位程序设计全才。”

Mark Zuckerberg 对他的评价：

“我做的每一个好东西，他都能做出六个。”

十四、Sanjay Ghemawat

个人名望：Google 架构师团队中的核心人物。

个人简介/主要荣誉：帮助 Google 设计并推出了大型发布式计算系统，包括 MapReduce、BigTable、Spanner 以及 Google 文件系统；开发出 Unix ical 日历系统；2009 年进入国家工程院；2012 年美国计算机协会 Infosys Foundation Award 奖项得主。

网络上对 Sanjay Ghemawat 的评价：

“Jeff Dean 的最佳拍档。”

CSS

CSS 是英语 Cascading Style Sheets（层叠样式表单）的缩写，它是一种用来表现 HTML 或 XML 等文件样式的计算机语言。

CSS 是能够做到网页表现与内容分离的一种样式设计语言。相对于传统 HTML 的表现而言，CSS 能够对网页中对象的位置排版进行像素级的精确控制，支持几乎所有的字体字号样式，拥有对网页对象盒模型的能力，并能够进行初步交互设计，是目前基于文本展示最优秀的表现设计语言。是用于（增强）控制网页样式并允许将样式信息与网页内容分离的一种标记性语言。

有三种方法可以在站点网页上使用样式表：将网页链接到外部样式表；在网页上创建嵌入的样式表；应用内嵌样式到各个网页元素。

每一种方法均有其优缺点：

当要在站点上所有或部分的网页上一致地应用相同样式时，可使用外部样式表。在一个或多个外部样式表中定义样式，并将它们链接到所有网页，便能确保所有网页外观的一致性。如果人们决定更改样式，只需在外部样式表中作一次更改，而该更改会反映到所有与该样式表相链接的网页上。通常外部样式表以.css 做为文件扩展名，例如 Mystyles.css。

当人们只是要定义当前网页的样式，可使用嵌入的样式表。嵌入的样式表是一种级联样式表，“嵌”在网页的 <HEAD> 标记符内。嵌入的样式表中的样式只能在同一网页上使用。

使用内嵌样式以应用级联样式表属性到网页元素上。

如果网页链接到外部样式表，为网页所创建的内嵌的或嵌入式样式将扩充或覆盖外部样式表中的指定属性。

第一节　概　　述

一、为什么使用 CSS+DIV

HTML 标签原本被设计用于定义文档内容。通过使用 <h1>、<p>、<table> 这样的标签，HTML 表达了“这是标题、这是段落、这是表格”之类的信息。同时文档布局由浏览器来完成，而不使用任何的格式化标签。

由于两种主要的浏览器（Netscape 和 Internet Explorer）不断地将新的 HTML 标签和属性（比如字体标签和颜色属性）添加到 HTML 规范中，创建文档内容清晰地独立于文档表现层的站点变得越来越困难。

为了解决这个问题，万维网联盟（W3C），这个非营利的标准化联盟，肩负起了 HTML 标准化的使命，并在 HTML 4.0 之外创造出样式（Style）。所有的主流浏览器均支持层叠样式表，样式表极大地提高了工作效率。

样式表定义显示 HTML 元素，就像 HTML 3.2 的字体标签和颜色属性所起的作用那样。样式通常保存在外部的 .css 文件中，通过仅仅编辑一个简单的 CSS 文档，外部样式表使你有能力同时改变站点中所有页面的布局和外观。

由于允许同时控制多重页面的样式和布局，CSS 可以称得上 WEB 设计领域的一个突破。作为网站开发者，你能够为每个 HTML 元素定义样式，并将之应用于你希望的任意多的页面中。如需进行全局的更新，只需简单地改变样式，然后网站中的所有元素均会自动地更新。

多重样式将层叠为一个样式表，允许以多种方式规定样式信息。样式可以规定在单个的 HTML 元素中，在 HTML 页的头元素中，或在一个外部的 CSS 文件中，甚至可以在同一个 HTML 文档内部引用多个外部样式表。

当同一个 HTML 元素被不止一个样式定义时，会使用哪个样式呢？一般而言，所有的样式会根据下面的规则层叠于一个新的虚拟样式表中，其中数字 4 拥有最高的优先权。

内部样式表位于 <head> 标签内部；内联样式在 HTML 元素内部。因此，内联样式拥有最高的优先权，这意味着它将优先于以下的样式声明：<head> 标签中的样式声明，外部样式表中的样式声明，或者浏览器中的样式声明（缺省值）。

二、CSS+DIV 的结构特点

1. 精简代码，降低重构难度

搜索蜘蛛在爬行一个网站的页面时，若是有太多的垃圾代码，会使搜索蜘蛛对其产生不友好、不信任感，同时蜘蛛的爬行速度也会因此而减缓，对于网站 SEO 而言，可谓一大忌，就如传统的使用 table 的页面。对此，我们需要对网站进行代码优化，而这便需要动用 CSS+DIV 了，下面便来谈谈使用 CSS+DIV 进行代码优化的一些益处。

网站使用 DIV+CSS 布局使代码很是精简，相信大多朋友也都略有耳闻，css 文件可以在网站的任意一个页面进行调用，而若是使用 table 表格修改部分页面就显得很麻烦。要是一个门户网站的话，需手动改很多页面，而且看着那些表格也会感觉很乱也很浪费时间，但是使用 CSS+DIV 布局只需修改 css 文件中的一个代码即可。

2. 网页访问速度

使用了 CSS+DIV 布局的网页与 Table 布局比较，精简了许多页面代码，那么其浏览访问速度自然得以提升，也从而提升了网站的用户体验度。

3. SEO 优化

采用 CSS+DIV 布局的网站对于搜索引擎很友好，因此避免了 Table 嵌套层次过多而无法被搜索引擎抓取的问题，而且简洁、结构化的代码更加有利于突出重点。

4. 浏览器兼容性

CSS+DIV 相比 TABLE 布局，更容易出现多种浏览器不兼容的问题，主要原因是不同的浏览器对 web 标准默认值不同。国内主流是 ie，firefox 及 chrome 用得较少，在兼容性测试方面，首先需要保证在 ie 多版本不出现问题，这里涉及一些方法和技巧，可以针对具体问题在网站查找解决办法。

三、CSS+DIV 常犯的小错误

1. 检查 HTML 元素是否有拼写错误、是否忘记结束标记

即使是老手也经常会弄错 div 的嵌套关系。可以用 dreamweaver 的验证功能检查一下有无错误。

2. 检查 CSS 是否书写正确

检查一下有无拼写错误、是否忘记结尾的 } 等。可以利用 cleancss 来检查 CSS 的拼写错误。CleanCSS 本是为 CSS 减肥的工具，也能检查出拼写错误。

3. 用删除法确定错误发生的位置

如果错误影响了整体布局，则可以逐个删除 div 块，直到删除某个 div 块后显示恢复正常，即可确定错误发生的位置。

4. 利用 border 属性确定出错元素的布局特性

使用 float 属性布局一不小心就会出错。这时为元素添加 border 属性确定元素边界，错误原因即水落石出。

5. float 元素的父元素不能指定 clear 属性

MacIE 下如果对 float 的元素的父元素使用 clear 属性，周围的 float 元素布局就会混乱。这是 MacIE 的著名的 bug，倘若不知道就会走弯路。

6. float 元素务必指定 width 属性

很多浏览器在显示未指定 width 的 float 元素时会有 bug。所以不管 float 元素的内容如何，一定要为其指定 width 属性。

另外指定元素时尽量使用 em 而不是 px 做单位。

7. float 元素不能指定 margin 和 padding 等属性

IE 在显示指定了 margin 和 padding 的 float 元素时有 bug。因此不要对 float 元素指定 margin 和 padding 属性（可以在 float 元素内部嵌套一个 div 来设置 margin 和 padding）。也可以使用 hack 方法为 IE 指定特别的值。

8. float 元素的宽度之和要小于 100%

如果 float 宽度的宽度之和正好是 100%，某些古老的浏览器将不能正常显示。因此请保证宽度之和小于 99%。

9. 是否重设了默认的样式

某些属性如 margin、padding 等，最好在开发前首先将全体的 margin、padding 设置为 0、列表样式设置为 none 等。

10. 是否忘记写 DTD 了

如果无论怎样调整不同浏览器显示结果还是不一样，那么可以检查一下页面开头是不是忘了写下 DTD 声明。

最后，需要注意的是，蜘蛛不喜欢一个页面有太多的 css 代码，否则同样会影响蜘蛛的爬行，影响搜索引擎的收录，所以采用外部调用的方式调用 CSS 是非常不错的方法。而同时，若非必须太多花哨，采用 CSS 布局，网站同样可以到达所想要的效果。如网页导航中的文字颜色变化、下拉菜单等。

四、CSS 属性

CSS 属性组：动画；背景；边框和轮廓；盒（框）；颜色；内容分页媒体；定位；可伸缩框；字体；生成内容；网格；超链接；行框；列表；外边距；Marquee；多列；内边距；分页媒体；定位；打印；Ruby；语音；表格；文本；2D/3D 转换；过渡；用户界面。

更多的 JavaScript 应用实例，请查看电子课件中的源码：“CSS 属性.doc”。

第二节　CSS 实 例

一、设置背景颜色

```
<html>
<head>
<style type="text/css">
body {background-color: yellow}
h1 {background-color: #00ff00}
h2 {background-color: transparent}
p {background-color: rgb(250,0,255)}
p.no2 {background-color: gray; padding: 20px;}
</style>
</head>
<body>
<h1>这是标题 1</h1>
<h2>这是标题 2</h2>
<p>这是段落</p>
<p class="no2">这个段落设置了内边距。</p>
</body>
</html>
```

二、设置文本的背景颜色

```
<html>
<head>
<style type="text/css">
span.highlight
{
background-color:yellow
}
</style>
</head>
<body>
<p>
```

```
<span class="highlight">这是文本。</span> 这是文本。 这是文本。 这是文本。 这是文本。 这是文本。 这是文本。 这是文本。 这是文本。 这是文本。 这是文本。 这是文本。 这是文本。 这是文本。 这是文本。 这是文本。 这是文本。 <span class="highlight">这是文本。</span>
</p>
</body>
</html>
```

三、制作首行特效

```
<html>
<head>
<style type="text/css">
p:first-line
{
color: #ff0000;
font-variant: small-caps
}
</style>
</head>
<body>
<p>
You can use the :first-line pseudo-element to add a special effect to the first line of a text!
</p>
</body>
</html>
```

更多的CSS实例，请查看电子课件中的源码：“myWeb”站点，“Source Code”子目录下的文件“CSS实例.doc”。

XML

XML（Extentsible Markup Language，可扩展标记语言），是用来定义其他语言的一种源语言，其前身是 SGML（标准通用标记语言），适合 Web 传输。

可扩展标记语言 XML，用于标记电子文件使其具有结构性。可以用来标记数据、定义数据类型，是一种允许用户对自己的标记语言进行定义的源语言。它非常适合万维网传输，提供统一的方法来描述和交换独立于应用程序或供应商的结构化数据。

XML 没有标签集（tag set），也没有语法规则（grammatical rule），但它有句法规则（syntax rule）。每一个打开的标签都必须有匹配的结束标签，不得含有次序颠倒的标签，并且在语句构成上应符合技术规范的要求。有效文档是指其符合其文档类型定义（DTD）的文档，如果一个文档符合一个模式（schema）的规定，那么这个文档是“模式有效（schema valid）”。

XML 和 HTML 是不一样的，它的用途比 HTML 广泛得多。XML 并不是 HTML 的替代产品，XML 不是 HTML 的升级，它只是 HTML 的补充，为 HTML 扩展更多功能。我们仍将在较长的一段时间里继续使用 HTML（但值得注意的是 HTML 的升级版本 XHTML 的确正在向适应 XML 靠拢）。不能用 XML 来直接写网页，即便是包含了 XML 数据，依然要转换成 HTML 格式才能在浏览器上显示。

第一节　简　　介

XML 与 Access、Oracle 和 SQL Server 等数据库不同，数据库提供了更强有力的数据存储和分析能力，例如：数据索引、排序、查找、相关一致性等，XML 仅仅是存储数据。事实上 XML 与其他数据表现形式最大的不同是极其简单。

XML 与 HTML 的区别是：XML 的核心是数据，其重点是数据的内容。而 HTML 被设计用来显示数据，其重点是数据的显示。

XML 和 HTML 语法区别：HTML 的标记不是所有的都需要成对出现，XML 则要求所有的标记必须成对出现；HTML 标记不区分大小写，XML 则大小敏感,即区分大小写。

XML 的简单，使其易于在应用程序中读写数据，这使 XML 很快成为数据交换的公共语言，虽然不同的应用软件也支持其他的数据交换格式，但如果不久之后都支持 XML，那就意味着程序可以更容易的与 Windows、Mac OS、Linux 以及其他平台下产生的信息结合，可以很容易加载 XML 数据到程序中并分析，并以 XML 格式输出结果。

为了使得 SGML 显得用户友好，XML 重新定义了 SGML 的一些内部值和参数，去掉了大量很少用到的功能。XML 保留了 SGML 的结构化功能，这样就使得网站设计者可以定义自己的文档类型，XML 同时也推出一种新型文档类型，使得开发者也可以不必定义文档类型。

总之，XML 指可扩展标记语言（EXtensible Markup Language）；XML 是一种标记语言，很类似 HTML；XML 的设计宗旨是传输数据，而非显示数据；XML 标签没有被预定义，需要自行定义标签；XML 被设计为具有自我描述性；XML 是 W3C 的推荐标准；XML 不是 HTML 的替代。

XML 和 HTML 为不同的目的而设计：XML 被设计为传输和存储数据，其焦点是数据的内容；HTML 被设计用来显示数据，其焦点是数据的外观；HTML 旨在显示信息，而 XML 旨在传输信息。XML 仅仅是纯文本而已，有能力处理纯文本的软件都可以处理 XML。不过，能够读懂 XML 的应用程序可以有针对性地处理 XML 的标签。标签的功能性意义依赖于应用程序的特性。

XML 没有预定义的标签，XML 是对 HTML 的补充。在 HTML 中使用的标签（以及 HTML 的结构）是预定义的。HTML 文档只使用在 HTML 标准中定义过的标签（比如<p>、<h1>等等）。XML 允许创作者定义自己的标签和自己的文档结构。

XML 在 Web 中起到的作用不会亚于一直作为 Web 基石的 HTML，XML 不会替代 HTML。在大多数 Web 应用程序中，XML 用于传输数据，而 HTML 用于格式化并显示数据，XML 是独立于软件和硬件的信息传输工具。

XML 是各种应用程序之间进行数据传输的最常用的工具，并且在信息存储和描述领域变得越来越流行。XML 数据以纯文本格式进行存储，因此提供了一种独立于软件和硬件的数据存储方法。这让创建不同应用程序可以共享的数据变得更加容易。通过 XML，可以在不兼容的系统之间轻松地交换数据。由于可以通过各种不兼容的应用程序来读取数据，以 XML 交换数据降低了这种复杂性。

XML 简化数据传输，XML 简化平台的变更，XML 简化数据共享。XML 把数据从 HTML 分离，升级到新的系统（硬件或软件平台），总是非常费时的。必须转换大量的数据，不兼容的数据经常会丢失。XML 数据以文本格式存储。这使得 XML 在不损失数据的情况下，更容易扩展或升级到新的操作系统、新应用程序或新的浏览器。

很多新的 Internet 语言是通过 XML 创建的。包括：

XHTML——最新的 HTML 版本；

WSDL——用于描述可用的 Web Service；

WAP 和 WML——用于手持设备的标记语言；

RSS——用于 RSS Feed 的语言；

RDF 和 OWL——用于描述资源和本体；

SMIL——用于描述针针对 Web 的多媒体。

XML 文档将显示为代码颜色化的根以及子元素，通过点击元素左侧的加号或减号，可以展开或收起元素的结构。如需查看不带有 + 和 - 符号的源代码，请从浏览器菜单中选择“查看源代码”。在 Netscape, Opera 以及 Safari 中，仅仅会显示元素文本！要查看原始的 XML，请右击页面，然后选择“查看源代码”。

一、XML 优点

1. XML 文档的内容和结构完全分离

这个特性为 XML 的应用带来了很大的好处。基于这样的特点，企业系统可以轻松地实现内容管理和流程管理的彻底分离，例如系统架构师可以只关注流程运转中各环节的接口定义，而各部门则可以专注在内容发布和维护之上。

举例来说，微软公司的产品 Biztalk，正是利用了 XML 内容和结构分离的特点，来实现内容和流程定义的分离。另外一个广泛的应用是 XSL 技术，由于 XML 文件的内容和结构分离，XSL 才可以在不影响内容的情况下改变 XML 文件结构。

2. 互操作性强

大多数纯文本的文件格式都具有这个优点。纯文本文件可以方便地穿越防火墙，在不同操作系统上的不同系统之间通信。而作为纯文本文件格式，XML 同样具有这个优点。

3. 规范统一

XML 具有统一的标准语法，任何系统和产品所支持的 XML 文档，都具有统一的格式和语法。这样就使得 XML 具有了跨平台跨系统的特性。作为对比，同样作为文本语言，JavaScript 的标准就远没有 XML 这样统一，以至于经常出现同一静态页面在不同的浏览器中产生不同的结果，而脚本程序员往往需要在程序的入口处费力地判断客户端所支持的脚本版本。

4. 支持多种编码

相对于普通文本文档而言，XML 文档本身包含了所使用编码的记录，这方便了多语言系统对数据的处理。

5. 可扩展性

XML 是一种可扩展的语言，可以根据 XML 的基本语法来进一步限定使用范围和文档格式，从而定义一种新的语言。例如：MathML（数学标记语言）、CML（化学标记语言）和 TecML（技术数据标记语言），每种语言都用于其特定的环境。

二、使用 XML 的一些场合

1. 数据交换

XML 用作数据交换已不是什么秘密了。那么为什么 XML 在这个领域里的地位这么重要呢？原因就是 XML 使用元素和属性来描述数据。在数据传送过程中，XML 始终保留了诸如父子关系这样的数据结构。几个应用程序可以共享和解析同一个 XML 文件，不必使用传统的字符串解析或拆解过程。

相反，普通文件不对每个数据段做描述（除了在头文件中），也不保留数据关系结构。使用 XML 做数据交换可以使应用程序更具有弹性，因为可以用位置（与普通文件一样）或用元素名（从数据库）来存取 XML 数据。

2. Web 服务

Web 服务是最令人激动的革命之一，它让使用不同系统和不同编程语言的人们，能够相互交流和分享数据。其基础在于 Web 服务器用 XML 在系统之间交换数据。交换数据通常用 XML 标记，能使协议取得规范一致，比如在简单对象处理协议（Simple Object Access Protocol，SOAP）平台上。

SOAP 可以在用不同编程语言构造的对象之间传递消息。这意味着一个 C#对象能够与一个 Java 对象进行通讯。这种通讯甚至可以发生在运行于不同操作系统上的对象之间。DCOM，CORBA 或 Java RMI 只能在紧密耦合的对象之间传递消息，SOAP 则可在松耦合对象之间传递消息。

3. 内容管理

XML 只用元素和属性来描述数据，而不提供数据的显示方法。这样，XML 就提供了一个优秀的方法来标记独立于平台和语言的内容。

使用像 XSLT 这样的语言，能够轻易地将 XML 文件转换成各种格式文件，比如 HTML、WML、PDF、flat file、EDI 等。XML 具有的能够运行于不同系统平台之间和转换成不同格式目标文件的能力，使得它成为内容管理应用系统中的优秀选择。

4. Web 集成

现在有越来越多的设备也支持 XML 了。使得 Web 开发商可以在个人电子助理和浏览器之间用 XML 来传递数据。

为什么将 XML 文本直接送进这样的设备去呢？这样做的目的是让用户更多地自己掌握数据显示方式，更能体验到实践的快乐。常规的客户/服务（C/S）方式为了获得数据排序或更换显示格式，必须向服务器发出申请；而 XML 则可以直接处理数据，不必经过向服务器申请查询-返回结果这样的双向“旅程”，同时在设备也不需要配制数据库。甚至还可以对设备上的 XML 文件进行修改，并将结果返回给服务器。想象一下，一台具有互联网功能并支持 XML 的电冰箱将会给市场带来多么大的冲击吧。

5. 配制

许多应用都将配制数据存储在各种文件里，比如.INI 文件。虽然这样的文件格式已经使用多年并一直很好用，但是 XML 还是以更为优秀的方式为应用程序标记配制数据。使用.NET 里的类，如 XmlDocument 和 XmlTextReader，将配制数据标记为 XML 格式，能使其更具可读性，并能方便地集成到应用系统中去。使用 XML 配置文件的应用程序，能够方便地处理所需数据，不用像其他应用那样要经过重新编译才能修改和维护应用系统。

三、XML 在 Web 应用中的安全性描述

1. Web 中的风险

从技术方面主要分为安全漏洞和威胁攻击。安全漏洞主要包括硬件缺陷、软件缺陷和配置不合理；威胁攻击则是利用安全漏洞对系统实施破坏。风险不是孤立的，一个威胁往往由几个威胁组成，一个攻击可以导致其他攻击的发生。这些需要更好的风险描述工具。

2. XML 风险描述的优势

传统的风险描述主要包括适于规范数据、较为规范数据的关系数据库描述和适宜于非规范知识的本体描述。关系数据库不方便扩展，风险间的关系不易用二元关系表达且关系表难于设计，本体描述难度大，概念间的关系难确定且一致性差。

XML 结合了关系数据库和个体描述，并有效地解决了传统风险描述的缺点。同时，XML Schema 易于确定 XML 文档的格式，使得风险描述更易实施和见效。

3. XML 在 Web 风险描述中的应用

通用漏洞发布（Common Vulnerability Exposures，CVE），推出了漏洞的 XML 格式文档；OASIS 和 OWASP 分别提出了各自的基于 XML 漏洞描述语言。若在这些漏洞描述中增加有关风险的发现信息，风险的危害信息和风险的解决信息。这样在漏洞查找和描述的基础上，增加了风险性质（发生概率、攻击成本等）的量化分析和策略的自动选择，为系统自动防御和策略自动实施创造了可能性。

四、XML 开放性的优势在 Web 服务中的体现

1. Web Service 的特点

Web Service 是一种新的面向函数和方法的应用集成技术，它是一种标准的、开放的应用集成技术。它基于 XML 文档进行服务描述、服务请求和反馈结果，基于 HTTP 协议进行信息传递易于被访问和返回结果，基于 WSC 的开放协议，独立于平台和操作系统，实现不同平台操作系统上的互操作性，使得异构平台上的应用易于集成，这些促使了 Web 的迅猛发展。这些发展对 Web 的开放性提出了更高的要求。

2. XML 开放性的优势

XML 的开放性主要指它既与平台无关，又与技术提供厂商无关。它解决了电子数据交换（Electronic Data Interchange，EDI）的缺点。EDI 的主要缺点是国际上对于交换数据的格式和语义没有统一标准。尽管国际上各个国家针对不同的行业，制订了用于数据交换的 EDL 标准，然而一个系统为了能够和不同的行业乃至不同的国家的合作伙伴进行数据交换，不得不购买并安装多种进行数据转换的适配软件插件，更何况各个行业具体的用户，在实现这些数据时，会或多或少加上一些个性化的标准。因此，利用 EDI 技术实现平台系统成本和复杂度都比较高。

3. XML 开放性在 Web 服务中的应用

XML 的开放性，使得许多软件生产商提供的软件产品支持 XML，使得 XML 成为不同用户的异构应用系统之间的数据交换的标准语言，具备了数据交换的透明性，各个用户只要保证自己的信息系统提供的数据符合 XML 规范，就不用担心数据接收方的解码问题。不同的用户间对 XML 标识采用统一的约定，交互信息的双方不会因为对方使用的系统不同而受到影响。XML 可以表达任意层次的结构性数据嵌套，并可以进行数据正确性检验，支持用户间复杂的数据交换。XML Schema（XSD）定义了一套标准的数据类型，并给了一种语言来扩展它，从而实现了用户间的数据共享。由于 Web Service 自身的特点，XML 为 Web Service 的跨平台性、透明地穿越合作用户的防火墙提供了保障。

五、XML 加密优势在 Web 中的应用

对 Web 中数据保护的常用技术有数据加密、数字签名和访问控制，而 XML 作为一种元语言，已经成为 Web 异构环境下不同类型和不同领域数据交换的开放标准。XML 文档的访问控制机制与一般的访问控制机制不同，传统的访问控制机制，不能直接应用于对 XML 文档的访问控制中。这是因为 XML 查询语言（Xquery）的存在，能直接寻找到每一个 XML 语义元素。访问控制模型必须能以多种粒度级别，对 XML 语义元素制定访问权限，一般的访问控制对此没有特殊要求。

在 Web 中访问的用户具有异构和动态的特点，使得传统的基于 ID（用户身份）的验证机制不能适于应用。

1. XML 加密的优势

XML 可完成加密交换数据的一部分，而 TLS/SSL 的处理方式，只能保证通信传输过程中的数据安全，不能对不同的用户施加不同的权限来保证用户信息的安全，即 TLS/SSL 不用完成对交换数据的一部分进行加密。XML 加密可实现多方之间的安全会话，即每一方都可保持与任何通信方的安全或非安全状态，可在同一文档中交换安全或非安全的数据。XML 加密，可作为 SOAP 协议的安全性扩展，因为 SOAP 协议基于 XML，可以通嵌入加密了的 XML 数据的形式来实现在消息传输的应用层灵活采用适当的加密策略。

2. XML 加密在 Web 的应用

在 Web 中，XML 加密的方法可以嵌入到文档内部，并且把安全粒度细化到 XML 文档元素和属性级别，实现同一文档不同部分的安全要求。通过 XML 加密，可以使用一文档加密后对不同用户呈现不同视图，用户只能看到被授权的那部分内容。

第二节 实　　例

一、查看一个简单的 XML 文件

```
<?xml version="1.0" encoding="ISO-8859-1"?>
<!--  Copyright w3school.com.cn -->
<note>
    <to>George</to>
    <from>John</from>
    <heading>Reminder</heading>
    <body>Don't forget the meeting!</body>
</note>
```

二、查看一个 XML 菜单

```
<?xml version="1.0" encoding="ISO-8859-1"?>
<!-- Edited with XML Spy v2007 (http://www.altova.com) -->
<breakfast_menu>
    <food>
        <name>Belgian Waffles</name>
        <price>$5.95</price>
        <description>two of our famous Belgian Waffles with plenty of
real maple syrup</description>
        <calories>650</calories>
    </food>
    <food>
        <name>Strawberry Belgian Waffles</name>
        <price>$7.95</price>
```

```
            <description>light Belgian waffles covered with strawberries and
whipped cream</description>
            <calories>900</calories>
        </food>
        <food>
            <name>Berry-Berry Belgian Waffles</name>
            <price>$8.95</price>
            <description>light Belgian waffles covered with an assortment
of fresh berries and whipped cream</description>
            <calories>900</calories>
        </food>
        <food>
            <name>French Toast</name>
            <price>$4.50</price>
            <description>thick slices made from our homemade sourdough
bread</description>
            <calories>600</calories>
        </food>
        <food>
            <name>Homestyle Breakfast</name>
            <price>$6.95</price>
            <description>two eggs, bacon or sausage, toast, and our ever-
popular hash browns</description>
            <calories>950</calories>
        </food>
    </breakfast_menu>
```

更多的 XML 实例，请查看电子课件中的源码："myWeb" 站点，"Source Code" 子目录下的文件"XML 实例.doc"。

习题及答案

第一节　CSS 习题及答案

1. CSS 指的是（B）。

A. Computer Style Sheets　B. Cascading Style Sheets

C. Creative Style Sheets　D. Colorful Style Sheets

2. 在以下的 HTML 中，（B）是正确引用外部样式表的方法。

A. <style src="mystyle.css">

B. <link rel="stylesheet" type="text/css" href="mystyle.css">

C. <stylesheet>mystyle.css</stylesheet>

3. 在 HTML 文档中，引用外部样式表的正确位置是（D）。

A. 文档的末尾　B. 文档的顶部

C. <body> 部分　D. <head> 部分

4. HTML 标签（A）用于定义内部样式表。

A. <style>　B. <script>　C. <css>

5. HTML 属性（D）可用来定义内联样式。

A. font　B. class　C. styles　D. style

6. 下列（C）的 CSS 语法是正确的。

A. body:color=black　B. {body:color=black(body}

C. body {color: black}　D. {body;color:black}

7. 在 CSS 文件中插入注释的方法是（C）。

A. // this is a comment　B. // this is a comment //

C. /* this is a comment */　D. ' this is a comment

8.（B）可用于改变背景颜色。

A. bgcolor:　B. background-color:　C. color:

9. 为所有的 <h1> 元素添加背景颜色的方法是（B）。

A. h1.all {background-color:#FFFFFF}

B. h1 {background-color:#FFFFFF}

C. all.h1 {background-color:#FFFFFF}

10.（C）用于改变某个元素的文本颜色。

A. text-color:　B. fgcolor:　C. color:　D. text-color=

11.（A）可控制文本的尺寸。

A. font-size　B. text-style　C. font-style　D. text-size

12. 在以下的 CSS 中，可使所有 <p> 元素变为粗体的正确语法是（C）。

A. <p style="font-size:bold">　B. <p style="text-size:bold">

C. p {font-weight:bold}　D. p {text-size:bold}

13.（A）可以显示没有下划线的超链接。

A. a {text-decoration:none}　B. a {text-decoration:no underline}

C. a {underline:none}　D. a {decoration:no underline}

14.（A）使文本以大写字母开头。

A. text-transform:capitalize

B. 无法通过 CSS 来实现

C. text-transform:uppercase

15.（C）改变元素的字体。

A. font=　B. f:　C. font-family:

16.（B）使文本变为粗体。

A. font:b

B. font-weight:bold

C. style:bold

17.（D）可以显示这样一个边框：上边框 10 像素、下边框 5 像素、左边框 20 像素、右边框 1 像素。

A. border-width:10px 5px 20px 1px　B. border-width:10px 20px 5px 1px

C. border-width:5px 20px 10px 1px　D. border-width:10px 1px 5px 20px

18.（D）可以改变元素的左边距。

A. text-indent:　B. indent:　C. margin:　D. margin-left:

19. 请判断以下说法是否正确：如需定义元素内容与边框间的空间，可使用 padding 属性，并可使用负值。（A）

A. 错误　B. 正确

20.（D）可以产生带有正方形项目的列表。

A. list-type: square　B. type: 2

C. type: square　D. list-style-type: square

21. 下列关于 CSS 样式和 HTML 样式的不同之处说法正确的是（A）。

A. HTML 样式只影响应用它的文本和使用所选 HTML 样式创建的文本

B. CSS 样式只可以设置文字字体样式

C. HTML 样式可以设置背景样式

D. HTML 样式和 CSS 样式相同，没有区别

22. 在“CSS 样式”面板中，要链接外部样式表文件，应单击（D）图标。

A. 新建 CSS 样式图标　　B. 编辑样式表图标

C. 删除 CSS 样式图标　　D. 附加样式表图标

23. 下列关于 CSS 样式的应用说法不正确的是（A）。

A. 所有 CSS 样式都要在选定应用对象后，在其属性检查器的“类”下拉框中选择相应样式

B. 所有 CSS 样式都要在选定应用对象后，在其属性检查器的“样式”下拉框中选择相应样式

C. 所有 CSS 样式都要在选定应用对象后，在其属性检查器的“样式”或“类”下拉框中选择相应样式

D. 对于自定义样式要在选定应用对象后，在其属性检查器的“样式”或“类”下拉框中选择相应样式

24. CSS 是利用 XHTML 标记（B）构建网页布局。

A. <dir>　B. <div>　C. <dis>　D. <dif>

25. 在 CSS 语言中（C）是“左边框”的语法。

A. border-left-width: <值>　　B. border-top-width: <值>

C. border-left: <值>　　D. border-top-width: <值>

26. 在 CSS 语言中（A）的适用对象是“所有对象”。

A. 背景附件　B. 文本排列　C. 纵向排列　D. 文本缩进

27. 下列选项中（D）不属于 CSS 文本属性。

A. font-size　B. text-transform　C. text-align　D. line-height

28. 在 CSS 中不属于添加在当前页面的形式是（D）。

A. 内联式样式表　　B. 嵌入式样式表

C. 层叠式样式表　　D. 链接式样式表

29. 在 CSS 语言中，（D）是“列表样式图像”的语法。

A. width: <值>　　B. height: <值>

C. white-space: <值>　　D. list-style-image: <值>

30.（C）是 css 正确的语法构成。

A. body:color=black　　B. {body;color:black}

C. body {color: black;}　　D. {body:color=black(body}

31. CSS 属性（A）是用来更改背景颜色的。

A. background-color:　　B. bgcolor:

C. color:　　D. text:

32.（B）给所有的<h1>标签添加背景颜色。

A. .h1 {background-color:#FFFFFF}　　B. h1 {background-color:#FFFFFF;}

C. h1.all {background-color:#FFFFFF}　　D. #h1 {background-color:#FFFFFF}

33. CSS 属性（D）可以更改样式表的字体颜色。

A. text-color=　B. fgcolor:　C. text-color:　D. color:

34. CSS 属性（B）可以更改字体大小。

A. text-size　B. font-size　C. text-style　D. font-style

35.（D）能够定义所有 P 标签内文字加粗。

A. <p style="text-size:bold">　B. <p style="font-size:bold">

C. p {text-size:bold}　D. p {font-weight:bold}

36.（D）可以去掉文本超级链接的下划线。

A. a {text-decoration:no underline}　B. a {underline:none}

C. a {decoration:no underline}　D. a {text-decoration:none}

37.（B）可以设置英文首字母大写。

A. text-transform:uppercase　B. text-transform:capitalize

C. 样式表做不到　D. text-decoration:none

38. CSS 属性（C）能够更改文本字体。

A. f:　B. font=　C. font-family:　D. text-decoration:none

39. CSS 属性（A）能够设置文本加粗。

A. font-weight:bold　B. style:bold

C. font:b　D. font=

40. CSS 属性（A）能够设置盒模型的内补丁为 10、20、30、40（顺时针方向）。

A. padding:10px 20px 30px 40px　B. padding:10px 1px

C. padding:5px 20px 10px　D. padding:10px

41.（C）能够设置盒模型的左侧外补丁。

A. margin:　B. indent:　C. margin-left:　D. text-indent:

42. 定义盒模型外补丁的时候（A）使用负值。

A. 可以　B. 不可以

43.（D）能够定义列表的项目符号为实心矩形。

A. list-type: square　B. type: 2

C. type: square　D. list-style-type: square

44. 在 CSS 语言中（ABCD）是背景图像的属性。[选多项]

A. 背景重复　B. 背景附件　C. 纵向排列　D. 背景位置

45. CSS 中的选择器包括（BCD）。[选多项]

A. 超文本标记选择器　B. 类选择器

C. 标签选择器　D. ID 选择器

46. CSS 文本属性中，文本对齐属性的取值有（BCDE）。[选多项]

A. auto　B. justify　C. center

D. right　E. left

47. CSS 中 BOX 的 padding 属性包括的属性有（BCDE）。[选多项]

A. 填充　B. 上填充　C. 底填充

D. 左填充　E. 右填充

48. CSS 中，盒模型的属性包括（BCE）。[选多项]

A. font　B. margin　C. padding

D. visible　　　　E. border

49. 下面关于 CSS 的说法正确的有（ABC）。[选多项]

A. CSS 可以控制网页背景图片

B. margin 属性的属性值可以是百分比

C. 整个 BODY 可以作为一个 BOX

D. 对于中文可以使用 word-spacing 属性对字间距进行调整

E. margin 属性不能同时设置四个边的边距

50. 下面关于 CSS 的说法正确的有（ABC）。[选多项]

A. CSS 可以控制网页背景图片　　　B. margin 属性的属性值可以是百分比

C. 字体大小的单位可以是 em　　　D. 1em 等于 18 像素

51. 边框的样式可以包含的值有（ABC）。[选多项]

A. 粗细　　　B. 颜色　　　C. 样式　　　D. 长短

第二节　HTML 习题及答案

一、选择题

1. HTML 指的是（A）。

A. 超文本标记语言（Hyper Text Markup Language）

B. 家庭工具标记语言（Home Tool Markup Language）

C. 超链接和文本标记语言（Hyperlinks and Text Markup Language）

2. Web 标准的制定者是（B）。

A. 微软（Microsoft）　B. 万维网联盟（W3C）　C. 网景公司（Netscape）

3. 在下列的 HTML 中，（D）是最大的标题。

A. <h6>　　　B. <head>　　　C. <heading>　　　D. <h1>

4. 在下列的 HTML 中，（A）可以插入折行。

A.
　　　B. <lb>　　　C. <break>

5. 在下列的 HTML 中，（C）可以添加背景颜色。

A. <body color="yellow">

B. <background>yellow</background>

C. <body bgcolor="yellow">

6.（C）可以产生粗体字的 HTML 标签。

A. <bold>　　　B. <bb>　　　C. <b>　　　D. <bld>

7.（A）可以产生斜体字的 HTML 标签。

A. <i>　　　B. <italics>　　　C. <ii>

8. 在下列的 HTML 中，（B）可以产生超链接。

A. <a url="http://www.w3school.com.cn">W3School.com.cn</a>

B. <a href="http://www.w3school.com.cn">W3School</a>

C. <a>http://www.w3school.com.cn</a>

D. <a name="http://www.w3school.com.cn">W3School.com.cn</a>

9. 制作电子邮件链接的方法是（C）。

A. <a href="xxx@yyy"> B. <mail href="xxx@yyy">

C. <a href="mailto:xxx@yyy"> D. <mail>xxx@yyy</mail>

10. 在新窗口打开链接的方法是（B）。

A. <a href="url" new>

B. <a href="url" target="_blank">

C. <a href="url" target="new">

11. 以下选项中，（B）全部都是表格标签。

A. <table><head><tfoot> B. <table><tr><td>

C. <table><tr><tt> D. <thead><body><tr>

12.（A）可以使单元格中的内容进行左对齐。

A. <td align="left"> B. <td valign="left">

C. <td leftalign> D. <td left>

13.（C）可以产生带有数字列表符号的列表。

A. <ul> B. <dl> C. <ol> D. <list>

14.（D）可以产生带有圆点列表符号的列表。

A. <dl> B. <list> C. <ol> D. <ul>

15. 在下列的 HTML 中，（C）可以产生复选框。

A. <input type="check"> B. <checkbox>

C. <input type="checkbox"> D. <check>

16. 在下列的 HTML 中，（C）可以产生文本框。

A. <input type="textfield"> B. <textinput type="text">

C. <input type="text"> D. <textfield>

17. 在下列的 HTML 中，（D）可以产生下拉列表。

A. <list> B. <input type="list">

C. <input type="dropdown"> D. <select>

18. 在下列的 HTML 中，（A）可以产生文本区（textarea）。

A. <textarea>

B. <input type="textarea">

C. <input type="textbox">

19. 在下列的 HTML 中，（C）可以插入图像。

A. <img href="image.gif"> B. <image src="image.gif">

C. <img src="image.gif"> D. <img>image.gif</img>

20. 在下列的 HTML 中，（A）可以插入背景图像。

A. <body background="background.gif">

B. <background img="background.gif">

C. <img src="background.gif" background>

21. 在 HTML 中，样式表按照应用方式可以分为三种类型，其中不包括（D）。

A. 内嵌样式表　　B. 行内样式表

C. 外部样式表文件　　D. 类样式表

22. 在 HTML 中，可以使用（D）标记向网页中插入 GIF 动画文件。

A. <FORM>　　B. <BODY>　　C. <TABLE>　　D. <IMG>

23. 在 HTML 上，将表单中 INPUT 元素的 TYPE 属性值设置为（A）时，用于创建重置按钮。

A. reset　　B. set　　C. button　　D. image

24. 分析下面的 HTML 代码段，该页面在浏览器中的显示效果为（A）。

```
<HTML> <body>
<marquee scrolldelay="200" direction="right">Welcome!</marquee>
</body> </HTML>
```

A. 从左向右滚动显示“Welcome!”　　B. 从右向左滚动显示“Welcome!”

C. 从上向下滚动显示“Welcome!”　　D. 从下向上滚动显示“Welcome!”

25. 在制作 HTML 页面时，页面的布局技术主要分为（D）。

A. 框架布局　　B. 表格布局

C. DIV 层布局　　D. 以上全部选项

26. 如果在 catalog.htm 中包含如下代码，则该 HTML 文档 IE 浏览器中打开后，用户单击此链接将（C）。

```
<A HREF="#novel">小说</a>
```

A. 使页面跳转到同一文件夹下名为“novel.html”的 HTML 文档

B. 使页面跳转到同一文件夹下名为“小说.html”的 HTML 文档

C. 使页面跳转到 catalog.htm 包含名为“novel”的锚记处

D. 使页面跳转到同一文件夹下名为“小说.html”的 HTML 文档中名为“novel”锚记处

27. 要在网页中显示如下文本（“欢迎访问我的主页！”），要求字体类型为隶书、字体大小为 6，则下列 HTML 代码正确的是（C）。

A. <p><font size=6 type="隶书">欢迎访问我的主页！</font>

B. <p><font size=+2 face="隶书">欢迎访问我的主页！</font>

C. <p><font size=6 face="隶书">欢迎访问我的主页！</font>

D. <p><font size=+3 style="隶书">欢迎访问我的主页！</font>

28. 分析下面的 HTML 代码片段，则选项中的说法正确的是（CD）。[选两项]

```
<table border="10">
<tr> <td colspan=2 align="center">姓名</td></tr>
<tr> <td rowspan=2 align="center">成绩</td>
<td align="center">语文</td></tr> <tr>
<td colspan=2 align="center">数学</td></tr> <table>
```

A. 该表格共有 2 行 3 列　　B. 该表格的边框宽度为 10 毫米

C. 该表格中的文字均居中显示　　　　D. “姓名”单元格跨 2 列

29. 某一站点主页面 index.html 的代码如下所示，则关于这段代码说法正确的是（A）。

```
<html>
<frameset border="5" cols="*,100"> <frameset rows="100,*">
<frame src="top.html" name="topFrame" scrolling="No"/>
<frame src="left.html" name="leftFrame"/> </frameset>
<frame src="right.html" name="rightFrame" scrolling="No"> </frameset>
</html>
```

A. 该页面共分为三部分

B. top.html 显示在页面上部分，其宽度和窗口宽度一致

C. left.html 显示在页面左下部分，其高度为 100 像素

D. right.html 显示在页面右下部分，其高度小于窗口高度

30. 在 HTML 中，以下关于 CSS 样式中文本属性的说法，错误的是（D）。

A. font-size 用来设置文本的字体大小

B. font-family 用来设置文本的字体类型

C. color 用来设置文本的颜色

D. text-align 用来设置文本的字体形状

31. 以下说法正确的是（C）。

A. <P>标签必须以</P>标签结束

B.
标签必须以</BR>标签结束

C. <TITLE>标签应该以</TITLE>标签结束

D. <FONT>标签不能在<PRE>标签中使用

32. 关于下列代码片段的说法中，正确的是（B）。

```
<HR size= "5" color="#0000FF" width="50%">
```

A. size 是指水平线的长度　　　　B. size 是指水平线的宽度

C. width 是指水平线的宽度　　　　D. width 是指水平线的高度

33. 以下说法正确的是（D）。

A. <A>标签是页面链接标签，只能用来链接到其他页面

B. <A>标签是页面链接标签，只能用来链接到本页面的其他位置

C. <A>标签的 src 属性用于指定要链接的地址

D. <A>标签的 href 属性用于指定要链接的地址

34. 以下关于 HTML 语言中的表格的说法正确的是（AB）。[选两项]

A. 在 HTML 语言中，表格必须由<TABLE>标签、<TR>标签、<TD>标签组成，缺一不可

B. 有多少对<TD>标签，就有多少个单元格

C. 有多少对<TR>标签，就有多少列

D. 有多少对<TD>标签，就有多少行

35. 在 HTML 中，（C）标签用于以预定义的格式显示文本，即文本在浏览器中显示

时遵循在 HTML 源文档中定义的格式。

A. <HR>　　B. <IMG>　　C. <PRE>　　D.

36. 在 HTML 中，（D）标签用于在网页中创建表单。

A. <INPUT>　　B. <SELECT>　　C. <TABLE>　　D. <FORM>

37. 在 HTML 中，使用 HTML 元素的 class 属性，将样式应用于网页上某个段落的代码如下所示：<P class=” firstp” >这是一个段落</P> 下面选项中，（AC）正确定义了上面代码引用的样式规则。[选两项]

A. <sytle type=” text/css” >　　P{color:red}　　</sytle>

B. <sytle type=” text/css” >　　#firstp{color:red}　　</sytle>

C. <sytle type=” text/css” >　　.firstp{color:red}　　</sytle>

D. <sytle type=” text/css” >　　P.{color:red}　　</sytle>

38. 在 HTML 中，下面（A）不属于 HTML 文档的基本组成部分。

A. <STYLE></STYTLE>　　B. <BODY></BODY>

C. <HTML></HTML>　　D. <HEAD></HEAD>

39. 在 HTML 中，下列标签中的（C）标签在标记的位置强制换行。

A. <H1>　　B. <P>　　C.
　　D. <HR>

40. 在 HTML 中，（D）可以在网页上通过链接直接打开客户端的发送邮件工具发送电子邮件。

A. <A href="telnet:zhangming@aptech.com">发送反馈信息</A>

B. <A href="mail:zhangming@aptech.com">发送反馈信息</A>

C. <A href="ftp:zhangming@aptech.com">发送反馈信息</A>

D. <A href="mailto:zhangming@aptech.com">发送反馈信息</A>

41. 分析下面的 HEML 代码片段，则选项中的说法错误的是（CD）。[选两项]

```
<HEAD>
<style type="text/css">
.red{color:red;font-family:"宋体";font-size:15px;}
P{color:blue;font-family:"隶书";font-size:20px;} </style> </head> <body>
<P class="red">你好</P> <H1 class="red">欢迎</H1> </BODY>
```

A. "red"为类样式

B. "P"为文档样式

C. “你好”和“欢迎”都应用了类样式"red"

D. “你好”的文本颜色为蓝色

42. 分析下面的 HTML 代码片断，则选项中的说法错误的是（BD）。[选两项]

```
<table border="10" bordercolor="yellow" cellspacing="0" cellpadding="5">
<tr bgcolor="red">
<td colspan="2">书籍</td>
<td colspan="3">音像</td> </tr> <tr>
<td>图书</td><td>杂志</td>
```

```
<td>磁带</td><td>CD</td><td>DVD</td> </tr> </table>
```

A. 表格共5列，“书籍”跨2列，“音像”跨3列

B. 表格的背景颜色为yellow

C. “书籍”和“音像”所在行的背景色为red

D. 表格中文字与边框距离为0，表格内宽度为5

43. 分析以下的CSS样式代码，可以得出（AC）。[选两项]

```
h1{color;limegreen;font-family;arial}
```

A. 此段代码是一个HTML选择器

B. 选择器的名称是color

C. {} 部分的样式属性将作为h1元素的默认样式

D. limegreen和font-family都是值

44. 下列语句能够正确在一个 HTML 页面中导入在同一目录下的“StyleSheet1.css”样式表的是（AB）。[选两项]

A. <style>@import StyleSheet1.css;</style>

B. <link rel=” stylesheet” type=” text/css” href=” StyleSheet1.css” >

C. < link rel=” stylesheet1.css” type=” text/css” >

D. <style rel=” stylesheet” type=” text/css” src=” StyleSheet1.css” ></style>

45. 为了设置页面的背景色为黑色，应该使用（A）。

A. <BODY bgcolor="Black"></BODY>

B. <BODY background="Black"></BODY>

C. <BODY backgroundcolor="Black"></BODY>

D. <BODY bg="Black"></BODY>

46. CSS样式表的实现方式中，不需声明选择器的是（A）。

A. 行内样式表　　B. 内嵌样式表

C. 外部样式表　　D. 以上都需要声明

47. 在HTML语言中，设置表格中文字与边框距离的标签是（C）。

A. <TABLE border=#>　　B. <TABLE cellspacing=#>

C. <TABLE cellpadding=#>　　D. <TABLE width=#>

48.（A）元素用于定义表单中控件的类型和外观。

A. ECT　　B. FORM　　C. INPUT　　D. CAPTION

49. <Frameset cols=#>是用来指定（B）。

A. 混合分割　　B. 纵向分割　　C. 横向分割　　D. 任意分割

50. 框架中“禁止改变框架窗口大小”的语法是（D）。

A. <a href="right.html" target="rightframe">

B. <IMG src="URL" borer=?>

C. <FRAMESET rows="20%,*" frameborder="0">

D. <FRAME noresize>

51. 想要使用户在单击超链接时，弹出一个新的网页窗口，代码是（A）。

A. <A href="right.html" target="_blank">新闻</A>
B. <A href="right.html" target="_parent">新闻</A>
C. <A href="right.html" target="_top">新闻</A>
D. <A href="right.html" target="_self">新闻</A>
52. 有关下列方框属性正确的是（C）。
A. margin-left 是设置对象的左填充
B. border-width 是设置边框的宽度
C. padding-left 是设置内容与右边框之间的距离
D. 以上说法都不对
53. 有关下面代码片段的说法，（C）是正确的。

```
<STYLE type="text/css">
A{ color:blue;   text-decoration:none; }
A:link{ color:blue; }
A:hover{ color:red; }
A:visited{ color:green; } </STYLE>
```

A. A 样式与 A:link 样式效果相同
B. A:hover 是鼠标正在按下时链接文字的样式
C. A:link 是未被访问的链接样式
D. A:visited 是鼠标正在按下时链接文字的样式
54.（B）样式表一般用于大型网站。
A. 内嵌　B. 链接外部　C. 选入　D. 嵌入
55. 命名锚记（B）。
A. 不能链接两个不同的网页　B. 能链接同一网页的不同部分
C. 不能链接同一网页的不同部分　D. 以上都不对
56. 阅读以下代码段，则可知（D）。

```
<INPUT type="text" name="textfield">
<INPUT type="radio" name="radio" value="女">
<INPUT type="checkbox" name="checkbox" value="checkbox">
<INPUT type="file" name="file">
```

A. 上面代码表示的表单元素类型分别是：文本框、单选按钮、复选框、文件域
B. 上面代码表示的表单元素类型分别是：文本框、复选框、单选按钮、文件域
C. 上面代码表示的表单元素类型分别是：密码框、多选按钮、复选框、文件域
D. 上面代码表示的表单元素类型分别是：文本框、单选按钮、下拉列表框、文件域
57. 在插入图片标签中，对插入的图片进行文字说明使用的属性是（D）。
A. name　B. id　C. src　D. alt
58. 对于<FORM　action=″URL″ method=*>标签，其中*代表 GET 或（C）。
A. SET　B. PUT　C. POST　D. INPUT
59. 当希望使图片的背景是透明的时候，应该使用的图像格式是（B）。

A. JPG　B. PCX　C. BMP　D. GIF

60. 下列标签可以不成对出现的是（B）。

A.〈HTML〉〈/HTML〉　B.〈P〉〈/P〉

C.〈TITLE〉〈/TITLE〉　D.〈BODY〉〈/BODY〉

61. 对于标签〈input type=*〉，如果希望实现密码框效果，*值是（C）。

A. hidden　B. text　C. password　D. submit

62. HTML 代码<select name= “name” ></select>表示（D）。

A. 创建表格　B. 创建一个滚动菜单

C. 设置每个表单项的内容　D. 创建一个下拉菜单

63. 一个有 3 个框架的 Web 页实际上有（B）个独立的 HTML 文件。

A. 2　B. 3　C. 4　D. 5

64. <img src="name" align="left">的意思是（A）。

A. 图像相对于周围的文本左对齐　B. 图像相对于周围的文本右对齐

C. 图像相对于周围的文本底部对齐　D. 图像相对于周围的文本顶部对齐

65. HTML 文件中，下面（C）标签中包含了网页的全部内容。

A. <Center> </center>　B. <pre> </pre>

C. <Body> </Body>　D.
 </Br>

66. 若将 Dreamweaver 中 2 个横向相邻的单元格合并，则两单元格中文字会（A）。

A. 文字合并　B. 左单元格文字丢失

C. 右单元格文字丢失　D. 系统出错

67. ID 为 left 的 DIV 标签，用 CSS 设置 DIV 的左边为红色实线，下面设置正确的是（C）。

A. style=” border-top: #ff0000 1 solid;”

B. style=” border-left: 1, #ff0000 ,solid;”

C. style=” border-left: 1　#ff0000　solid;”

D. style=” border-right: 1, #ff0000, dashed;”

68. 模板会自动保存在（D）中，该文件夹在站点的本地根文件夹下。

A. Library 文件夹　B. Custom 文件夹

C. Assets 文件夹　D. Templates 文件夹

69. 下面（C）是 ID 的样式规则定义。

A. TR{clore:red;font-family:"隶书";font-size:24px;}

B. .H2{color:red;font-family:"隶书";}

C. #grass{color:green;font- family:"隶书"; font-size:24px;}

D. P{background-color:#CCFF33;text-align:left;}

70. 越级链接元素A有很多属性，其中用来指明越级链接所指向的URL的属性是（A）。

A. href　B. herf　C. target　D. link

71. 在一个框架的属性面板中，不能设置（D）。

A. 源文件　B. 边框颜色　C. 边框宽度　D. 滚动条

72. 下列（C）表示的不是按钮。

A. type="submit"　　B. type="reset"

C. type="image"　　D. type="button"

73. 下面（B）不是文本的标签属性。

A. nbsp　　B. align　　C. color　　D. face

74. 下面（D）的电子邮件链接是正确的。

A. xxx.com.cn　　B. xxx@.net　　C. xxx@com　　D. xxx@xxx.com

75. 当链接指向（C）时，不打开该文件，而是提供给浏览器下载。

A. ASP　　B. HTML　　C. ZIP　　D. CGI

76. 关于表格的描述正确的一项是（D）。

A. 在单元格内不能继续插入整个表格

B. 可以同时选定不相邻的单元格

C. 粘贴表格时，不粘贴表格的内容

D. 在网页中，水平方向可以并排多个独立的表格

77. 如果一个表格包括有 1 行 4 列，表格的总宽度为“699”，间距为“5”，填充为“0”，边框为“3”，每列的宽度相同，那么应将单元格定制为（D）像素宽。

A. 126　　B. 136　　C. 147　　D. 167

78. 关于文本对齐，源代码设置不正确的一项是（A）。

A. 居中对齐：<div align="middle">…</div>

B. 居右对齐：<div align="right">…</div>

C. 居左对齐：<div align="left">…</div>

D. 两端对齐：<div align="justify">…</div>

79. 下面（C）是换行符标签。

A. <body>　　B. <font>　　C.
　　D. <p>

80. 下列（B）是在新窗口中打开网页文档。

A. _self　　B. _blank　　C. _top　　D. _parent

81. 下面对 JPEG 格式描述不正确的一项是（C）。

A. 照片、油画和一些细腻、讲求色彩浓淡的图片常采用 JPEG 格式

B. JPEG 支持很高的压缩率，因此其图像的下载速度非常快

C. 最高只能以 256 色显示的用户可能无法观看 JPEG 图像

D. 采用 JPEG 格式对图片进行压缩后，还能打开图片，对它重新整饰、编辑、压缩

82. 在一个框架组的属性面板中，不能设置（D）。

A. 边框颜色　　B. 子框架的宽度或者高度

C. 边框宽度　　D. 滚动条

83. Web 安全色所能够显示的颜色种类为（A）。

A. 216 色　　B. 256 色　　C. 千万种颜色　　D. 1 500 种色

84. 常用的网页图像格式有（C）。

A. gif，tiff　　B. tiff，jpg　　C. gif，jpg　　D. tiff，png

85. 如果要表单提交信息不以附件的形式发送，只要将表单的“MTME 类型”设置为（A）。

A. text/plain　　B. password　　C. submit　　D. button

86. 下面说法错误的是（D）。

A. CSS 样式表可以将格式和结构分离

B. CSS 样式表可以控制页面的布局

C. CSS 样式表可以使许多网页同时更新

D. CSS 样式表不能制作体积更小、下载更快的网页

87. CSS 样式表不可能实现（D）功能。

A. 将格式和结构分离　　B. 一个 CSS 文件控制多个网页

C. 控制图片的精确位置　　D. 兼容所有的浏览器

88. 表格是网页中的（　），框架是由数个（　）组成的（A）。

A. 元素，帧　　B. 元素，元素　　C. 帧，元素　　D. 结构，帧

89. 要使表格的边框不显示，应设置 border 的值是（B）。

A. 1　　B. 0　　C. 2　　D. 3

90. 在 HTML 中，（B）不是链接的目标属性。

A. self　　B. new　　C. blank　　D. top

91. 在网页设计中，（A）是所有页面中的重中之重，是一个网站的灵魂所在。

A. 引导页　　B. 脚本页面　　C. 导航栏　　D. 主页面

92. 为了标识一个 HTML 文件应该使用的 HTML 标记是（C）。

A. <p>< / p>　　B. <boby>< / body>

C. <html>< / html>　　D. <table>< / table>

93. 在客户端网页脚本语言中最为通用的是（A）。

A. JavaScript　　B. VB　　C. Perl　　D. ASP

94. 在 HTML 中，标记<font>的 Size 属性最大取值可以是（C）。

A. 5　　B. 6　　C. 7　　D. 8

95. 在 HTML 中，标记<pre>的作用是（B）。

A. 标题标记　　B. 预排版标记　　C. 转行标记　　D. 文字效果标记

96. 在 DHTML 中把整个文档的各个元素作为对象处理的技术是（C）。

A. HTML　　B. CSS　　C. DOM　　D. Script（脚本语言）

97. 下面不属于 CSS 插入形式的是（A）。

A. 索引式　　B. 内联式　　C. 嵌入式　　D. 外部式

98. 如果站点服务器支持安全套接层（SSL），那么连接到安全站点上的所有开头是（B）。

A. HTTP　　B. HTTPS　　C. SHTTP　　D. SSL

99. 下列描述错误的是（B）。

A. DHTML 是 HTML 基础上发展的一门语言

B. 根据处理用户操作位置的不同，HTML 主要分为两大类：服务器端动态页面和客

户端动态页面

C. 客户端的DHTML技术包括HTML4．0、CSS、DOM和脚本语言

D. DHTML侧重于WEB内容的动态表现 2015/2/23 HTML试题与答案

100. 可以不用发布就能在本地计算机上浏览的页面编写语言是（B）。

A. ASP　　B. HTML　　C. PHP　　D. JSP

101. 在网页中，必须使用（A）标记来完成超级链接。

A. <a>…</a>　　B. <p>…</p>

C. <link>…</link>　　D. <li>…</li>

102. 有关网页中的图像的说法不正确的是（C）。

A. 网页中的图像并不与网页保存在同一个文件中，每个图像单独保存

B. HTML语言可以描述图像的位置、大小等属性

C. HTML语言可以直接描述图像上的像素

D. 图像可以作为超级链接的起始对象

103. 下列HTML标记中，属于非成对标记的是（A）。

A. <li>　　B. <ul>　　C. <P>　　D. <font>

104. 用HTML标记语言编写一个简单的网页，网页最基本的结构是（D）。

A. <html> <head>…</head> <frame>…</frame> </html>

B. <html> <title>…</title> <body>…</body> </html>

C. <html> <title>…</title> <frame>…</frame> </html>

D. <html> <head>…</head> <body>…</body> </html>

105. 主页中一般包含的基本元素有（A）。

A. 超级链接　　B. 图像　　C. 声音　　D. 表格

106. 以下标记符中，用于设置页面标题的是（A）。

A. <title>　　B. <caption>　　C. <head>　　D. <html>

107. 以下标记符中，没有对应的结束标记的是（B）。

A. <body>　　B.
　　C. <html>　　D. <title>

108. 若要是设计网页的背景图形为bg.jpg，以下标记中，正确的是（A）。

A. <body background="bg.jpg">　　B. <body bground="bg.jpg">

C. <body image="bg.jpg">　　D. <body bgcolor="bg.jpg">

109. 若要以标题2号字、居中、红色显示“vbscrip”，以下用法中，正确的是（D）。

A. <h2><div align="center"><color="#ff00000">vbscript</div></h2></font>

B. <h2><div align="center"><font color="#ff00000">vbscript</div></h2></font>

C. <h2><div align="center"><font color="#ff00000">vbscript<</h2>/div></font>

D. <h2><div align="center"><font color="#ff00000">vbscript</font></div></h2>

110. 若要以加粗宋体、12号字显示“vbscript”以下用法中，正确的是（B）。

A. <b><font style='font-size:10px'2>vbscript</b></font>

B. <b><font face=“宋体”style='font-size:10px'2>vbscript</font></b>

C. <b><font size=“宋体”style='font-size:10px'2>vbscript</b></font>

D. <b><font size=“宋体” fontstyle='font-size:10px'2>vbscript</b></font>

111. 若要在页面中创建一个图形超链接，要显示的图形为 myhome.jpg,所链接的地址为 http://www.pcnetedu.com,以下用法中，正确的是（C）。

A. <a href=“http://www.pcnetedu.com”>myhome.jpg</a>

B. <a href=“http://www.pcnetedu.com”><img src=“myhome.jpg”></a>

C. <img src=“myhome.jpg”><a href =“http://www.pcnetedu.com”></a>

D. <a href =http://www.pcneredu.com><img src=” myhome.jpg”>

112. 以下标记中，用于定义一个单元格的是（A）。

A. <td> </td>　　B. <tr>…</tr>

C. <table>…</table>　　D. <caption>…</caption>

113. 用于设置表格背景颜色的属性的是（B）。

A. background　B. bgcolor　C. borderColor　D. backgroundColor

114. 要将页面的当前位置定义成名为“vbpos”和锚，其定义方法正确的是（D）。

A. <a href=:vbpos " ></a>　　B. <a href= " #vbpos " >vbpos</a>

C. <a name=vbpos>　　D. <a name= " vbpos " ></a>

115. 若要获得名为 login 的表单中，名为 txtuser 的文本输入框的值，以下获取的方法中，正确的是（A）。

A. username=login.txtser.value　　B. username=document.txtuser.value

C. username=document.login.txtuser　　D. username=document.txtuser.value

116. 若要产生一个 4 行 30 列的多行文本域，以下方法中，正确的是（C）。

A. <Input type=” text” Rows=” 4” Cols=” 30” Name=” txtintrol”>

B. <TextArea Rows=” 4” Cols=” 30” Name=” txtintro”>

C. <TextArea Rows=” 4” Cols=” 30” Name=” txtintro”></TextArea>

D. <TextArea Rows=” 30” Cols=” 4” Name=” txtintro”></TextArea>

117. 用于设置文本框显示宽度的属性是（A）。

A. Size　B. MaxLength　C. Value　D. Length

118. 在网页中若要播放名为 demo.avi 的动画，以下用法中，正确的是（D）。

A. <Embed src=” demo.avi” autostart=true>

B. <Embed src=” demo.avi” autoopen=true>

C. <Embed src=” demo.avi” autoopen=true></Embed>

D. <Embed src=” demo.avi” autostart=true></Embed>

119. 若要循环播放背景音乐 bg.mid，以下用法中，正确的是（B）。

A. <bgsound src= " bg.mid " Loop= " 1 " >

B. <bgsound src= " bg.mid " Loop=True>

C. <sound src= " bg.mid " Loop= " True " >

D. <Embed src= " bg.mid " autostart=true></Embed>

120. 以下标记中，用来创建对象的是（A）。

A. <Object>　B. <Embed>　C. <Form>　D. <Marquee>

121. 以下标记中，可用来产生滚动文字或图形的是（B）。

A. <Scroll>　　B. <Marquee>　　C. <TextArea>　　D. <爱生活，爱猫扑>

122. 可用来在一个网页中嵌入显示另一个网页内容的标记符是（C）。

A. <Marquee>　　B. <爱生活，爱猫扑>

C. <Embed>　　D. <Object>

123. 若要在网页中插入样式表 main.css,以下用法中，正确的是（B）。

A. <Link href= " main.css " type=text/css rel=stylesheet>

B. <Link Src= " main.css " type=text/css rel=stylesheet>

C. <Link href= " main.css " type=text/css>

D. <Include href= " main.css " type=text/css rel=stylesheet>

124. 若要在当前网页中定义一个独立类的样式 myText，使具有该类样式的正文字体为”Arial”，字体大小为 9pt，行间距为 13.5pt，以下定义方法中，正确的是（A）。

A. <Style>.myText{Font-Familiy:Arial;Font-size:9pt;Line-Height:13.5pt}</style>

B. .myText{Font-Familiy:Arial;Font-size:9pt;Line-Height:13.5pt}

C. <Style>.myText{FontName:Arial;FontSize:9pt;LineHeight:13.5pt}</style>

D. <Style>. .myText{FontName:Arial;Font-ize:9pt;Line-eight:13.5pt}</style>

125. 若要使表格的行高为 16pt，以下方法中，正确的是（B）。

A. <table border=1 style=” Ling-Height:16” >…</table>2015/2/23 HTML 试题与答案

B. <table border=1 style=” Ling-Height:16pt” >…</table>

C. <table border=1 LingHeight=16pt” >…</table>

D. <table border=1 LingHeight=” 16pt” >…</table>

126. 以下创建 mail 链接的方法，正确的是（C）。

A. <a href=” master@163.com” >管理员</a>

B. <a href=” callto:master@163.com” >管理员</a>

C. <a href=” mailto:master@163.com” >管理员</a>

D. <a href=” Email:master@163.com” >管理员</a>

127. 有关框架与表格的说法正确的有（B）。

A. 框架对整个窗口进行划分　　B. 每个框架都有自己独立网页文件

C. 表格比框架更有用　　D. 表格对页面区域进行划分

二、填空题

1. HTML 网页文件的标记是<html></html>，网页文件的主体标记是<body></body>，标记页面标题的标记是<title></title>。

2. 表格的标签是<table></table>，单元格的标签是<td></td>。

3. 表格的宽度可以用百分比和像素两种单位来设置。

4. 用来输入密码的表单域是 Type=password。

5. 文件头标签包括关键字、描述、编码、基础和链接等。

6.“高级”CSS 样式一般应用于控制网页内容的外观。附加样式表分为内嵌样式表和外部样式表两种方式。

7. RGB 方式表示的颜色都是由红、绿、蓝这 3 种基色调和而成。

8. 表格有 3 个基本组成部分：行、列和单元格。

9. 一个分为左右两个框架的框架组，要想使左侧的框架宽度不变，应该用像素单位来定制其宽度，而右侧框架则使用*单位来定制。

10. 当表单以电子邮件的形式发送，表单信息不以附件的形式发送，应将【MIME 类型】设置为 Text/plain。

11. 文件头标签也就是通常所见到的<head>标签。

12. 创建一个 HTML 文档的开始标记符<html>；结束标记符是</html>。

13. 设置文档标题以及其他不在 WEB 网页上显示的信息的开始标记符<head>；结束标记符是</head>。

14. 设置文档的可见部分开始标记符<body>；结束标记符是</body>。

15. 网页标题会显示在浏览器的标题栏中，则网页标题应写在开始标记符<title>和结束标记符</title>之间。

16. 要设置一条 1 像素粗的水平线，应使用的 HTML 语句是<hr style='font-size:10px'>。

17. 表单对象的名称由 Name 属性设定；提交方法由 method 属性指定；若要提交大数据量的数据，则应采用 post 方法；表单提交后的数据处理程序由 action 属性指定。

18. HTML 是一种描述性的标记语言，主要用于组织网页的内容和控制输出格式。JAVASCRIPT 或 VBSCRIPT 脚本语言，常嵌入网页中使用，以实现对网页的编程控制，进一步增强网页的交互性和功能。

19. 表格中用列组标记符是<td>。

20. 将表格的行分组，用到的主要标记是<tr>。

21. 主页（首页）通常是用来作为网站的一个欢迎页面或是一个导航页面，是一个网站留给浏览者的最初印象，因而是非常重要的。

22. 超链接是网页与网页之间联系的纽带，也是网页的重要特色。

23. 网页中三种最基本的页面组成元素是文字、图形、超链接。

24. 严格来说，HTML 并不是一种编程语言，而只是一些能让浏览器看懂的标记。

25. 浮动框架的标签是 Frame。

26. 实现网页交互性的核心技术是脚本语言。

27. 能够建立网页交互性的脚本语言有两种，一种是只在服务器端运行的语言，另一种在网上经常使用的语言是客户端语言。

28. 表单是 Web 浏览器和 Web 服务器之间实现信息交流和传递的桥梁。

29. 表单实际上包含两个重要组成部分：一是描述表单信息的 Web 页，二是用于处理表单数据的服务器端表单处理程序。

30. 请写出在网页中设定表格边框的厚度的属性 Border；设定表格单元格之间宽度属性 Cellpadding；设定表格资料与单元格线的距离属性 cellspacing。

31. 请写出<caption align=bottom>表格标题</caption>功能是为表格在表格外添加标题。

32. <tr>….</tr>是用来定义表格的一行；<td>…</td>是用来定义表格的一列；

<th>…</th>是用来定义表格的标题。

33. 单元格垂直合并所用的属性是 Colspan；单元格横向合并所用的属性是 Rowspan。

34. 利用<table></table>标记符的 Frame 属性可以控制表格边框的显示样式；利用<table></table>标记符的 rules 属性可以控制表格分隔线的显示样式。

35. 设置网页背景颜色为绿色的语句<body bgcolor=green>。

36. 在网页中插入背景图案（文件的路径及名称为/img/bg.jpg）的语句是<body background=/img/bg.jpg>。

37. 设置文字的颜色为红色的标记格式是<font color=red>。

38. 设置颜色可以用颜色的英文名称，也可用#rrggbb。

39. 插入图片 <img src="图形文件名">标记符中的 src 英文单词是 Source。

40. 设定图片边框的属性是 Border。

41. 设定图片高度及宽度的属性是 Height，width。

42. 设定图片上下留空的属性是 Vspace；设定图片左右留空的属性是 hspace。

43. 为图片添加简要说明文字的属性是 Alt。

44. Area 的 shape 属性中，shape=rect 表示的形状为矩形；shape=circle 表示的形状为圆形；shape=poly 表示的形状为多边形。

45. 在网页中嵌入多媒体，如电影、声音等用到的标记是 Embed。

46. 在页面中添加背景音乐 bg.mid，循环播放 3 次的语句是<bgsound src=bg.mid loop=3>。

47. 在页面中实现滚动文字的标记是<marquee>。

48. <img src="ex.GIF" dynsrc="ex.AVI" loop=3 loopdelay=250>语句的功能是循环三次播放 ex.avi，延迟 250 毫秒，在播放前显示 ex.gif 图像。

49. 用来在视频窗口下附加 MS-WINDOWS 的 AVI 播放控制条的属性是 Control。

50. 预格式化文本标记<pre></pre>的功能是标记内的内容按照原格式显示在网页中。

第三节　XML 习题及答案

1. XML 指的是（C）。

A. Example Markup Language　　B. X-Markup Language

C. eXtensible Markup Language　　D. eXtra Modern Link

2. XML 对数据进行描述的方式是（B）。

A. XML 使用 XSL 来描述数据

B. XML 使用 DTD 来描述数据

C. XML 使用描述节点类描述数据

3. XML 的目标是取代 HTML，这句话（A）。

A. 错误　　B. 正确

4. 下列定义 XML 版本的声明中语法正确的是（B）。

A. <?xml version="1.0" />

B. <?xml version="1.0"?>

C. <xml version="1.0" />

5. DTD 指的是（C）。

A. Dynamic Type Definition　　B. Do The Dance

C. Document Type Definition　　D. Direct Type Definition

6.（A）是一个“形式良好”的文档。

```
<?xml version="1.0"?>
<note>
<to>Tove</to>
<from>Jani</from>
<heading>Reminder</heading>
<body>Don't forget me this weekend!</body>
</note>
```

A. 是　　B. 不是

7.（B）是一个“形式良好”的文档。

```
<?xml version="1.0"?>
<to>Tove</to>
<from>Jani</from>
<heading>Reminder</heading>
<body>Don't forget me this weekend!</body>
```

A. 是　　B. 不是

8.（B）陈述是正确的。

A. 所有的 XML 元素都必须是小写的

B. 所有 XML 元素都必须正确地关闭

C. 所有 XML 文档都必须有 DTD

D. 以上陈述都是正确的

9.（D）陈述是正确的。

A. XML 标签对大小写敏感　　B. XML 文档必须有根标签

C. XML 元素必须被正确地嵌套　　D. 以上陈述都是正确的

10. XML 可保留空白字符，这句话（B）。

A. 错误　　B. 正确

11.（A）是一个“形式良好”的文档。

```
<?xml version="1.0"?>
<note>
<to age="29">Tove</to>
<from>Jani</from>
</note>
```

A. 是　　B. 不是

12.（B）是一个“形式良好”的文档。

```
<?xml version="1.0"?>
<note>
<to age=29>Tove</to>
<from>Jani</from>
</note>
```

A. 是　　B. 不是

13. XML 元素不能为空，这句话（B）。

A. 正确　　B. 错误

14. 对于一个 XML 文档，以下（C）是错误的。

A. <Note>　　B. <h1>

C. <1dollar>　　D. 以上三个都不正确

15. 对于一个 XML 文档，以下（C）是错误的。

A. <NAME>　　B. <age>　　C. <first name>　　D. 以上三个都不正确

16. 对于一个 XML 文档，以下（D）是错误的。

A. <7eleven>　　B. <xmldocument>

C. <phone number>　　D. 以上三个都不正确

17. 必须使用引号包围 XML 的属性值，这句话（A）。

A. 正确　　B. 错误

18. XSL 指的是（D）。

A. eXtra Style Language　　B. eXpandable Style Language

C. eXtensible Style Listing　　D. eXtensible Stylesheet Language

19.（B）可正确地引用名为“mystyle.xsl”的样式表。

A. <link type="text/xsl" href="mystyle.xsl" />

B. <?xml-stylesheet type="text/xsl" href="mystyle.xsl" ?>

C. <stylesheet type="text/xsl" href="mystyle.xsl" />

20. 供 XML 解析器忽略 XML 文档的特定部分的正确语法是（C）。

A. <xml:CDATA[Text to be ignored]>

B. <PCDATA> Text to be ignored </PCDATA>

C. <![CDATA[Text to be ignored]]>

D. <CDATA> Text to be ignored </CDATA>

21.（B）是 XML。

A. 一种标准泛用标记语言

B. 一种扩展性标识语言

C. 一种超文本标记语言

D. 一种层叠样式表单是.NET 托管程序的执行引擎

22. 下面（C）不是 HTML 的优点。

A. 跨平台　　B. 强大的信息展示能力

C. 标记可自定　　D. 编写简单

23. 下列（C）是 XML 的解析器。

A. Internet Explorer　　B. XML1.0

C. msxml.dll　　D. 微软的记事本

24. XPath 是（A）。

A. XML 的路径语言　　B. XML 的转化

C. 文档对象模型　　D. XML 命名空间

25. <Name StudentID=“20040001”>Bill 中，（CD）是数据部分。[选两项]

A. Name　　B. StudentID

C. 20040001　　D. Bill

26. URI 代表（C）。

A. 统一资源定位符　　B. 统一资源命名符

C. 统一资源标识符　　D. 企业资源定位符

27. 这行 XML 声明<?xml version="1.0" ?>，声明该文档采用的编码标准为（C）。

A. GB2312　　B. ANSI

C. Unicode UTF-8　　D. Windows-1252

28. XML 文档的架构验证可以使用（ABC）。[选多项]

A. 文档类型定义(DTD)　　B. XML 数据简化(XDR)

C. XML 架构定义(XSD)　　D. XML 词汇表(XST)

29. DTD 为（B）。

A. 文档架构定义，用来验证 XML　　B. 文档类型定义，用来验证 XML

C. XML 文档的数据部分　　D. XML 文档的片断

30. 对 XML 进行验证的前提条件是（D）。

A. 该 XML 文档的数据模型是完整的

B. 该 XML 文档的定义是正确的

C. 该 XML 文档的数据是正确的

D. 该 XML 文档的格式是正确的

31. .NET Framework 支持（ACD）。[选多项]

A. XSD 架构　　B. W3C 架构　　C. DTD 架构.　　D. XDR 架构

32. XML 架构定义指的是（A）。

A. XSD 架构　　B. W3C 架构　　C. DTD 架构　　D. XDR 架构

33. XMLTextWriter 是由（B）派生出来的?

A. XMLText　　B. XMLWriter　　C. TextWriter　　D. XMLReader

34. 数据格式（C）的数据源不能用来生成 XML。

A. Microsoft SQL Server 数据库表　　B. OLE DB 数据源

C. DreamWeaver　　D. 电子数据交换（EDI）

35.“table.csv”是（B）格式。

A. OLE DB 文件　　B. 以逗号分隔值的文本文件

C. SQL Server 库表文件　　D. XML 文件

36. 使用 Microsoft Studio .NET 编写 XML 文档时，用（C）来创建新文档。

A. WriteBeginDocument()　　B. WriteNewDocument ()

C. WriteStartDocument ()　　D. WriteCreateDocument()

37. 使用 Microsoft Studio .NET 编写 XML 文档时，使用（D）来编写处理指令。

A. WriteDeclaring ()　　B. WriteDeclared ()

C. WriteProcessedInstruction ()　　D. WriteProcessingInstruction ()

38. 面向.NET Framework 的 XML 程序设计中，限定名是由（B）组成。

A. 前缀和后缀　　B. 前缀和本地名

C. 本地 IP 和广域网址　　D. 命名空间

39. XPath 定义了（D）种不同类型的轴。

A. 10 种　　B. 11 种　　C. 12 种　　D. 13 种

40. 轴引用的作用是（B）。

A. 根据 XPath 查询的内容返回结果集

B. 提供了浏览 XPath 节点集的方法

C. 允许节点测试以节点名称或节点值进行匹配

D. 定位查询路径

41. 如果只希望以只读的方式查询 XML 数据源的数据，应考虑使用（B）来缓存数据。

A. XmlDocument　　B. XPathDocument

C. DataSet　　D. XmlDataDocument

42. CreateNavigator()方法属于（C）类。

A. XmlTextWrite　　B. XmlTextReader

C. XPathDocument　　D. XmlCreateNavigator

43. 你创建了 XPathNavigator 后，遍历文档时，使用（B）将浏览器移到当前节点的下一个兄弟节点。

A. MoveGoTo()　　B. MoveToNext()

C. MoveToChild()　　D. MoveToNextChild()

44. DOM 为（B）。

A. XML 文档　　B. XML 文档对象模型

C. XML 模型语言　　D. XML 路径语言

45. W3C 定义的 DOM 节点类型“Attr”，对应的.NET DOM 节点类型应该是（B）。

A. XmlAttr　　B. XmlAttribute　　C. XmlEntity　　D. XmlText

46. .NET Framework 中定义的“EndEntry”节点类型表示（D）。

A. XML 实体

B. 实体引用

C. 当 XmlReader 到达元素结束时的返回项

D. 结束项

47. 为定义一个 XML 文档的结构，开发者可以使用的 XML 技术有（BD）。[选两项]

A. UML　　B. DTD　　C. Namespace
D. XML Schema　　E. XSL

48. 下面是XML标准提供的编程接口，用于开发人员访问XML文档的有（BD）。[选两项]

A. Xpath　　B. Dom　　C. XSLT
D. SAX　　E. Xlink

49. 在XML中，下列关于DOM的叙述正确的是（ABC）。[选多项]

A. DOM是独立于开发语言和平台的，因此使用Visnal Basic、Java、Visual C++等开发工具使用的DOM编程API是一致的
B. XML文档通过load方法被装载进内存后，在内存中形成一个DOM文档对象模型树
C. 通过DOM API，软件开发人员可以控制XML文档的结构和内容
D. 通过DOM在XML文档中只能按照顺序方式导航

50. 在XML中，W3C组织给出的样式表语言的推荐标准有（BD）。[选两项]

A. XPointer　　B. XSL　　C. XPath
D. CSS　　E. XLinker

51. 在XML中，下列关于Xpath的说法正确的有（ABC）。[选多项]

A. Xpath不是用XML书写的
B. 如果把XML文档实例当作数据库，那么Xpath就相当于SQL
C. Xpointer依赖于Xpath
D. Xpath可以定义XML文档间的链接关系

52. 在XML中，DOM中IXMLDOMNodeList的length属性表示的是（C）。

A. 该对象中文本字符的长度　　B. 该对象中元素节点的数量
C. 该对象中节点的数量　　D. 该对象中文档对象的数量

53. 在XML中，下述关于XSL的说法正确的有（ACD）。[选多项]

A. XSL是一种用来转换XML文档的样式表，它包含转换和格式XML文档的规则
B. XSL在转换XML文档过程中，首先根据匹配条件修改源文档内容，然后输出修改后的文档内容
C. XSL包含了XSLT和Xpath的强大功能，从而可以把XML文档转换成任何一种其他格式的文档
D. XSL文件是同一系列模板组成的，任何一个XSL文件至少包括一个模板

54. 在XML中，对XSL中的节点选择语句<xsl:value-of>语句，下列说法正确的是(AB)。[选两项]

A. 使用< xsl:value-of select=”匹配模式”>可以输出指定节点的取值
B. 使用空元素< xsl:value-of />可以输出当前节点及其所有后继节点的取值
C. 经过select属性限定的< xsl:value-of >元素的输出结点一定是唯一的节点
D. < xsl:value-of >元素不能作为循环< xsl:for-each >或者条件判断语句<xsl:if>的子元素

55. 在XML中，在Schema中，声明一个元素的属性的attribute元素有一个常用的

属性 use，use 的取值有（BCE）。[选多项]

A. empty B. required C. optional

D. fixed E. prohibited

56. 下面的 XML 片断中结构完整的是（D）。

A. <customer name=” <xml>.con” ><address>123 MainStreet></address></customer>

B. <customer><name>Joe’s XML Works</name><address>New York</costomer>

C. < customer type=extemal><name>Partners Unlimited</name></customer>

D. <customer name=”John Doe”><address>123 Main Street</address> <zip code=”01837” /></customer>

57. 下列说法错误的是（B）。

A. 在 Schema 中，通过对元素的定义和元素关系的定义来实现对整个文档性质和内容的定义的

B. Schema 从字面意义上来说，可以翻译成架构，它的基本意思是为 XML 文档制定一种模式

C. Schema 相对于 DTD 的明显好处是 XML Schema 文档本身也是 XML 文档，而不是像 DTD 一样使用自成一体的语法

D. IXMLDOMNode 表示根节点，这是处理 XML 对象模型数据的基本接口，这个接口还包含了对数据类型、名称空间、DTD、schema 的支持

58. 关于 DOM 的描述错误的是（BD）。[选两项]

A. DOM 使开发者能够以编程方式读取、操作和修改 XML 文档

B. 只能使用 JavaScript 进行 DOM 开发，而不能使用 Java、C#

C. W3C 组织公布了 DOM 模型的规范，然后各个软件厂商（比如微软）再根据 W3C 的规范开发 DOM 解析器，并且提供一系列的编程 API，这些 API 都是遵守 W3C 规范的

D. DOM 模型是 W3C 组织开发出来的一个在内存中表示 XML 数据的线性模型

59. 以下正确的是（ACD）。[选多项]

A. DTD 定义了 XML 文档中包含的标记、元素、元素类型以及属性

B. 一个结构完整的 XML 文档一定是合法的 XML (*红色)

C. 命名空间能够区别不同来源的元素、属性的定义

D. 文档 DTD 可以包含在 XML 文档内，也可以在 XML 文档外定义

60. 下述关于 CSS 样式表的说法正确的有（ABD）。[选多项]

A. 在 XML 文档中引用一个 CSS 样式的语法为：<?xml-stylesheet type=”text/css” href=”css 样式表文件路径”?>

B. CSS 可将 XML 文档结构调整后转换为 HTML 在浏览器上显示

C. CSS 最初是针对 HTML 而提出的样式表，现在同样可以很好地应用于描述 XML 文档显示

D. CSS 在显示一个 XML 文档的过程中没有任何新代码产生

61. 一个学生成绩表的数据（含有 Java/VB/VC++/SQL Server/Oracel 各门课程的成绩），分别按成绩小于 60 输出不及格、成绩在 60 到 80 分之间输出合格、成绩在 80 分以上的

输出优秀。下列 XSL 语句能够很好地完成此需求的是（C）。

A. <xsl:value-of>语句

B. <xsl:if>与<xsl:value-of>结合

C. <xs:choose>、<xsl:when>、<xsl:otherwise>与<xsl:value-of>语句结合

D. <xsl:for-each>与<xsl:value-of>语句结合

62. 常用的文档模型分为（ACE）。[选多项]

A. 线性模型　B. 对象模型　C. 层次模型

D. 环球模型　E. 树型模型

63. XML 相对于 HTML 的主要优点有（ABC）。[选多项]

A. 分离数据和表示　B. 可扩展性

C. 文档包含语义　D. 标记是固定的

E. 得到 Microsoft、SUN、ORACLE 等大量软件厂商的支持

64. 下面说法错误的是（BC）。[选两项]

A. 格式正规的 XML 文档不一定是有效 XML 文档

B. 有效 XML 文档不一定是格式正规的 XML 文档

C. 格式正规的 XML 文档一定是有效 XML 文档

D. 有效 XML 文档一定是格式正规的 XML 文档

65. Schema 与 DTD 的相同之处有（D）。

A. 基于 XML 语法　B. 支持命名空间

C. 可扩展　D. 对 XML 文档结构进行验证

66. 下面是 XML 提供的编程接口，用于开发人员访问 XML 文档的是（B）。

A. XPath　B. DOM　C. XSL　D. DTD

67. 某新闻网站新闻量较大，并且新闻需要被即时发布。该网站可以通过各种浏览器和手持设备访问。网站后台是一个基于 XML 的应用系统，该系统把数据库中数据读取到 XML 文档中，并使用 DOM 进行解析。使用（B）方法可以提高后台应用系统的性能，从而提高该网站的性能。

A. 把 XML 文档转化成 HTML 网页

B. 使用 SAX 解析 XML 文档

C. 不经解析，把 XML 文档直接发送给浏览器

D. 使用样式表对 XML 文档进行转换

68. 某公司决定使用 XML 文档和客户进行数据交换，当设计 XML 文档结构时，以下的因素中，需要设计人员考虑的是（AD）。[选两项]

A. 每次传递数据的大小　B. 发送 XML 文档需要采用的协议

C. 解析 XML 文档的解析器　D. 是否需要处理二进制数据

69. 可扩展样式表语言（XSL）用来定义 XML 文档的显示语义，XSL 包括三个部分，除了（D）。

A. XSLT　B. XPath　C. XSL-FO　D. CSS

参考资料

http://www.w3school.com.cn/
http://www.cnblogs.com/
http://www.codefans.net/jscss/code/5100.shtml
http://baike.haosou.com/doc
http://www.techug.com/superclass-14-world-s-best-living-programmers
http://www.360doc.com/